Oracle数据库原理与开发

主　编　李　真　孙双林

副主编　张优敏　陈　欣　郭　静

U0190665

重庆大学出版社

内容提要

《Oracle 数据库管理与开发》是作者多年教学实践的总结与升华。为了降低读者的学习难度，本书首先从宏观上帮助读者厘清 Oracle 数据库的体系结构，然后从微观上帮助读者掌握管理和开发中的各个结节。本书内容系统全面，详细讲解了数据库的管理、开发以及 PL/SQL 编程的相关知识，内容丰富；每一章后面设有习题，旨在帮助读者提高动手能力；重点突出，对重要内容进行了深入细致的讲解。

本书主要分为两篇：第一篇主要介绍 Oracle 数据库的管理和维护；第二篇主要介绍 Oracle 数据库开发方面的知识。全书共分为 13 章，主要介绍了 Oracle 数据库服务器环境的建立与日常管理操作、Oracle 体系结构、安全管理、RMAN 备份与恢复、PL/SQL 程序设计以及事务和锁。书中内容严格按照由浅入深的顺序编排，可以轻松入门、快速提高。

本书适应当前高等院校的 Oracle 管理与开发教学需要，同时，对于准备 OCP 考试的读者，Oracle DBA，以及打算系统深入学习 Oracle 的读者，本书都是很好的必备书籍和相关工具书。

图书在版编目(CIP)数据

Oracle 数据库管理与开发/李真，孙双林主编.--重庆：
重庆大学出版社，2019.8(2022.7 重印)
ISBN 978-7-5689-1558-8

Ⅰ.①O… Ⅱ.①李…②孙… Ⅲ.①关系数据库系统—高等
学校—教材 Ⅳ.①TP311.132.3

中国版本图书馆 CIP 数据核字(2019)第 093080 号

Oracle 数据库管理与开发
Oracle SHUJUKU GUANLI YU KAIFA

主　编　李　真　孙双林
副主编　张优敏　陈　欣　郭　静
策划编辑：彭　宁

责任编辑：陈　力　　版式设计：彭　宁
责任校对：关德强　　责任印制：张　策

*

重庆大学出版社出版发行
出版人：饶帮华
社址：重庆市沙坪坝区大学城西路 21 号
邮编：401331
电话：(023)88617190　88617185(中小学)
传真：(023)88617186　88617166
网址：http://www.cqup.com.cn
邮箱：fxk@ cqup.com.cn（营销中心）
全国新华书店经销
重庆俊蒲印务有限公司印刷

*

开本：787mm×1092mm　1/16　印张：15.5　字数：379 千
2019 年 8 月第 1 版　　2022 年 7 月第 3 次印刷
ISBN 978-7-5689-1558-8　定价：45.00 元

前 言

本书是一本将 Oracle 11g 数据库基本的管理与开发技术融合在一起的参考书籍,既可以作为 Oracle 数据库初学者的教材,也可以作为有一定 Oracle 数据库管理与开发经验的读者的参考资料。

本书深入浅出地讲解了 Oracle 数据库各方面的知识,从数据库管理到 PL/SQL 的编程,从 Oracle 自身的开发到结合实际编程工具进行开发,讲述了各种 SQL 语句以及 PL/SQL 语句的基本知识,并讲解了在 Oracle 11g 中提供的各种管理功能的使用方法。

本书的特点主要表现在以下几个方面:

●本书的编排采用循序渐进的方式,以便初级读者掌握数据库操作的基本方法和管理的精髓。

●本书深入浅出地介绍了数据库的使用和管理知识,在每章的开始指出本章的学习目标、在每章的结尾指出通过本章学习读者应该能够掌握的知识,并为读者提供有针对性的练习。

●本书在介绍数据库管理方法时,采用了浅显易懂的例子,一步一步地完成数据库的相关操作,对每一个例题,都有演示的结果列在后面,初学者通过对本书的学习,既可以了解 Oracle 数据库管理与开发涉及的知识体系的总体框架,也可以掌握与 Oracle 数据库相关的基本的管理与开发技术,使读者在本书的引导下步入 Oracle 数据库的世界。

本书内容分为 2 篇,共 13 章,从 Oracle 数据库软件的安装讲起,再进一步介绍数据库管理的各个工具及使用方法;然后讲解了 Oracle 数据库的体系结构,包括参数文件、控制文件、日志文件、表空间等;介绍了数据库的安全机制以及基于 RMAN 技术的数据库备份和恢复;最后介绍了 SQL 语句的查询、索引和视图、PL/SQL 语句的编程等,让读者对 Oracle 数据库从管理到开发有一个系统的学习。

第 1 篇 Oracle 数据库管理篇(第 1~8 章):其中第 1、2 章介绍了 Oracle 11g 的安装以及数据库的创建、卸载 Oracle 11g

数据库以及 SQL＊Plus、Net Manager、Oracle Enterprise Manager（OEM）、SQL Developer 管理工具的使用。第 3~6 章讲解了静态数据字典与动态性能视图、内存结构、物理存储结构（初始化参数文件、日志文件、控制文件等）以及逻辑结构，通过示例给出几个重要概念的解释，以帮助读者领悟透彻。第 7 章讲解了数据库的安全机制，包括用户管理、权限管理和角色管理。第 8 章讲解了数据库的备份与恢复，主要介绍了利用 RMAN 技术对数据库进行备份与恢复。

第 2 篇　Oracle 数据库开发篇（9~13 章）：第 9 章主要讲解了数据库中表的创建、修改以及完整性约束。第 10 章主要讲解了索引和视图的创建、修改和删除。第 11~12 章主要讲解了 PL/SQL 语句、存储过程、函数和触发器的创建和使用；第 13 章讲解了事务和锁机制。

参与本书编写和资料整理的有李真、孙双林、张优敏、陈欣、郭静等，在此对他们的辛勤付表示衷心的感谢！

由于编者水平有限，书中难免存在疏漏之处，恳请读者给予批评指正。如果您有什么宝贵的意见和建议，请发送电子邮件到邮箱 zizhusushi@163.com，期待能够得到您的真挚反馈。

编　者

2019 年 3 月

目录

1

第 2 篇　Oracle 数据库开发篇

第 **1** 篇
Oracle 数据库管理篇

第 **1** 章
安装 Oracle 11g 数据库软件及创建数据库

本章主要介绍 Oracle 数据库的发展、Oracle 11g 的安装过程以及如何创建一个 Oracle 数据库。让学生对 Oracle 数据库有一个基本认识,并能在 Windows 操作系统中构建一个可以用于后续章节实验学习的 Oracle 数据库管理系统环境。

1.1 Oracle 数据库简介

Oracle 既是一个数据库软件产品的商标,也是一家数据库管理系统软件开发公司的名字,英文含义为"神谕、预言",中文译为"甲骨文"。Oracle 是当今最强大的关系型数据库软件,最初由 Larry Ellison、Bob Miner 和 Ed Oates 于 1977 年 6 月在硅谷创建的"软件开发实验室"开发。历经 40 余年的发展,下述的比较有代表性的版本,可以说是其发展的重要里程碑。

1979 年发布的 Oracle 2,整合了比较完整的 SQL 实现,包括子查询、连接及其他特性。

1983 年发布的 Oracle 3,用 C 语言编写,使其具有了很好的可移植性。

1985 年发布的 Oracle 5,成为首批可以在 Client/Server 模式下运行的 RDBMS 产品,并具有很强的稳定性。

1998 年发布的 Oracle 8i,不但支持面向对象的开发及多媒体应用,还添加了大量为支持 Internet 而设计的特性,为数据库用户提供了全方位的 Java 支持。版本号中的"i"即代表 Internet。

2003 年发布的 Oracle 10g,加入了网格计算功能,是其新一代应用基础架构软件集成套件,版本号中的"g"即代表 grid——网格。

2007 年发布的 Oracle 11g,功能大大增强,是其 30 年来发布的最重要的数据库版本,根据用户的需求实现了信息生命周期管理等多项创新,大幅度提高了系统性能的安全性。

2013 年发布的 Oracle 12c,引入了全新的多承租方架构,可轻松部署和管理数据库云,可简化向云端整合数据库的过程,使客户可将数以百计的数据库作为一个数据库进行管理,且不会改变其应用,版本号中的"c"即代表 cloud——云。

目前,应用最广泛的是 Oracle 11g,为满足不同层次、不同投资规模用户的需求,Oracle 11g 提供了企业版、标准版、标准版 1 和个人版共 4 种安装类型。

1.2　Oracle 11g 的安装与卸载

Oracle 是一个跨平台的数据库服务器软件,可安装在多种操作系统平台上,如 Windows 平台、Linux 平台和 Unix 平台等,为了方便安装,Oracle 11g 提供了一个通用的安装工具:Oracle Universal Installer(OUI),该软件是基于 Java 语言开发的图形界面安装工具,利用它可以实现在不同操作系统平台上安装 Oracle 11g。下面以 Oracle Database 11g 发行版 2 为例,介绍如何在 64 位 Windows 操作系统下安装 Oracle 11g 产品。

1.2.1　软件准备

尽管 Oracle 软件产品售价不菲,但要免费获取也不难,高校可以加入 Oracle 的 OAI 计划,即可免费得到用于教学的 Oracle 数据库和中间件软件;也可以从 Oracle 官方网站下载试用,软件共有两个压缩包,Win64_11gR2_database_1of2.zip 和 Win64_11gR2_database_2of2.zip。

1.2.2　Oracle 11g 的安装

Oracle 11g 数据库服务器由 Oracle 数据库软件和 Oracle 实例组成,安装数据库服务器就是将管理工具、实例工具、网络服务和基本的客户端等组件从安装盘复制到计算机硬盘的文件夹结构中,并同时创建数据库实例、配置网络和启动服务等。考虑到篇幅问题以及每位读者的操作系统略有不同,本教材不再对具体安装步骤详述。

1.2.3　Oracle 11g 的安装验证

①数据安装并创建完成后,在操作系统的开始菜单中就能看到各种各样的数据库管理工

具软件,如图 1.1 所示。

图 1.1　Oracle 管理软件快捷菜单

②Oracle 作为服务器软件,各种管理功能是以一系列后台服务软件来实现的,安装并创建数据库后,在操作系统的"服务"管理界面,可以对各种服务进行启动与停止等操作,常见后台服务如图 1.2 所示。由于 Oracle 相关服务运行在系统后台,会占用很多系统资源,如果用户当前不需要使用某个服务,可右键单击该服务,打开其属性对话框,设置其启动类型为"手动",这样在下次重新启动计算机时,就不会自动启动该服务了。

Oracle ORCL VSS Writer Service	手动	本地系统
OracleDBConsoleorcl	手动	本地系统
OracleJobSchedulerORCL	禁用	本地系统
OracleMTSRecoveryService	手动	本地系统
OracleOraDb11g_home1ClrAgent	手动	本地系统
OracleOraDb11g_home1TNSListener	手动	本地系统
OracleServiceORCL	手动	本地系统

图 1.2　Oracle 常见后台服务

1.2.4　Oracle 11g 的卸载

Oracle 11g 的卸载有两种方式:一种是使用 Oracle Universal Installers(OUI)管理工具,以图形界面向导的模式卸载数据库;另一种则是使用 deinstall.bat 批处理文件来卸载数据库。

①打开 Windows 的"服务"管理窗口,如图 1.2 所示,停止所有 Oracle 后台服务程序。

②如果使用 OUI 工具,则在操作系统开始菜单中找到"Oracle-OraDB11g_home1"→"Oracle 安装产品"→Universal Installer 快捷方式,如图 1.3 所示,单击后根据向导提示即可完成数据库的卸载。

图 1.3　Oracle Universal Installer

③如果使用 deinstall.bat 批处理文件,则在 Oracle 软件安装的位置,比如"D：\Oracle\Administrator\product\11.2.0\.dbhome_1",在这个路径下运行"deinstall\denstall.bat"这个批处理文件,然后根据系统提示,一步步完成数据库的卸载。这里需要注意的是,如果用户创建了多个数据库,则在输入全局数据库名称(在安装或创建数据库时确定的)时,多个数据库名称之间用逗号分隔。

1.3 Oracle 11g 的后台服务的启动与停止

Oracle 11g 作为服务器软件,各种管理功能是以一系列后台服务软件来实现的,下面介绍常见的 Oracle 11g 后台服务,以及各种服务的启动与停止方法。

1.3.1 Oracle 11g 常见后台服务

(1) Oracle ORCL VSS Writer Service

Oracle 卷映射拷贝写入服务,VSS(Volume Shadow Copy Service)能够让存储基础设备(比如磁盘,阵列等)创建高保真的时间点映像,即映射拷贝(shadow copy)。它可以在多卷或者单个卷上创建映射拷贝,同时不会影响系统的性能。

(2) OracleDBConsoleorcl

Oracle 数据库控制台服务, orcl 是 Oracle 的实例标识,默认的实例为 orcl。在运行 Enterprise Manager(企业管理器 OEM)时,需要启动这个服务。

(3) OracleJobSchedulerORCL

Oracle 作业调度(定时器)服务,ORCL 是 Oracle 实例标识。

(4) OracleMTSRecoveryService

服务端控制。该服务允许数据库充当一个微软事务服务器 MTS、COM/COM+对象和分布式环境下的事务的资源管理器。

(5) OracleOraDb11g_home1ClrAgent

Oracle 数据库.NET 扩展服务的一部分。

(6) OracleOraDb11g_home1TNSListener

监听器服务,服务只有在数据库需要远程访问时才需要。

(7) OracleServiceORCL

数据库服务(数据库实例),是 Oracle 核心服务,该服务是数据库启动的基础,只有该服务启动,Oracle 数据库才能正常启动。

其中最重要的是数据库服务器 OracleServiceORCL,只要这个服务启动了,就可以利用 SQL∗Plus 管理工具对前面创建的这个本地数据库 ORCL 进行操作管理。OracleOraDb11g_home1TNSListener 服务为数据库监听服务,如果要使用其他客户端工具对该主机的任何一个数据库进行本地或远程管理,则必须启动该服务。OracleDBConsoleorcl 服务在支持用户通过 Oracle Enterprise Manager(Oracle 企业管理器)对该主机的 ORCL 数据库进行操作管理,OEM 是一个以 HTTP 服务器方式为用户提供基于 Web 界面的管理工具。

1.3.2 常见后台服务的启动与停止

(1) OracleServiceORCL 服务的启动与停止

方法一:在操作系统的"服务"管理界面进行服务的启动、重启与停止。

方法二:使用 Windows 命令行,用 Windows 命令进行服务的启动、停止。利用 Windows 的快捷命令"Win+R"打开"运行"对话框,输入 cmd 打开 Windows 命令行工具,输入如下命令。

```
C:\Users\Administrator>net start oracleserviceorcl
C:\Users\Administrator>net stop oracleserviceorcl
```

运行结果如图所示 1.4 所示。

图 1.4　启动与停止 OracleServiceORCL 服务

（2）OracleOraDb11g_home1TNSListener **监听服务的启动与停止**

方法一：在操作系统的"服务"管理界面进行服务的启动、重启与停止。

方法二：使用 Windows 命令行，用 Windows 命令进行服务的启动、停止。利用 Windows 的快捷命令"Win+R"打开"运行"对话框，输入 cmd 打开 Windows 命令行工具，输入如下命令，不区分大小写。

```
C:\Users\Administrator>net start OracleOraDb11g_home1TNSListener
C:\Users\Administrator>net stop OracleOraDb11g_home1TNSListener
```

方法三：使用 Windows 命令行，通过 lsnrctl 工具软件实现，其中 lsnrctl statu 可以查看监听服务器的工作状态。

```
C:\Users\Administrator> lsnrctl start
C:\Users\Administrator> lsnrctl stop
C:\Users\Administrator> lsnrctl statu
```

或者

```
C:\Users\Administrator> lsnrctl
LSNRCTL> start
LSNRCTL> statu
LSNRCTL> stop
LSNRCTL> quit
```

（3）OracleDBConsoleorcl **控制台服务的启动与停止**

方法一：在操作系统的"服务"管理界面进行服务的启动、重启与停止。

方法二：使用 Windows 命令行，用 Windows 命令进行服务的启动、停止。利用 Windows 的快捷命令"Win+R"打开"运行"对话框，输入 cmd 打开 Windows 命令行工具，输入如下命令。

```
C:\Users\Administrator>net start OracleDBConsoleorcl
C:\Users\Administrator>net stop OracleDBConsoleorcl
```

方法三：使用 Windows 命令行，通过 emctl 工具软件实现，在进行操作前，需要设定 Oracle 系统标识符环境变量 oracle_sid，值为全局数据库名称。

```
C:\Users\Administrator>set oracle_sid=orcl
C:\Users\Administrator> emctl start dbconsole
C:\Users\Administrator> emctl stop dbconsole
```

1.4 创建数据库

除了在安装 Oracle 11g 时利用 OUI 向导工具可以直接创建数据库外，也可以采用所提供的 GUI 工具数据库配置助手 Database Configuration Assistant(DBCA)来创建，也可以采用手工方式执行一条条命令来创建。Oracle 数据库与其他数据库(如微软的 SQL Server)不同，手工创建数据库的操作步骤非常复杂，作为初学者，我们建议采用 DBCA 向导程序来创建，如果需要详细了解手工创建的操作步骤及命令语句，还可以利用 DBCA 向导程序生成创建数据库的脚本，并通过执行脚本文件来创建数据库。这里，我们采用 DBCA 直接创建数据库。

①通过在开始菜单中 Oracle 菜单目录的配置和移植工具找到并打开 Database Configuration Assistant(DBCA)，首先出现的是"欢迎使用"界面，然后单击"下一步"按钮，打开如图 1.5 所示的"操作"界面，在该界面选择"创建数据库"选项。

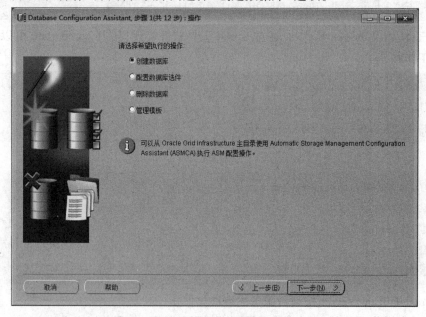

图 1.5 选择"创建数据库"

②单击"下一步"按钮，打开如图 1.6 所示的"数据库模板"界面，选择"一般用途或事务处理"。

③单击"下一步"按钮，打开如图 1.7 所示的"数据库标识"界面，并输入"全局数据库名"(如

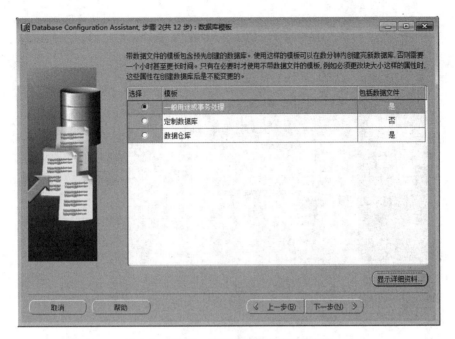

图 1.6　选择"一般用途或事务处理"选项

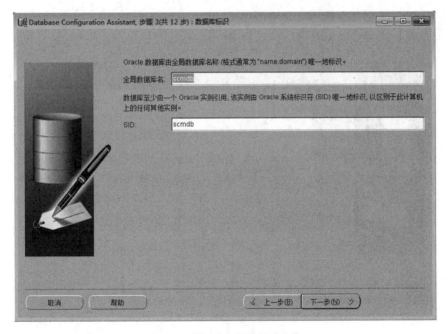

图 1.7　输入"全局数据库名"

scmdb,学生成绩管理数据库),同时输入 Oracle 系统标识符"SID"(与全局数据库名相同)。

④单击"下一步"按钮,打开如图 1.8 所示的"管理选项"界面,取消"配置 Enterprise Manager"选项。

⑤单击"下一步"按钮,打开如图 1.9 所示的"数据库身份证明"界面,选择"所有账户使用同一管理口令"选项,输入并确认口令(为方便记忆,建议与安装 Oracle 时创建的 ORCL 数据库所使用的口令相同),如果提示口令不符合安全强度规则,也可以直接继续。

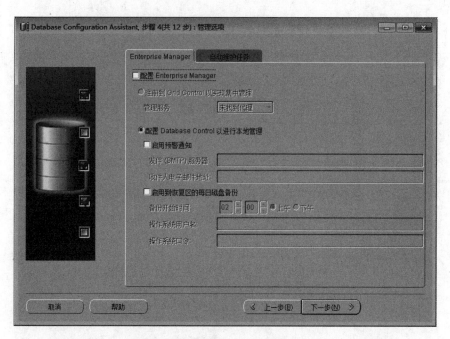

图 1.8　取消"配置 Enterprise Manager"

图 1.9　选取"所有账户使用同一管理口令"并输入

⑥单击"下一步"按钮,打开如图 1.10 所示的"数据库文件所在位置"界面,选择"文件系统"存储类型,选择"使用模板中的数据库文件位置"。

⑦单击"完成"按钮,打开如图 1.11 所示的"确认"对话框,将会显示数据库的详细资料,单击"另存为 HTML 文件"按钮,可将修改数据库的概要信息保存下来,以备查看。

⑧再次单击"完成"按钮,系统就会开始复制文件创建数据库,以后的步骤就与安装 Oracle 11g 时后面的操作一致了,如图 1.12 所示,数据库会自动创建成功。

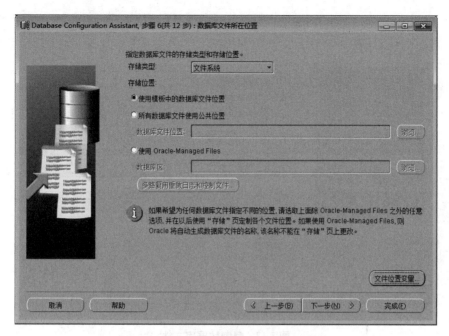

图 1.10　设定"数据库文件所在位置"

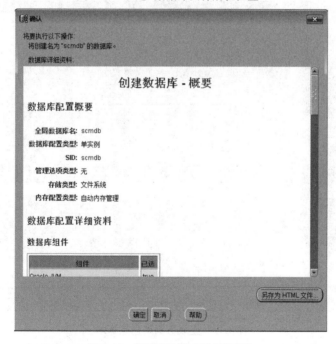

图 1.11　保存"数据库详细资料"

⑨如果不直接单击"完成"按钮,而是一直选择单击"下一步"按钮,将会出现如图 1.13 所示的"创建选项"界面,在这里可以不选择"创建数据库",而选择"生成数据库创建脚本",指定存储路径后,再单击"完成",这样就可以得到手工创建数据库的全部脚本代码文件。

⑩所得数据库创建脚本文件如图 1.14 所示,DBCA 生成的数据库创建脚本各文件的作用见表 1.1,要弄清楚创建数据库时都做了哪些操作,可用记事本依次打开来查看脚本代码。直接双击执行 scmdb.bat 批处理程序,就可自动创建 SCMDB 数据库,基本无须人工干预。

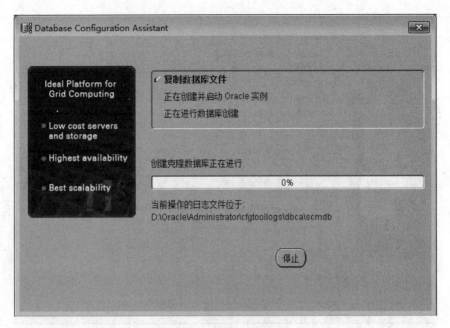

图 1.12　复制数据库文件

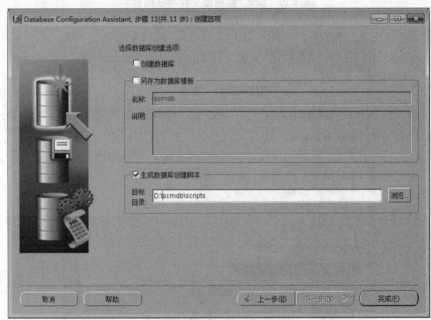

图 1.13　生成数据库创建脚本

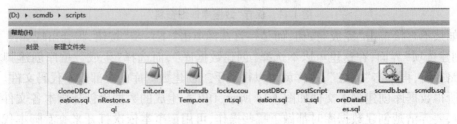

图 1.14　数据库创建脚本

表 1.1　DBCA 生成的数据库创建脚本文件

文件名	作　用
Init.ora	初始化参数文件
scmdb.bat	总控程序。它创建所需目录、设置环境变量、创建数据库实例,并启动 SQL * Plus,执行 scmdb.sql 脚本文件
scmdb.sql	创建口令文件,并依次执行下面各个 SQL 脚本文件。也相当于 SQL 脚本文件的总控程序
cloneRmanRestore.sql	通过调用 init.ora 参数文件,将数据库启动 nomount 状态;调用 rmanRestoreDatafiles.sql 脚本
rmanRestoreDatafiles.sql	通过读取数据库备份片,使用 rman 恢复的方式来创建数据库
cloneDBCreation.sql	直接使用脚本代码启动实例创建数据库
lockAccount.sql	锁定 sys 和 system 之外的其他所有数据库账户
postDBcreation.sql	重新编译数据库中的所有无效对象,创建 spfile,并重启数据库

本 章 小 结

　　本章简要介绍了 Oracle 数据库产品的发展历程,重点介绍了 Oracle 11g R2 发行版本的安装与卸载操作方法,同时介绍了 Oracle 的常用后台服务的作用及服务的启动与停止操作方法,最后介绍了如何利用数据库配置助手创建一个新的数据库。通过本章的学习,用户对 Oracle 数据库产品应该有一个基本认识,对数据库软件的安装、创建、卸载过程以及服务的启动与停止也有一定的掌握。

习　　题

简答题

1.简述 Oracle 11g 的常见后台服务有哪些? 分别有什么作用?

2.写出至少两种 Oracle 数据库服务、监听服务、数据库控制台服务的启动与停止语句。

第 2 章
Oracle 数据库管理工具

Oracle 11g 提供了大量的管理工具,除了前面用过的 OUI、DBCA 外,常用工具还有 SQL∗ Plus、NetCA、Net Manager、Oracle Enterprise Manager(OEM)、SQL Developer 等。本章主要介绍这些工具的作用和基本操作方法,使读者对利用这些工具进行 Oracle 数据库管理与操作有一个基本认识,并完成数据库服务器与客户端的基本配置。

2.1　SQL∗Plus

在 Oracle 11g 数据库系统中,用户对数据库的操作主要是通过 SQL∗Plus 来完成的。SQL∗Plus 作为 Oracle 的客户端工具,是一个命令行查询工具,具有自己的命令和环境,既可以建立位于数据库服务器上的数据连接,也可以建立位于网络中的数据连接,既可以执行 SQL∗Plus 命令,又可以执行 SQL 语句和 PL/SQL 语句块,甚至还可以执行操作系统命令,可以格式化和保存查询结果,检查表和对象定义,开发和运行批脚本,管理数据库。

2.1.1　SQL∗Plus 的启动与关闭

SQL∗Plus 的启动可以直接使用"开始"选项卡中应用开发程序的 SQL∗Plus 程序快捷方式,也可以在 Windows 命令行运行 SQL∗Plus 程序。

①选择"开始"→"所有程序"→"Oracle-OraDb11g_home1"→"应用开发程序"→"SQL Plus"命令,打开如图 2.1 所示的 SQL∗Plus 启动界面。

图 2.1　SQL∗Plus 启动界面

②在命令提示符的位置输入登录用户名(如 system 或 sys 等系统管理用户)和口令(安装创建数据库时指定的),如果默认的数据库服务 OracleServiceORCL 已经启动,则将连接到默认数据库 ORCL,进入操作界面,就可以在"SQL>"命令提示符后面输入命令执行操作了,如图2.2 所示。如果创建了多个数据库,SQL∗Plus 程序将不能自己确定用户将登录的数据库,就需要在操作系统中设置 ORALCE_SID 环境变量,其值设定为要登录的全局数据库名(如 ORCL),否则将出现"ORA-12560:TNS:协议适配器错误"错误提示。

图 2.2　SQL∗Plus 操作界面

③如果采用 Windows 命令行启动 SQL∗Plus,则通过在"运行"对话框(WIN+R 启动)中输入 cmd 启动命令行窗口,然后在命令符提示处输入"sqlplus",同样可以登录数据库。在这里,如果没有设定环境变量 ORACLE_SID,还可以设置临时的环境变量。操作如图2.3 所示。

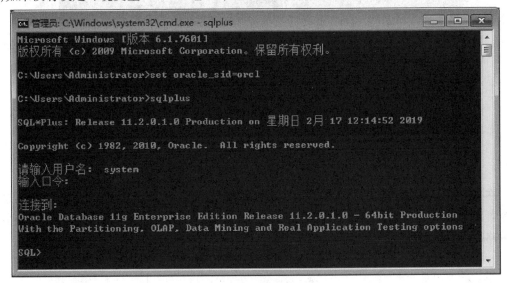

图 2.3　命令行启动 SQL∗Plus

④命令行启动 SQL∗Plus,也可以直接指定数据库名、用户名和密码以及登录角色,语法格式如下:

> SQLPLUS　username [/password] [@connect_identifier] [AS SYSOPER | SYSDBA]

13

其中:username 表示登录用户名。

password 表示登录口令。

@ connect_identifier 表示连接的全局数据库名,如果连接本机默认数据库或设定了 ORACLE_SID 环境变量,则应该省略。如果没有省略,则表示需要以连接字符串的方式提供全局数据库名,这个需要使用 Oracle Net 网络配置工具进行客户端配置,否则会出现"ORA-12541:TNS:无监听程序"登录错误。

AS SYSOPER | SYSDBA,表示以普通管理员或超级管理员特权用户进行登录,如果以 SYSDBA 超级管理员角色进行登录后,登录用户会自动转换为 sys 用户账户。

⑤关闭 SQL * Plus 可以用 EXIT 或 QUIT 命令,两种命令都能断开连接并关闭 SQL * Plus,不同的是如果通过 Windows 命令行启动的 SQL * Plus,QUIT 不会同时关闭 Windows 命令行窗口。

2.1.2　SQL * Plus 的操作方法

登录 SQL * Plus 后,就可以在其命令提示符"SQL>"后输入相应命令进行操作了,在这里可以支持 SQL * Plus 命令、SQL 语句和 PL/SQL 语句块 3 种类型命令。输入 help index 后,可以查看所有支持的 SQL * Plus 命令,如图 2.4 所示。

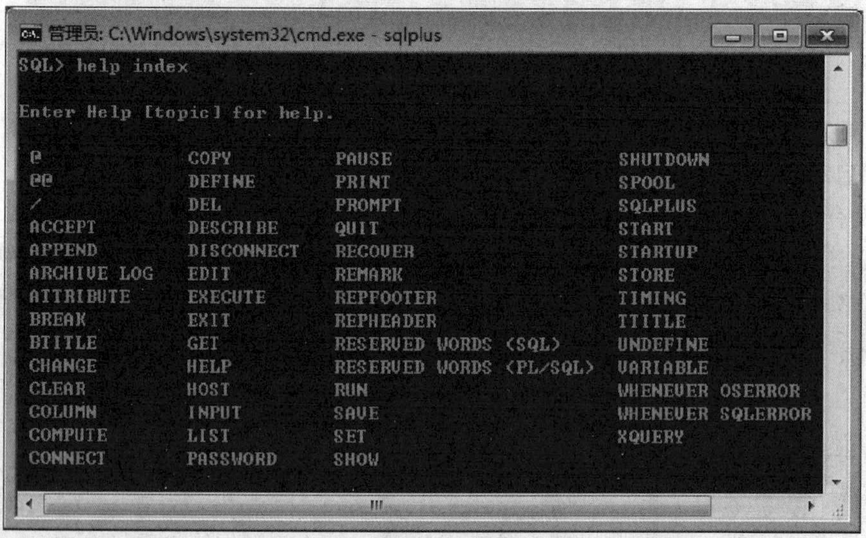

图 2.4　SQL * Plus 命令

在这里对 SQL 语句和 PL/SQL 语句块不做赘述,仅介绍一下常用 SQL * Plus 命令,这些命令可以分为几大类,其作用与用法见表 2.1—表 2.5,其中:命令中被方括号括起来的部分是可省略部分,不区分大小写。

表 2.1　登录与连接命令

命令	用法与含义	示　例
conn[ect]	以另一用户进行连接,用法同 sqlplus	conn system/system as sysdba
disc[onnect]	断开当前用户的连接	disconnect
passw[ord]	修改用户的登录口令	passw system
exit	断开与数据库的连接,并同时退出 SQL * Plus	exit

表 2.2　文件操作命令

命令	用法与含义	示　例
@ 和 start	运行 sql 脚本文件	@ d：\a.sql 或 start d：\a.sql
save	将当前 sql 缓存内容（该缓存内容只包含 SQL 语句和 PL/SQL 语句块，不包含 SQL＊Plus 命令）保存到外部 sql 脚本文件	save d：\a.sql
get	将外部文件内容调入当前 sql 缓存	get d：\a.sql
exit	断开与数据库的连接，并同时退出 SQL＊Plus	exit
ed[it]	用一个文本编辑器编辑当前 sql 缓存的内容	ed
r[un]	显示并运行 sql 缓存中的语句	r
/	直接运行 sql 缓存中的语句	/
l[ist]	显示指定范围的行命令	list 1 2 1 2 3
cl[ear]	消除屏幕或缓存	cl scr cl buff

表 2.3　交互式命令

命令	用法与含义	示　例
&	可替代变量，该变量在执行时，需要用户输入，当前语句有效	select ＊ from scott. emp wherejob＝' ＆ 职位：'；
def[ine]	定义替代变量，当前 SQL 环境有效	define gz＝800 select ＊ from scott. emp where sal＝&gz；
accept	定义替代变量，当前 SQL 环境有效，比 DEFINE 灵活，可指定变量输入提示、变量输入格式、隐藏输入内容等	ACCEPT title PROMPT '请输入岗位' ACCEPT pwd HIDE
undefine	取消替换变量的值	undefine title
spool	将 SQL＊Plus 之后出现在屏幕中的内容输出到指定的文件中去，也可以取消输出	spool d：\b.sql spool off
show	显示 SQL＊Plus 环境变量	show linesize
set	设置 SQL＊Plus 环境变量	set linesize 100
Help 或?	帮助命令，查看 SQL＊Plus 命令的用法	help index ? spool
host	执行操作系统命令，如 Windows 命令行命令	host dir
desc[ibe]	列出表、视图的列定义，用于查看表结构	desc scott.emp

表 2.4　常用的 SQL * Plus 环境变量

环境变量	含　义	默认值	示　例
Arraysize	从数据库中一次提取的行数	15	Set arraysize 20
Autocommit	是否自动提交事务	Off	Set autocommit on
Colsep	在结果列之间的分隔符	空格	Set colsep '|'
Feedback	显示返回行数(超过此数才显示,否则不显示)	6	Set feedback 8
Heading	是否显示列标题	On	Set heading off
Linesize	行宽	80	Set linesize 100
Pagesize	每页显示的行数	24	Set pagesize 5500
Serveroutput	是否显示存储过程中的输出	Off	Set serveroutput on
Sqlprompt	命令提示符	SQL>	Set sqlprompt ' yang>'
Time	在命令提示符前显示系统时间	Off	Set time on
Underline	下划线字符	-	Set underline '+'
verify	在交互式命令中,在替换变量前后,是否显示文本内容	on	Set verify off

表 2.5　常用的报表命令

命　令	用法与含义	示　例
Tti[tle]	设置报表页眉	Ttitle '报表页眉'
		Ttitle center '报表页眉'
		Ttitle center '报表页眉' skip 2
		Ttitle center '报表页眉' skip 2-Left '左对齐文字'
		Ttitle center '报表页眉' skip 2-Left '左对齐文字' right '右对齐文字'
		Ttitle center '报表页眉' skip 2-Left '左对齐文字' right '右对齐文字'-Right '第' format 99SQL.PNO '页'
Bti[tle]	设置报表页脚	与 ttitle 相似

续表

命　令	用法与含义	示　例
Col[umn]	设置列的格式	Col DNAME heading '名称'
		Col DNAME format A16 heading '名称'
		Col DNAME justify center/left/right
		Col DNAME noprint
		Col DNAME
		Clear column
Bre[ak]	控制相同内容重复输出次数	Break on deptno
		Break on deptno skip 2
Comp[ute]	对于 break 后的相同的内容行,进行汇总计算	前提:先 break on deptno Comp avg[label '平均工资']of sal on deptno Select ∗ from emp
		前提:先 break on deptno Comp avg[label '平均工资']of sal on deptno Select ∗ from emporder by deptno

2.2　网络配置助手

Oracle 数据库是一个网络数据库,为了方便配置和管理网络连接,它提供了 Oracle Net Service 组件,为分布式、异构计算环境提供企业级的连通性解决方案,从而简化网络配置和管理、提高性能、改善网络诊断能力。Net Configuration Assistant(网络配置助手, NetCA)是用于网络配置与管理的一个向导式图形化管理工具。本节以监听服务的配置为例来认识一下 NetCA。

如前所述,OracleOraDb11g_home1TNSListener 监听器服务,只有在数据库需要远程访问时才需要启动。监听器服务作为客户端和 Oracle 数据库服务器之间的中介,在指定网络协议地址上接收客户端最初的连接请求,再把连接请求转发给指定的数据库实例处理程序(专用服务器进程或者调度进程)。当客户端和服务器之间建立起连接后,二者直接通信,不再需要监听作中介。NetCA 可用来进行监听配置,它在配置服务器监听后能够自动在 Windows 中添加或删除相应的监听服务。

①在开始菜单中打开 Oracle 安装目录下的网络配置助手 Net Configuration Assistant,进入网络配置助手"欢迎"界面,如图 2.5 所示,选择"监听程序配置"并单击"下一步"。

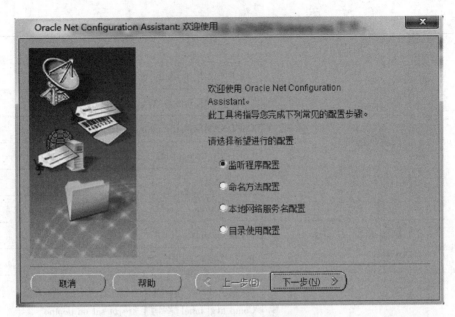

图 2.5　网络配置助手"欢迎"界面

②进入"监听程序配置"界面,如图 2.6 所示,因为用户在安装时已经自动配置了一个监听,所以在这里选择"重新配置",其操作方式与添加新的监听差不多,然后单击"下一步"。

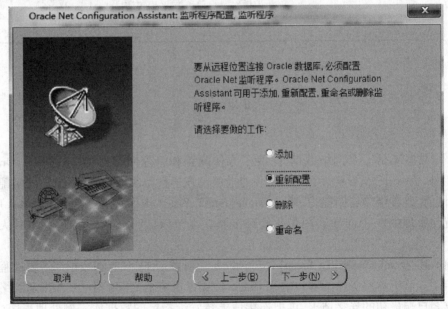

图 2.6　"监听程序配置"界面

③进入"选择监听程序"界面,如图 2.7 所示,选择一个已经存在的监听程序并单击"下一步"。

图 2.7　"选择监听程序"界面

④进入"选择协议"界面,如图 2.8 所示,在可用协议中选择 TCP 协议,单击"下一步"。

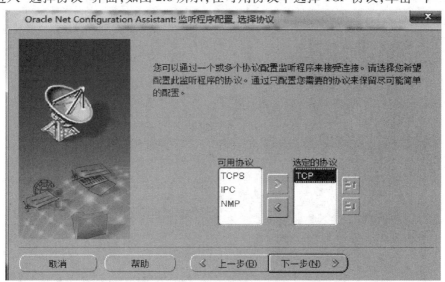

图 2.8　"选择协议"界面

⑤进入"TCP/IP 端口号选择"界面,如图 2.9 所示,我们使用标准端口号 1521,其为默认端口号,被称为默认监听,如果想使用其他端口号,可以使用临近该号码的端口号,单击"下一步"。

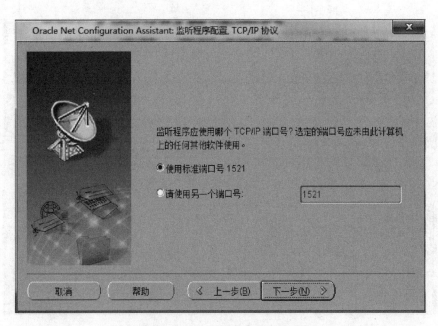

图 2.9　"TCP/IP 端口号选择"界面

⑥进入"配置更多监听程序"界面,如图 2.10 所示,选择"否",单击"下一步"。

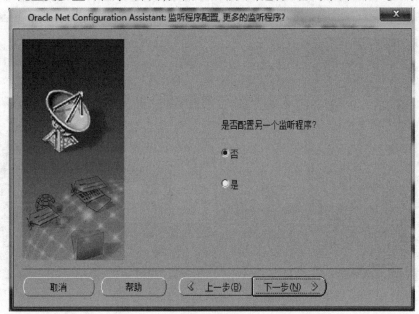

图 2.10　"配置更多监听程序"界面

　　⑦进入"监听程序配置完成"界面,如图 2.11 所示,可以直接关闭窗口,即完成了监听的配置,配置完成后,监听服务会启动。

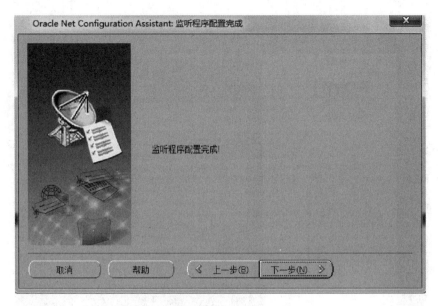

图 2.11　"监听程序配置完成"界面

⑧监听的配置信息会保存在 Oracle 主目录下的 network\admin 目录中的监听配置文件 listener.ora 中,可用文本编辑器打开查看。

⑨配置完成后,在 Windows 操作系统的服务组件中,将增加一个新的监听服务,可以此进行启动或停止操作。

2.3　网络管理器

与 NetCA 一样,网络管理器(Net Manager)也是用于 Oracle Net 的服务器端与客户端配置的,所不同的是,如果用 Net Manager 进行监听的配置,不会自动在 Windows 中添加或删除相应的监听服务,需要使用监听控制程序 lsnrctl.exe 向 Windows 中添加监听服务。本节将以客户端配置为例介绍 Net Manager 网络管理器的操作使用。

无论什么语言开发的 Oracle 数据库应用程序,它们要与服务器建立连接,在连接字符串内均需要提供三方面的信息:所要连接的 Oracle 数据库服务器的监听网络地址;连接的数据库服务,因为一条数据库服务器上可能有多个数据库;用户名和口令等连接验证信息。

在连接字符串内以怎样的语法格式来表示这些信息,是由连接字符串命名方法来决定的,Oracle 支持简易连接命名(EZCONNECT)、本地命名(TNSNAMES)、主机命名(HOSTNAME)、目录命名(LDAP)、网络信息服务(NIS)等几种,下面通过 Net Manager 来进行简易连接命名和本地命名客户端配置。

2.3.1　简易连接命名配置

①在"开始"菜单中打开 Oracle 安装目录下的 Net Manager 网络管理器,如图 2.12 所示,单击"概要文件",从右侧窗格上方的下拉列表中选择"命名"选项,单击"方法"选项卡,从"可用方法"列表中选择"EZCONNECT"(简易连接命名),将其添加到右边的"所选方法"列表中。

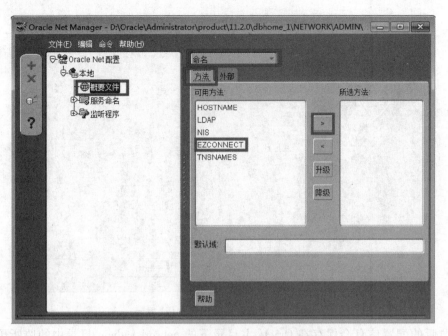

图 2.12　"连接字符串命名方法"设置界面

②同样在"概要文件"树形菜单下,从右侧窗格上方的下拉列表中选择"Oracle 高级安全性"选项,单击"验证"选项卡,从"可用方法"列表中选择"NTS",将其添加到右边的"所选方法"列表中,如图 2.13 所示。它表示 Windows 下的客户机和 Oracle 数据库服务器之间采用操作系统认证方法验证用户口令,意味着只有在网络操作系统验证通过的情况下,才可能进一步实现数据库连接。

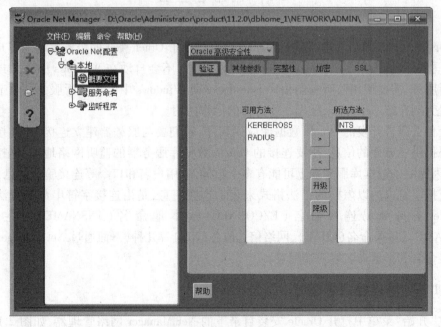

图 2.13　"网络操作系统验证方式选择"界面

③选择"文件"菜单的"保存网络配置"命令,将该配置信息保存到 Oracle 主目录下的 network\admin 目录中的命名方法配置文件 sqlnet.ora 中,可用文本编辑器打开查看。

④客户端选择了简易连接命名方式后,就可以采用简易连接字符串来进行连接了,语法格式为

> connect 用户名/口令@ 主机名[:端口号]/服务名:连接模式

其中:

主机名,可以是机器名,也可以是 IP 地址,本机则可用 localhost 或 127.0.0.1。

端口号,与监听一致,如果是默认端口号 1521,则可以省略。

服务名,就是要连接的全局数据库名。

连接模式,可采用 dedicated(专有服务器)或者 shared(共享服务器)两种方式。下面分别以两种方式进行数据库连接。

> SQL>conn system/system@ localhost:1521/orcl:shared
> SQL> conn system/system@ 127.0.0.1/orcl:dedicated

2.3.2　本地命名配置

在简易命名连接字符串中,需要提供所要连接的 Oracle 数据库服务器的监听网络地址、连接的数据库服务等信息,相当复杂,配置一个本地命名则可以简化该连接字符串的书写。

①在 Net Manager 网络管理器中,如图 2.14 所示,单击"服务命名",在左侧工具按钮上单击"+",打开"网络服务名向导"对话框,输入网络服务名"db_orcl",单击"下一步"。

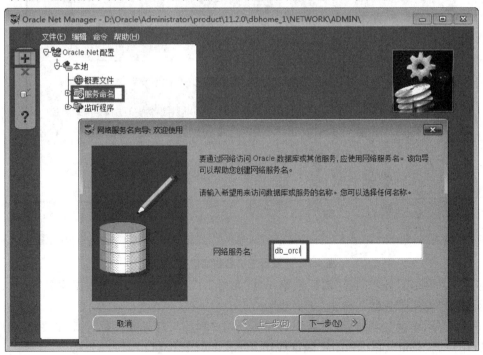

图 2.14　"网络服务名向导"界面

②进入"网络服务名向导"对话框第 2 页,如图 2.15 所示,选择"TCP/IP"协议,单击"下一步"。

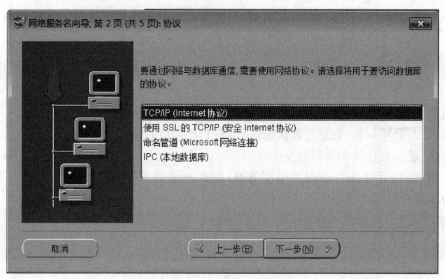

图 2.15 "选择网络协议"界面

③进入"网络服务名向导"对话框第 3 页,如图 2.16 所示,输入主机名 localhost 和端口号 1521(与简易连接一样,主机名可用 IP 地址或机器名,端口号与监听一致),单击"下一步"。

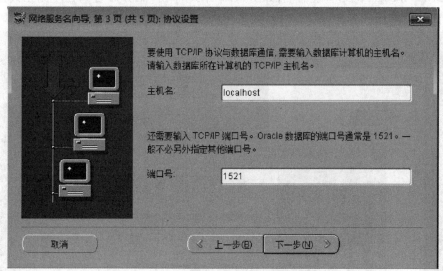

图 2.16 "设置主机名和端口号"界面

④进入"网络服务名向导"对话框第 4 页,如图 2.17 所示,输入全局数据库名"orcl",选择连接类型为"专用服务器",单击"下一步"。

⑤进入"网络服务名向导"对话框第 5 页,单击"测试",打开测试对话框,如图 2.18 所示,表示以用户名"scott"、口令"tiger"测试成功。单击"关闭"按钮。

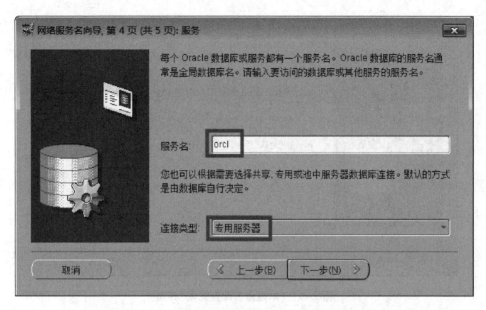

图 2.17　"设置数据库服务名和连接类型"界面

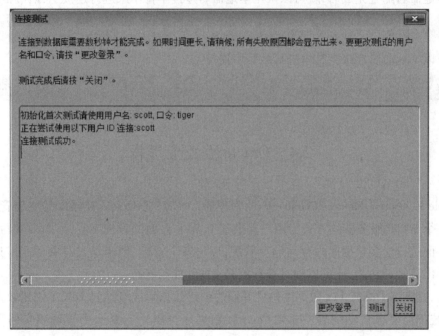

图 2.18　"连接测试"界面

⑥回到"网络服务名向导"对话框第 5 页,如图 2.19 所示,单击"完成"按钮,并选择"文件"菜单的"保存网络配置"命令,将该配置信息保存到 Oracle 主目录下的 network\admin 目录中的本地命名配置文件 tnsnames.ora 中,可用文本编辑器打开查看,本地命名配置完成。

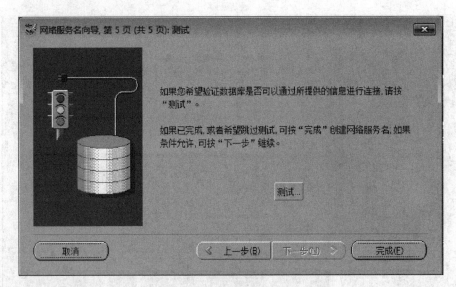

图 2.19 "本地命名配置完成"界面

⑦本地命名配置完成后,就可以采用本地命名连接字符串来进行连接了,语法格式为

connect 用户名/口令@ 网络服务名

下面以本地命名连接字符串进行数据库连接。

SQL> conn system/system@ db_orcl

2.4 Oracle 企业管理器

Oracle Enterprise Manager(Oracle 企业管理器,OEM)是 Oracle 数据库的主要管理工具,它是以一个 HTTP 服务器的方式为用户提供基于 Web 界面的管理工具,不需要编写代码,有以图形界面进行诸多数据库内存与储存管理、用户安全管理、创建模式对象、备份与恢复、数据导入导出等管理功能,还可以随时查看数据库的性能与状态。

通常,在安装 Oracle 11g 数据库软件并同时创建数据库或者通过 DBCA 创建数据库的情况下,系统都会要求自动配置 Oracle Control(数据库控制),它是一个管理单实例数据库的 OEM 版本,配置成功后会在操作系统的服务组件中添加一项服务——OracleDBConsole SID,其中的 SID 是对应的全局数据库名,比如 OracleDBConsoleORCL。要使用 OEM 启动该服务,同时还必须启动监听服务。

运行 OEM 的一种方法是:单击在"开始"菜单的 Oracle 安装目录中 Database Controlorcl,它其实是一个形如"https://机器名:端口/em"的 URL 地址的快捷方式,比如"https://MS-PTBK:5500/em",或者如"https://localhost:1158/em",有关这个 URL 地址,也可以通过 Oracle 主目录的 install 目录下的 readme.txt 文件中查看到。运行 OEM 的另一种方法是:直接在浏览器的地址栏输入这个 URL 地址。

如果是第一次使用 OEM，启动 Oracle 11g 的 OEM 后，可能会出现如图 2.20 所示的网站安全证书错误，需要安装"信任证书"或者直接选择"继续浏览此网站"。

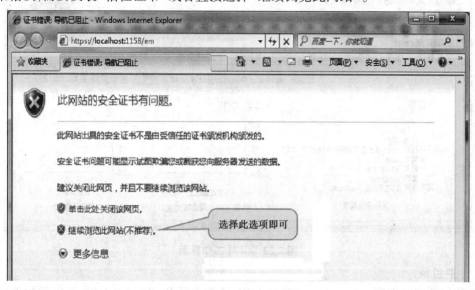

图 2.20　网站安全证书错误

OEM 要连接 Database Control，不仅要配置正确并启动相应服务，还需要确认目标数据库以及正在运行监听，如果正确输入 URL 地址后，出现如图 2.21 所示的登录页面，则说明 Database Control 配置正确。输入正确的用户名及验证口令，单击"登录"。如果需要 sysdba 权限，则需要在连接身份的下拉列表中选择 SYSDBA。

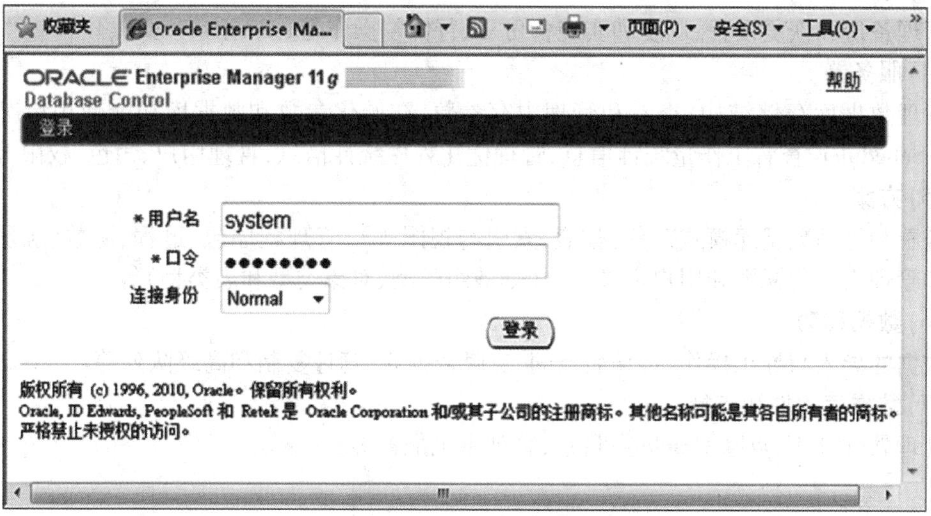

图 2.21　OEM 登录界面

登录成功，进入如图 2.22 所示的网页界面就可以进行各种管理工作了。

OEM 能够实现的管理功能很多，下面列出各选项卡下的主要功能。

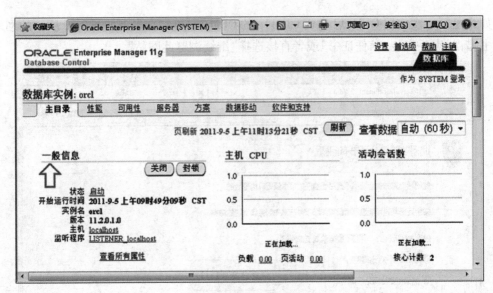

图 2.22　OEM 工作界面

（1）主目录

启动与关闭数据库;显示主机 CPU 的利用、活动会话和 SQL 相应情况;提供数据库运行状况、空间利用和数据库实例恢复时间、上次备份情况等方面的信息。

（2）性能

显示主机 CPU、内存、I/O 的利用情况; 基于会话采样数据生成性能诊断报告; 运行 ADDM 进行性能分析;利用这些信息帮助确定系统性能瓶颈产生的原因。

（3）可用性

管理备份和恢复设置、调度和实施备份、执行恢复操作等。

（4）服务器

管理数据库存储结构,查看和管理内存参数、初始化参数和数据库功能使用情况,管理 Oracle Scheduler,查看工作量统计信息,管理优化程序统计信息,管理用户、角色、权限等。

（5）方案

查看和管理数据库模式对象(如表、索引与视图等),管理程序包、过程、函数、触发器等,创建和管理实体化视图和用户定义类型(如数组类型、对象类型和表类型)等。

（6）数据移动

数据的导入与导出操作、传输表空间、克隆数据库、管理复制和高级队列等。

（7）数据库软件和支持

管理软件补丁,克隆 Oracle 主目录,管理主机配置等。

2.5　SQL Developer

Oracle Database 11g 首次附带了 SQL Developer 软件,是一个免费用于数据库开发的图形工具,具有 Windows 风格和集成开发工具的流行元素,操作更加直观、方便,可以轻松地创建、修改和删除数据库对象,运行 SQL 语句,编写、编译、调试 PL/SQL 程序等,大大简化了数据库的管理和开发工作,提高工作效率。该软件的运行需要 java 工具包的支持,如果没有安装 JDK,也可以下载包含 JDK 的 SQL Developer,它是一个免费免安装软件,可在相关网站下载,解压即可使用。

2.5.1　启动 SQL Developer

①选择"开始"→"所有程序"→"Oracle-OraDb11g_home1"→"应用开发程序"→"SQL Developer"命令,打开如图 2.23 所示的 SQL Developer 启动界面。

图 2.23　SQL Developer 启动界面

②第一次启动 SQL Developer 如图 2.24 所示,会提示用户选择本机安装的 JDK 软件,单击"Browse"进行选择。Oracle Database 11g 其实已经自带了 JDK,但可能出现版本不相符的情况,自带的 java 在 Oracle 主目录下的 jdk/bin 中,选择其中的 java.exe,单击"OK"。

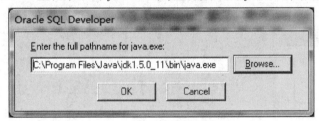

图 2.24　JDK 软件选择

③同时,程序会弹出一个 JDK 版本要求的提示信息,如图 2.25 所示,如果本机没有安装相应版本的 JDK,则可到相关地址下载安装相应的版本。

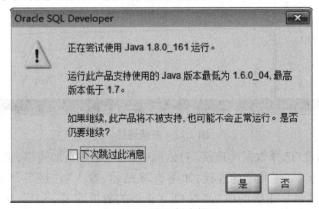

图 2.25　JDK 版本提示

④第一次运行 SQL Developer 会弹出询问"是否从前版本移植设置"的对话框,由于没有安装以前的版本,所以单击"No"按钮。在出现如图 2.26 所示的"配置文件类型关联"对话框时,选择所有文件类型,单击"确定",就完成了程序的启动。

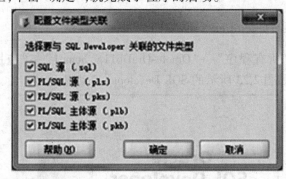

图 2.26 配置文件类型关联

2.5.2 建立数据库连接

①使用 SQL Developer 时,首先必须建立与数据库的连接,同样需要启动数据库服务和监听服务。

②如图 2.27 所示,在主界面左侧的"连接"选择卡中,右键单击"连接"节点,选择"新建连接"。

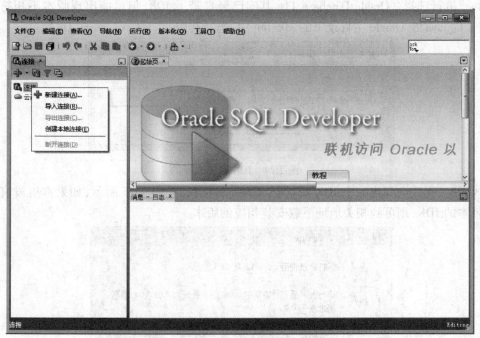

图 2.27 新建连接

③在弹出的"新建/选择数据库连接"对话框中,既可创建新的连接,也可在左侧窗口中选择已有连接进行编辑。如果是新建连接,如图 2.28 所示,输入"连接名"、正确的"用户名"和"口令"、正确的"主机名"、正确的监听"端口"、正确的数据库名"SID",单击"测试",如果状

态值显示为"成功",则说明连接设置正确,单击"连接"完成新建连接。

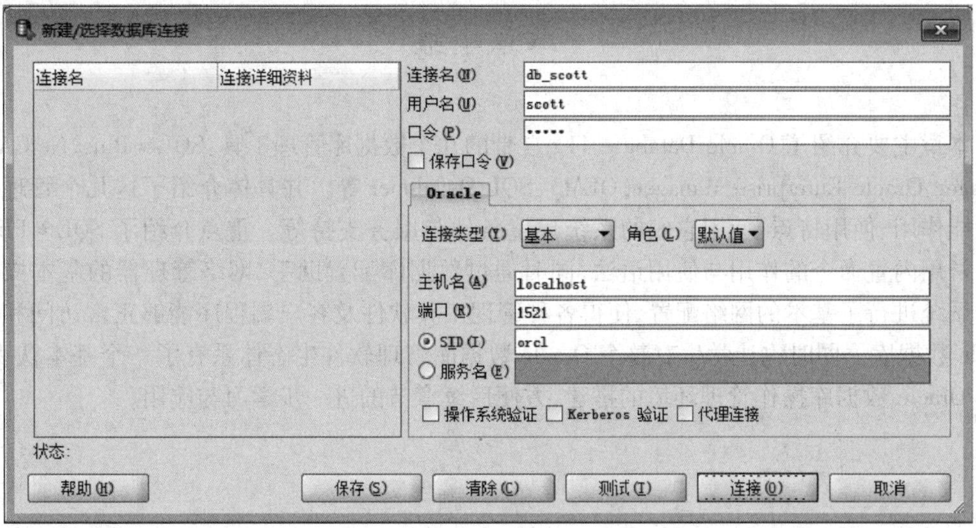

图 2.28　连接设置与测试

　　④连接成功后,如图 2.29 所示,在主界面左侧的"连接"选择卡中,展开"连接"节点就能看到新建的连接名,再展开连接名,就可以看到数据库的各种对象了,在右侧代码区,输入 SQL 语句,单击绿色三角形的"运行语句"按钮,就可以执行代码语句并得到运行结果,非常直观、方便实用。

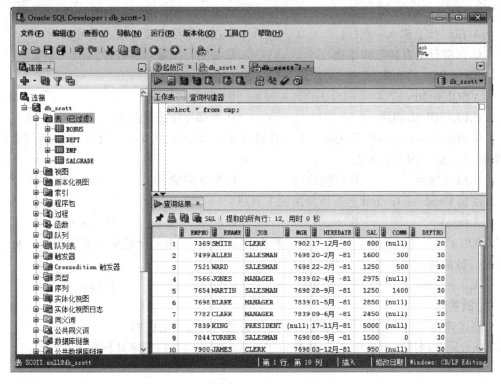

图 2.29　在新建连接中进行数据查询

本章小结

本章主要介绍了 Oracle Database 11g 自带的几个数据库管理工具：SQL＊Plus、NetCA、Net Manager、Oracle Enterprise Manager(OEM)、SQL Developer 等。并具体介绍了这几个管理工具的功能作用、使用特点、使用它们的系统环境条件与服务支持等。重点介绍了 SQL＊Plus 的一些常用内置命令的作用与使用语法，同时通过数据库配置助手、网络管理器的基本操作对整个系统进行了基本的网络配置，使得各种管理工具软件及客户端程序能够正常访问和管理 Oracle 数据库。同时也让学生对整个 Oracle 数据库管理软件生态体系有了一个基本认识，完善了 Oracle 数据库操作管理环境的搭建，方便后续章节的进一步学习与应用。

习　题

一、选择题

1.在 SQL＊Plus 下可以采用以下(　　)方法结束 SQL 语句的编辑状态，并执行它。

　A.在空行上输入句点(.)　　　　　　　　B.在语句结束直接输入分号(;)

　C.在空行上直接按回车键　　　　　　　　D.在空行上输入斜杠(/)

2.在 SQL＊Plus 下可以采用以下(　　)方法结束 PL/SQL 语句块的编辑状态。

　A.在空行上输入句点(.)　　　　　　　　B.在语句结束直接输入分号(;)

　C.在空行上直接按回车键　　　　　　　　D.在空行上输入斜杠(/)

3.SQL＊Plus 的 SQL 缓冲区可以缓存(　　)。

　A.SQL 语句　　　　　　　　　　　　　B.SQL＊Plus 命令

　C.PL/SQL 语句块　　　　　　　　　　　D.外部操作系统命令

4.在 SQL Developer 中，使用同一个连接名称建立多个会话，如果其中一个会话结束事务时，其他会话窗口内的事务将(　　)。

　A.随之结束　　　　　B.继续执行　　　　　C.全部回滚　　　　　D.全部提交

5.控制 Database Control 运行所使用的工具是(　　)。

　A.emca　　　　　　　B.emctl　　　　　　　C.dbca　　　　　　　D.Netca

6.SQL＊Plus 是一个被广泛用于数据查询的工具，以下用来设置从顶部标题到一页结束之间的行数的环境变量是(　　)。

　A.numformat　　　　　B.newpage　　　　　C.linesize　　　　　D.pagesize

二、简答题

1.简述连接字符串的简易连接命名和本地命名两种方式的区别。

2.Oracle 的网络配置助手 Net Configuration Assistant 可以进行哪几种配置？

第 **3** 章
静态数据字典与动态性能视图

数据字典，又称静态数据字典，是 Oracle 用于存储数据库所有定义信息的一套系统表，比如数据库的物理存储结构、逻辑存储结构、数据库对象及其约束、用户角色及其权限、存储空间的分配使用等，是 Oracle 数据库管理系统的核心，这些信息是以表的形式进行物理保存的，只有在数据定义（DDL 操作）发生改变时才发生变化，改变频率较低，所以称为静态数据字典。

除了数据字典外，Oracle 还维护了一套重要的动态性能表，记录着数据库的动态运行状况，比如实例的内存使用情况、当前会话情况、每个会话的事务信息及资源锁定情况、I/O 状况等，也是维护与管理数据库的重要依据，这些信息并不以表的形式物理保存，而是仅仅构建在 Oracle 实例的内存结构中（有的数据是在数据库实例启动时从一些配置参数文件中读入的，需要保存的数据也保存于这些文件中以便下次启动实例时再次读入），但却能以表视图的形式供用户查看，并且随着数据库内活动的变化而实时改变，变化频率很高，所以又称动态性能视图。

在管理和监控 Oracle 数据库时，无论用什么操作与管理工具，均要依赖于数据字典和性能视图提供源信息，所以用户，特别是数据库管理员必须熟练掌握这些数据字典和性能视图。

3.1 静态数据字典

3.1.1 数据字典的命名规则

作为数据表，数据字典是创建数据库后最早创建的数据库对象，存储于 SYSTEM 表空间内，由 sys 用户所拥有，结构不能改变，数据则允许用户根据权限作部分访问，其数据由 Oracle 数据库系统自己维护，用户一般能查看。Oracle 数据字典以 3 种形式的对象类型存在。

（1）基表

数据字典基表用于存储有关数据库及其对象的定义信息，大部分数据是加密存储的，只有数据库本身才能读写这些基表，用户不直接访问基表。

（2）用户访问视图

用户访问视图就是用户平时看到的数据字典，它们其实是基于数据字典基表创建的，汇总了数据字典基表内的信息，以可读的形式提供给用户使用。为了管理方便，Oracle 又把它们分为几组不同的类型，以及不同的前缀命名，有的只有 DBA 才能访问，有的可以供所有用户访问，但不同的用户访问到的数据却有所不同。

（3）同义词

为了方便用户访问，Oracle 还为大部分用户访问视图创建了同名的 public 同义词。

Oracle 数据字典用户访问视图的名称由前缀和后缀组成，使用"_"连接，其代表的含义如下所述。

①DBA_：系统管理员视图，整个数据库的全局视图，它包含所有用户所拥有的模式对象的定义信息，只有数据库管理员才能访问。

②USER_：用户视图，只包含当前用户所拥有的模式对象的定义信息，所有用户都可以访问，但不同用户能查看到的数据可能是不一样的。

③ALL_：扩展用户视图，包含当前用户所拥有的模式对象的定义信息外，还包含当前用户被授权访问的其他用户所拥有的模式对象的定义信息。

3.1.2　数据字典的基本操作

Oracle 数据字典用户访问视图（以下就直接简称为数据字典）作为一种非常重要的系统虚拟表，其数据一般只能查看，所以访问数据字典的操作一般有两种：一种是查看其表结构，另一种就是查看其数据。下面做一简单演示。

以管理员用户 SYSTEM 登录，查看数据字典 DBA_TABLES 和 USER_TABLES 的表结构；再以 SCOTT 用户登录，做同样的操作。

```
SQL>conn system/system
SQL> desc dba_tables；
……
SQL> desc user_tables；
……
SQL> desc dba_tables；
ERROR：
ORA-04043：对象 "SYS"."DBA_TABLES" 不存在
SQL> desc user_tables；
……
```

会发现，当以 SYSTEM 用户登录查看时，两张字典表的结构是一样的，并且都有 100 多列，而以 SCOTT 用户登录时，查看 DBA_TABLES 时，却发现该表不存在。

以管理员用户 SYSTEM 登录，查看数据字典 USER_TABLES 表的 TABLE_NAME 列的数据；再以 SCOTT 用户登录，做同样的操作。

```
SQL> conn system/system
已连接。
SQL> select table_name from user_tables;


TABLE_NAME
--------------------------------
LOGMNR_PARAMETER$
.........
已选择 156 行。
SQL> conn scott/tiger
已连接。
SQL> select table_name from user_tables;


TABLE_NAME
--------------------------------
DEPT
EMP
BONUS
SALGRADE
```

会发现，SYSTEM 能查看到 156 张表的表名称，而以 SCOTT 用户登录时，只能查看到 4 张表的表名称。

既然数据字典是一些用户视图，也是一种数据库用户模式对象，它们的定义信息又是怎样保存的呢？其实也是保存在某个数据字典中的，这个数据字典名为 dictionary，就是字典的英语单词，为了简化书写，Oracle 还为它建立了 public 同义词：dict。Oracle 的数据字典非常多，记是记不住的，所以我们经常通过这个字典来查看有关数据字典的信息。比如，可以用如下的 SQL 语句查看所有的数据字典名称：

```
SQL> select table_name from dict where table_name like 'DBA%' or table_name like
'ALL%' or table_name like 'USER%';
......
已选择 1436 行。
```

可见，Oracle Database 11g 共有 1 436 张不同类型的数据字典，不同版本的 Oracle 数据库略有不同。还有，数据字典中的数据，英文字母都是以大写形式呈现的，所以给定查询条件时要注意区分大小写。

3.1.3　常用数据字典

下面列出部分常用的数据字典，因为后续章节进行数据库管理操作时，可能会用到它们。其中前缀为 DBA_的可能还会有对应的以 ALL_ 和 USER_为前缀的同名数据字典，常用数据字典见表 3.1。

表 3.1 常用数据字典

类别	数据字典名或同义词	说　明
存储管理	DBA_TABLESPACES	描述数据库内的所有表空间
	DBA_FREE_SPACE	说明数据库内所有表空间中的空闲区
	DBA_SEGMENTS	说明已经为数据库内所有段分配的存储空间信息
	DBA_EXTENTS	说明数据库内所有表空间中为段分配的区
	DBA_DATA_FILES	列出数据库的数据文件
	DBA_TEMP_FILES	列出数据库的临时数据文件
	DBA_TS_QUOTAS	列出为数据库内所有用户在表空间上分配的存储空间限额
对象管理	DBA_OBJECTS	列出数据库内的所有对象
	DBA_SOURCE	列出数据库内所有存储对象的源代码文本
	DBA_ERRORS	列出数据库内所有存储对象上当前存在的错误
	DBA_TABLES	列出数据库内的所有关系表
	DBA_TAB_COLUMNS	列出数据库内所有表、视图和聚簇中的列
	DBA_EXTERNAL_TABLES	列出数据库内的所有外部表
	DBA_CONSTRAINTS	列出数据库内所有表上的约束定义
	DBA_VIEWS	列出数据库内的所有视图
	DBA_INDEXES	描述数据库内的所有索引
	INDEX_STATS	存储最近一次 ANALYZE INDEX…VALIDATE STRUCTURE 语句所产生的信息
	DBA_TRIGGERS	列出数据库内的所有触发器
	DBA_TRIGGER_COLS	列出数据库内所有触发器中用到的列
	DBA_SEQUENCES	列出数据库内的所有序列
	DBA_SYNONYMS	列出数据库内的所有同义词
	DBA_CLUSTERS	列出数据库内的所有聚簇
	DBA_TYPES	列出数据库内的所有对象类型
安全管理	DBA_USERS	列出数据库内的所有用户
	DBA_ROLES	列出数据库内的所有角色
	DBA_SYS_PRIVS	列出授予用户或角色的系统权限信息
	DBA_TAB_PRIVS	列出对象权限的授权情况
	DBA_COL_PRIVS	列出所有列上的对象权限的授权情况
	ROLE_SYS_PRIVS	列出授权给角色的系统权限
	ROLE_TAB_PRIVS	列出授权给角色的表权限
	ROLE_ROL_PRIVS	列出授权给其他角色的角色
	SESSION_PRIVS	列出用户当前可以使用的权限
	SESSION_ROLES	列出用户当前启用的角色
	AUDIT_ACTIONS	列出数据库内所有审计操作名称对象的类型代码

类别	数据字典名或同义词	说　明
会话	DBA_WAITERS	列出被阻塞的所有会话
	DBA_LOCK	列出数据库内保持的所有锁和闩,以及未得到锁和闩的请求
其他	DICTIONARY	列出数据库内所有的数据字典和动态性能视图的名称和描述
	DICT_COLUMNS	列出数据库内所有的数据字典和动态性能视图中列的名称和描述
	GLOBAL_NAME	列出数据库的全局名
	PRODUCT_COMPONENT_VERSION	列出数据库组件产品的版本和状态信息
	DUAL	一个特殊表,用于没有目标表的 SELECT 语句,使其语句完整,用于返回一个表达式的值

3.2　动态性能视图

动态性能视图并不是真实物理存储,其是 Oracle 数据库运行过程中在内存结构中维护的、用于记录数据库的当前活动,管理员在进行会话管理、备份操作和性能调优时必须使用它们。与数据字典以两种形式的对象类型存在相类似,动态性能视图以如下 3 种形式的对象类型存在。

(1) 基表

名称前缀为 X$,这些表不像常规表一样存储于数据库中,而是构建在 Oracle 实例的内存结构中,因此又称为虚拟表。Oracle 不允许普通用户直接访问基表。

(2) 视图

名称前缀为 V_$,是基于 X$基表创建的动态性能视图,又被称为 V$视图,只有 sys 用户才能访问。与常规视图不同,其结构定义及其基表中的数据都不能由用户修改,因此,动态性能视图又称为固定表。

(3) 同义词

名称前缀为 V$,Oracle 为 V$视图创建的 public 同义词,这就解决了只有 sys 用户才能访问 V_$的问题,数据库管理员及其他用户,一般都是通过这些同义词来访问(V$)视图的,而不是直接访问。

在 Oracle 中,几乎所有的视图(V_$前缀的)和同义词(V$前缀的)又都对应一个 GV$(Global V$,全局 V$)视图和同义词,前缀分别是 GV_$和 GV$,这些全局的视图和同义词比原视图与同义词增加了一列:INST_ID,用于指出实例号。在 Real Application Clusters(RAC,Oracle 数据库的一个群集解决方案)环境中,从 GV$可以检索各个 Oracle 实例的 V$视图信息,但是在单实例环境中,就没有必要使用它们。

3.2.1　动态性能视图与数据字典的区别

静态数据字典与动态性能视图是数据库管理系统的核心,通常用于存储数据库的元数据,可说是数据库的"数据库",在 Oracle 数据库的维护、管理与优化过程中作用明显。用户能从中查询到有关 Oracle 数据库自身的特征数据,了解数据库的内部运行和管理情况,当用户操作数据库遇到困难时,可以通过查询它们来提供帮助信息。但作为两种不同类型的元数据库,尽管它们在创建方法与时机(都在创建数据库时自动创建)、所有者(都是 SYS)以及访问方式(均以视图及其同义词这样的虚拟表形式,进行结构查看、内容查询)等方面具有相同之处,但相互间还是有很大的区别的。

(1)存储位置不同

数据字典存储于 system 表空间的数据文件中,是真实的物理存储;动态性能视图只存储于数据库实例的内存结构中。

(2)命名形式

尽管为了安全管理,数据字典与动态性能视图提供给用户访问的都是视图或其同义词,但命名规则还是很容易区分。数据字典的多以 DBA_、ALL_、USER_为前缀;而动态性能视图的则以 V$、GV$为前缀。

(3)内容更新及频率

数据字典的数据是在执行 DDL 语句时更新,更新频率相对较低,其数据是永久存储;动态性能视图的数据在数据库实例启动时得到填充,在实例运行期间和数据库使用过程中动态实时更新,数据更新频率高,并在数据库实例关闭时被清空。

(4)可访问时间

数据字典必须在数据库打开之后才能访问,因为只有这时数据文件才能被访问;而动态性能视图只需在数据库实例启动之后就可以了,也就是数据库实例的内存结构生成即可,不在乎数据库是否被打开。

3.2.2　常用的动态性能视图

与数据字典一样,Oracle 的动态性能视图很多,无法一一叙述,需要读者在实际应用中不断积累、不断总结。下面列出部分常用的动态性能视图,因为后续章节进行数据库管理操作时,可能会用到它们。常用动态性能视图见表 3.2。

表 3.2　常用动态性能视图

类　别	动态性能视图	说　明
实例、数据库一般信息	V$ VERSION	显示 Oracle 数据库中核心库组件的名称及其版本号
	V$ OPTION	列出各 Oracle 数据库选项和功能是否可用
	V$ DATABASE	列出关于数据库的信息
	V$ INSTANCE	显示当前实例的状态信息
	V$ PROCESS	显示当前活动进程信息
	V$ BGPROCESS	显示后台进程信息
	V$ FAST_START_TRANSACTIONS	显示 Oracle 实例恢复的进度

续表

类　别	动态性能视图	说　明
实例内存信息	V$ SGA	显示 SGA 的汇总信息,用于查询分配给 SGA 各组件的内存总量
	V$ SGAINFO	显示 SGA 中不同组件的内存大小、粒度尺寸和空闲内存量
	V$ SGASTAT	显示 SGA 各组件内存分配的详细信息,列出共享池、Java 池、大型池、流池内各子组件的内存分配情况
	V$ SGA_DYNAMIC_COMPONENTS	显示动态分配的各 SGA 组件的内存信息,以及自实例启动以来各组件内存调整的汇总信息
	V$ SGA_DYNAMIC_FREE_MEMORY	显示将来可用于动态调整 SGA 的空闲内存量
	V$ BUFFER_POOL	显示实例所有可用缓冲池(包括默认池、循环池和保持池)的信息
	V$ BUFFER_POOL_STATISTICS	显示实例所有可用缓冲池(包括默认池、循环池和保持池)的统计信息
	V$ LIBRARY_CACHE_MEMORY	显示为库缓存中各内存对象分配的内存量
	V$ ROWCACHE	显示数据字典缓存活动的统计信息
存储信息	V$ PARAMETER	显示会话中当前生效的初始化参数信息
	V$ PARAMETER2	显示会话中当前生效的初始化参数信息,每个列表参数值在视图中显示一行
	V$ SYSTEM_PARAMETER	显示实例中当前生效的初始化参数信息
	V$ SYSTEM_PARAMETER2	显示实例中当前生效的初始化参数信息,每个列表参数值在视图中显示一行
	V$ SPPARAMETER	显示服务器参数文件中的参数及其取值
	V$ CONTROLFILE	显示控制文件名称
	V$ CONTROLFILE_RECORD_SECTION	显示控制文件记录段部分信息
	V$ DATAFILE	显示数据库的数据文件信息
	V$ TEMPFILE	显示数据库的临时数据文件信息
	V$ LOG	显示重做日志文件组信息
	V$ LOGFILE	显示重做日志文件成员信息
	V$ LOG_HISTORY	显示日志历史信息
	V$ ARCHIVED_LOG	显示归档日志信息,包括归档日志的名称。在一个联机重做日志文件成功归档之后,会插入一条归档日志记录
	V$ TABLESPACE	显示数据库的表空间信息
	V$ SEGMENT_STATISTICS V$ SEGSTAT	显示段统计信息
	V$ SEGSTAT_NAME	显示段统计属性信息

39

续表

类　别	动态性能视图	说　明
用户、会话与事务信息	V$ PWFILE_USERS	列出口令文件中的所有用户,指出他们是否具有 SYSDBA、SYSOPER 和 SYSASM 权限
	V$ SESSION	显示当前每个会话的会话信息
	V$ SESSION_CONNECT_INFO	显示当前会话的网络连接信息
	V$ TRANSACT	列出系统内的活动事务
	V$ SYSSTAT V$ SESSTAT V$ MYSTAT	分别显示系统统计信息、用户会话统计信息和当前会话的统计信息。每个统计项相应的名称由 V$ STATNAME 提供
	V$ STATNAME	显示 V$ SESSTAT、V$ SYSSTAT、V$ MYSTAT 视图中所显示的对应的名称
	V$ SESSION_EVENT	显示会话中的等待事件信息
	V$ SSYSTEM_EVENT	显示系统中的等待事件信息
其他	V$ FIXED_TABLE	列出所有动态性能视图的名称和描述

本章小结

　　本章主要介绍了静态数据字典与动态性能视图在 Oracle 数据库管理维护中的地位与作用、存在形式、命名规则、访问方式,以及静态数据字典与动态性能视图的区别与联系,还列出了部分常用静态数据字典与动态性能视图,并对它们的各自作用进行了说明。让学生对静态数据字典与动态性能视图在数据库维护管理方面的地位与作用有了一个基本认识,为后续章节的进一步学习与应用作了相应的知识准备。

习　题

一、选择题

1.要访问数据字典,数据库必须启动到(　　)状态。

　　A.CLOSE　　　　　　B.NOMOUNT　　　　　C.MOUNT　　　　　　D.OPEN

　　2.数据库管理员需要找出问题瓶颈所在,以优化 Oracle 数据库服务器的性能,这时需要访问的对象是(　　)。

　　　　A.数据字典　　　　B.动态性能视图　　C.用户表　　　　　　D.以上均可

　　3.作为普通用户,如果希望检索到自己有权访问的对象信息,则应该访问带(　　)名称前缀的数据字典。

A.DBA_ B.V＄ C.ALL_ D.USER_

4.下列哪一个不是查看 Oracle 数据的物理文件的动态性能视图(　　　)。

　A.V＄DATAFILE B.V＄CONTROLFILE

　C.V＄LOGFILE D.V＄INSTANCE

5.静态数据字典存储在(　　)表空间内。

　A.USERS B.SYSAUX C.SYSTEM D.TEMP

6.要查询 Oracle 数据库所有的静态数据字典的名称,可以使用(　　　)数据字典或动态性能视图。

　A.V＄DATABASE B.V＄FIXED_TABLE

　C.DICTIONARY D.DBA_TABLES

7.要查询 Oracle 数据库所有的动态性能视图的名称,可以使用(　　　)数据字典或动态性能视图。

　A.V＄DATABASE B.V＄FIXED_TABLE

　C.DICTIONARY D.DBA_TABLES

二、简答题

1.简述名称前缀为 DBA_、USER_和 ALL_的静态数据字典分别有什么作用。

2.简述静态数据字典与动态性能视图的区别。

第 **4** 章

Oracle 数据库体系结构

本章主要介绍 Oracle 数据库的体系结构,包括 Oracle 数据库的逻辑存储结构、物理存储结构中的一些基本概念,以及 Oracle 数据库实例的基本概念和数据库的启动和关闭命令。让学生对 Oracle 的体系结构有个整体认识,为后续章节的内容做基础知识的准备。

Oracle 系统体系结构由 3 部分组成:逻辑结构、物理结构和实例,如图 4.1 所示。

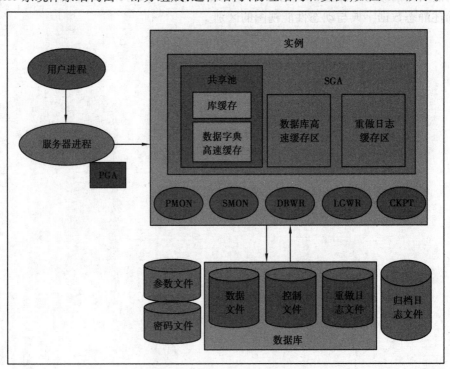

图 4.1 Oracle 体系结构图

4.1　Oracle 数据库逻辑存储结构

Oracle 数据库逻辑存储结构主要描述 Oracle 数据库的内部存储结构,即从技术概念上描述在 Oracle 数据库中如何组织、管理数据。这些逻辑存储结构包括表空间、段、区和数据块。Oracle 数据库的逻辑结构如图 4.2 所示。

图 4.2　Oracle 数据库的逻辑结构图

4.1.1　表空间

每个 Oracle 数据库都由一个或多个表空间(tablespace)组成。表空间是一个逻辑存储容器,它位于逻辑存储结构的顶层,用于存储数据库中的所有数据。表空间内的数据被物理存放在数据文件中,一个表空间可以包含一个或多个数据文件。在其他数据库系统(如 Microsoft SQL Server)中,一个数据库实例可以管理多个数据库,而每个 Oracle 实例则只能管理一个数据库,但其中可以建立多个表空间。使用表空间主要有下述优点。

①能够隔离用户数据和数据字典,减少对 SYSTEM 表空间的 I/O 争用。

②可以把不同表空间的数据文件存储在不同的硬盘上,把负载均衡分布到各个硬盘上,减少 I/O 争用。

③隔离来自不同应用程序的数据,能够执行基于表空间的备份和恢复,同时可以避免一个应用程序的表空间脱机而影响其他应用程序的运行。

④优化表空间的使用,如设置只读表空间、导入/导出指定表空间的数据等。

⑤能够在各个表空间上设置用户可使用的存储空间限额。

Oracle Database 11g 创建数据库时,将默认创建以下表空间。

(1)SYSTEM

系统表空间,主要用于存放 Oracle 系统内部表和数据字典的数据,例如,表名、列名、用户名等。Oracle 本身不赞成将用户创建的表、索引等存放在系统表空间中。表空间中的数据文件个数不是固定不变的,可以根据需要向表空间中追加新的数据文件,该表空间对应的数据文件是"SYSTEM01.DBF"。

(2)SYSAUX

SYSTEM 表空间的辅助表空间,用于存储一些组件和产品的数据,以减轻 SYSTEM 表空间的负载,如 Automatic Workload、Oracle Streams、Oracle Text 和 Database Control Repository 等组件,都是用 SYSAUX 作为它们的默认表空间,该表空间对应的数据文件是"SYSAUX01.DBF"。

(3)TEMP

临时表空间,用于存储 SQL 语句处理过程中产生的临时表和临时数据,用于排序和汇总等。

（4）UNDOTBS1

还原表空间，Oracle 数据库用它存储还原信息，实现回滚操作等。当用户对数据表进行修改操作（包括插入、更新、删除等操作）时，Oracle 系统自动使用还原表空间来临时存放修改前的旧数据。当所做的修改操作完成并执行提交命令后，Oracle 根据系统设置的保留时间长度来决定何时释放掉还原表空间的部分空间。一般在创建 Oracle 实例后，Oracle 系统自动创建一个名字为"UNDOTBS1"的还原表空间，该还原表空间对应的数据文件是"UNDOTBS01.DBF"。

（5）USERS

用于存储永久用户对象和数据，可以在这个表空间上创建各种数据对象。比如，创建表、索引、用户等数据对象。该表空间对应的数据文件是"USERS01.DBF"。Oracle 系统的示例用户 HR 对象就存放在 USERS 表空间中。

4.1.2　段

段（segment）就是占用存储空间的数据库对象。如果用户把表空间看作与应用程序相关，用它们来存储和隔离不同应用程序的数据，那么段就是与数据库对象相关，用于存储和隔离不同数据库对象的数据。Oracle 数据库中的段分为下述 4 种。

①表段：又称数据段，每个非簇表的数据都存储在一个或多个表段内，而簇内所有表的数据则存储在一个表段中。

②索引段：Oracle 数据库中的每个非分区索引都用一个段来存储其所有数据，而对于分区索引来说，其每个分区的数据则存储在单个索引段中。

③回滚段：用于存储数据库的还原信息。

④临时段：用于存储 Oracle 在执行 SQL 语句期间所产生的中间状态数据。

4.1.3　区

区（extent）是 Oracle 数据库内存储空间的最小分配单位。一个段需要存储空间时，Oracle 数据库就以区为单位将表空间内的空闲空间分配给段。每个区必须是一段连续的存储空间，它可以小到只有一个数据块，也可以大到 2 GB 的空间。

4.1.4　数据块

区由数据块（data block）构成，数据块是 Oracle 数据库的 I/O 单位，也就是说，在读写 Oracle 数据库中的数据时，每一次读写的数据量必须至少为一个数据块大小。

不要把 Oracle 的数据块与操作系统的 I/O 块相混淆。I/O 块是操作系统执行标准 I/O 操作时的块大小，而数据块则是 Oracle 执行读写操作时一次所传递的数据量，Oracle 数据块大小必须是操作系统 I/O 块大小的整数倍。

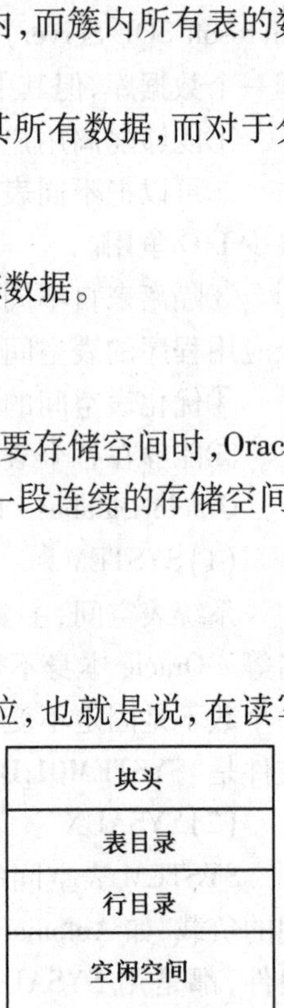

Oracle 数据块的结构如图 4.3 所示，它由以下几部分组成。

①块头：包含一般块信息，如块的磁盘地址及其所属段的类型（如表段或索引段）等。

| 块头 |
| 表目录 |
| 行目录 |
| 空闲空间 |
| 行数据 |

图 4.3　Oracle 数据块结构

②表目录:说明块中数据所属的表信息。

③行目录:说明块中数据对应的行信息。

④空闲空间:数据块内还没有被分配使用的空闲空间。

⑤行数据:包含表或索引数据,行数据可以跨越多个数据块。

Oracle 数据库支持的数据块大小包括 2 KB、4 KB、8 KB、16 KB 和 32 KB 5 种。在创建数据库时,初始化参数 DB_BLOCK_SIZE 指定数据块大小。该尺寸的数据块被称为数据库的标准块或默认块。数据库标准块大小一旦确定就无法改变,除非重新创建数据库。

在创建表空间时,如果不指定数据块的大小,所创建表空间的块大小将与标准块大小相同。但也可以使用 BLOCKSIZE 子句指定表空间的块大小。

数据库管理员(DataBase Administrator, DBA)在指定表空间的块大小时应考虑行数据的长度。虽然 Oracle 允许行数据的存储跨越多个数据块(称为行链接),但这样会降低检索性能,因为从多个数据块检索一行数据所需的 I/O 次数要比从一个数据块检索多,所以一个数据库内的行链接越多,查询的性能就会越低。因此,为了提高性能,DBA 应该根据应用中行数据的长度创建适当块大小的表空间。

4.2　Oracle 数据库物理存储结构

逻辑存储结构是为了便于管理 Oracle 数据而定义的具有逻辑层次关系的抽象概念,不容易被理解;但物理存储结构比较具体和直观,它用来描述 Oracle 数据在磁盘上的物理组成情况。从大的角度来讲,Oracle 的数据在逻辑上存储在表空间中,而在物理上存储在表空间所包含的物理文件(即数据文件)中。

4.2.1　Oracle 数据库物理文件

Oracle 数据库的物理存储结构由多种物理文件组成,主要有数据文件、控制文件、重做日志文件、归档日志文件、参数文件、口令文件和警告日志文件等。下面将对这些物理文件中的部分进行讲解。

(1)数据文件

数据文件(Data File)是用于保存用户应用程序数据和 Oracle 系统内部数据的文件,这些文件在操作系统中就是普通的操作系统文件,Oracle 在创建表空间的同时会创建数据文件。Oracle 数据库在逻辑上由表空间组成,每个表空间可以包含一个或多个数据文件,一个数据文件只能隶属于一个表空间。数据文件和其对应表空间的关系可以从 dba_data_files 数据字典中查看。

(2)控制文件

控制文件(Control File)是一个二进制文件,这个文件很小,只有 64 MB 左右,它记录数据库的物理存储结构和其他控制信息,如数据库名称、创建数据库的时间戳、组成数据库的各个数据文件和重做日志文件的存储路径及名称、系统的检查点信息等。Oracle 打开数据库时,必须先打开控制文件,从中读取数据文件和重做日志文件信息。如果控制文件损坏,就会使数据库无法打开,导致用户无法访问存储在数据库中的信息。控制文件对检查数据库的一致性和恢复数据库也很重要。在实例恢复过程中,控制文件中的检查点信息决定 Oracle 实例怎样使用重做日志文件恢复数据库。控制文件对数据库来说至关重要,所以 Oracle 支持控制文件的多路存储,也就是它能够同时维护多个完全相同的控制文件拷贝,建立其镜像版本。一个 Oracle 数据库的控制文件数量、存储位置和名称由数据库的参数文件记录。但当控制文件采用多路存储时,如果其中任意一个控制文件损坏,Oracle 实例就无法运行。

控制文件一般在 Oracle 系统安装或创建数据库时自动创建,它所存放的路径由数据库服务器参数文件 spfileorcl.ora 的 control_files 参数值来指定,可以通过 show parameter control_files 命令来查看。控制文件的相关信息还可以从 V$controlfile 动态性能视图中查看。

(3)重做日志文件

Oracle 的重做日志文件记录了数据库所产生的所有变化信息。在实例或者介质失败时,可以用重做日志恢复数据库。重做日志文件组存储数据库的重做日志信息,这组重做日志文件被称为联机重做日志文件。每个数据库必须至少拥有两组重做日志文件。Oracle 实例以循环写入方式使用数据库的重做日志文件组,当第一组联机重做日志文件填满后,开始使用下一组联机重做日志文件,当最后一组联机重做日志文件填满后,又开始使用第一组联机重做日志文件,如此循环下去。重做日志文件的相关信息可以从 V$logfile 动态性能视图中查看。如果数据库运行在归档模式下,在发生日志文件切换后,填满的重做日志文件被复制到其他地方保存。这些日志文件副本被称为归档日志文件。

(4)其他文件

以上 3 种文件属于 Oracle 数据库文件。除此之外,Oracle 数据库管理系统在管理数据库时还使用其他一些辅助文件。这些文件包括(但不限于)以下几种。

①参数文件。参数文件初始化参数文件中的参数定义实例属性,如说明实例使用的内存量、控制文件的数量、存储路径和名称等。在 Oracle 数据库实例启动时首先打开该文件并读取其中的初始化参数值。

②口令文件。口令文件是一个可选文件,用于存储被授予 SYSDBA、SYSOPER 和 SYSASM 权限的数据库用户及口令,以便在数据库还未打开时用它验证这些具有特殊权限的数据库管理员的身份。

③警告日志文件。警告日志文件是一个文本文件,其名称是 alertdb_name.1og(db_name 是数据库名)。它相当于一个数据库的“编年体”日志,按照时间的先后顺序完整记录从数据库创建、运行到删除之前的重大事项,如可能出现的内部错误或警告、数据库的启动与关闭、表空间的创建、联机和脱机操作等信息。

④跟踪文件。跟踪文件提供调试数据,其中包含大量的诊断信息。跟踪文件分为两种:一种是通过 DBMS_MONITOR(Oracle 预定义包)启用跟踪产生的用户请求跟踪文件,DBA 用它可以诊断系统性能;另一种是发生内部错误时自动产生的。用户在通过 Oracle Support 请求解决遇到的严重错误时,需要上传这种跟踪文件。跟踪文件的存储路径由 user_dump_dest、background_ dump_dest 和 core_dump_dest 3 个初始化参数指定,它们分别用来存储专用服务器进程产生的跟踪文件,共享服务器进程和后台进程产生的跟踪文件,以及发生严重错误时产生的跟踪文件。

4.2.2　Oracle 数据库物理存储结构和逻辑存储结构之间的关系

现用一个图形总结一下 Oracle 数据库物理存储结构和逻辑存储结构之间的关系,如图 4.4所示。

①一个表空间可以包含一个或多个数据文件,在一个表空间内可以存储一个或多个段, 所以段数据可以存储在一个数据文件上,也可以存储在一个表空间内的多个数据文件上。

②每个段中包含一个或多个区,每个区由一个或多个数据块组成。

③向段分配数据文件内的空闲空间是以区为单位的。

④Oracle 数据块是操作系统(OS)块的整数倍。一个表空间内的所有数据文件只能使用 同样的块尺寸。

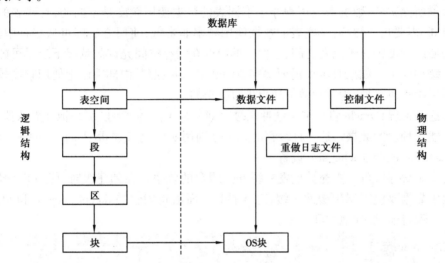

图 4.4　Oracle 数据库物理存储结构和逻辑存储结构之间的关系

4.3　Oracle 数据库实例

Oracle 数据库实例(Instance)也称为服务器(Server),是指用来访问数据库文件集的内存 结构(系统全局区)及后台进程的集合。实例启动时会向操作系统申请内存,并启动其后台进 程。每个实例只能管理一个 Oracle 数据库,但一个 Oracle 数据库可以由一个实例或多个实例 (集群环境下)管理。

4.3.1　系统全局区

系统全局区(System Global Area,SGA)是所有用户进程共享的一块内存区域,也就是说, SGA 中的数据资源可以被多个用户进程共同使用。每个 Oracle 实例都用一个很大的内存结 构来缓存数据,这样可以减少磁盘物理 I/O 次数,提高系统性能。当启动一个实例时,该实例 就占用了操作系统的一定内存——这个数量是基于初始化参数文件中设置的 SGA 部件的尺 寸。当实例关闭时,由 SGA 使用的内存将退还给主系统内存。

说明:SGA 随着数据库实例的启动而加载到内存中,当数据库实例关闭时,SGA 区域也就消失了。

Oracle 又把 SGA 分为更多的内存区域,以缓存不同种类的数据。SGA 中的主要区域包括下述几部分。

(1)高速数据缓冲区

高速数据缓冲区(data buffer cache)为了减少数据库的物理 I/O 次数,提高性能,Oracle 在从磁盘数据文件检索数据之后或将数据块写入磁盘之前,都要将数据块缓存到数据缓冲区中。由于 Oracle 数据库除标准块(如 8 KB)外,还允许使用其他 4 种非标准块(2 KB、4 KB、16 KB 和 32 KB),所以数据缓冲区缓存也分为标准块缓冲区缓存和非标准块缓冲区缓存。

①标准块缓冲区缓存。通常,一个默认的数据缓冲区缓存足以满足大多数系统的需要。但正如大家所熟知的,数据库应用程序中不同表的数据使用频度是不同的,有些表的数据使用频率极高,需要长久缓存;有些表的数据使用频率非常低,使用之后即可从缓存中清除;其余数据的使用频度则介于二者之间,它们中的数据在缓存空间允许的情况下应尽可能长时间地缓存于缓冲区中。如果 Oracle 需要缓存新的数据,则按照其内部算法把使用频度较低的数据从缓冲区缓存清除掉,为其他数据块提供缓存空间。

针对这种情况,Oracle 将标准块缓冲区缓存划分为 3 种:保持池、循环池和默认池,分别用于缓存上述 3 种表的数据。这 3 种缓存的大小分别用初始化参数 db_keep_ cache_ size、db _recycle_cache_size、db_cache_size 设置。

配置多个缓存区可以更充分地发挥缓冲区缓存的效率。在创建表时,使用 STORAGE 子句指定表中数据要使用哪种缓冲区缓存。例如,下面语句创建的 tkeep、trecycle 和 tdefault 表将分别使用保持池、循环池和默认池。

```
SQL> create table tkeep(
    col1 char)
    storage(buffer_pool keep);
SQL> create table trecycle(
    col1 char)
    storage(buffer_pool recycle);
SQL> create table tdefault(
    col1 char)
    storage(buffer_pool default);
```

如果在创建表时未明确指出使用哪种缓冲区缓存,Oracle 则把它放在默认池中。

②非标准块缓冲区缓存:非标准块缓冲区缓存的大小由初始化参数 db_n_cache_size 指定,其中 n 是标准块大小之外的其他 4 种尺寸。

在数据库内创建非标准块表空间时,必须先为这种尺寸的数据块分配缓冲区。例如,下面的 SQL 语句为 16 KB 数据块分配 50 M 的缓存空间。

```
ALTER SYSTEM SET db 16k cache size = 50M SCOPE=BOTH;
```

(2)重做日志缓冲区

服务器进程把执行数据修改(如插入、修改和删除等操作)过程中产生的重做日志写入重做日志缓冲区(redo log buffer),然后由日志写入进程(LGWR)把日志缓冲区内的重做日志写入磁盘中的联机重做日志文件。

重做日志缓冲区的大小由初始化参数 log_buffer 指定。Oracle 内部把日志缓冲区看作一个环形区域。当日志写入进程把部分重做日志写入日志文件后,服务器进程即可循环使用它,用新的重做日志覆盖旧日志。

(3)共享池

共享池(shared pool)是 SGA 中一个非常重要的区域,它对 SQL 语句的执行性能有很大影响。共享池的大小由 shared_pool_size 参数指定,它又分为以下几个主要子区域。

①数据字典缓存。在首次执行 SQL、PL/SQL 代码时,服务器进程首先要解析其代码,生成执行计划。在解析过程中需要检索 SQL 语句操作的数据库对象及其定义、用户和权限等信息,这些信息存储在数据库的数据字典内。数据字典缓存用于缓存这部分信息,以减少解析代码时的磁盘 I/O 次数。

②库缓存。库缓存用于缓存解析过的 SQL、PL/SQL 语句的执行计划。服务器进程在执行 SQL、PL/SQL 代码时,首先从库缓存中查找其执行计划,如果找到,则重用该代码,这称为软解析或库缓存命中。否则,Oracle 必须生成该代码的执行计划,这被称为硬解析。

③服务器结果缓存。服务器结果缓存用于缓存 SQL 语句的查询结果集合和 PL/SQL 函数的结果集。这与数据库缓冲区缓存不同,后者用于缓存数据块。

(4)大型池、Java 池

大型池(large pool)是一个可选内存区域,它由 large_pool_size 参数设置,用于分配不适用于在共享池内分配的大块内存,如 RMAN 备份所需的缓冲区、语句并行执行所使用的缓冲区等。

Java 池(Javapool)用于存储与所有会话相关的 Java 代码和 Java 虚拟机(JVM)内的数据。它由 java_pool_size 参数设置。

(5)流池

Oracle Streams 是 Oracle 提供的一个组件,它允许在不同数据库和应用程序之间共享数据。流池(stream pool)专门为 Oracle Streams 组件所使用,用于缓存流进程在数据库间共享数据所使用的队列消息,它由 streams_pool_size 参数设置。

缓存是影响 Oracle 性能的主要因素之一。在服务器内存一定的情况下,合理分配缓存可大大提高数据库的性能。对于有经验的 DBA 来说,可以采用分配方式给自己分配各部分的内存量。而对于经验不足的 DBA 来说,则可以利用 Oracle 的自动内存管理方式让其代为管理各部分之间的内存分配。影响 Oracle 数据库内存自动分配的初始化参数见表 4.1。

表 4.1 影响 Oracle 数据库内存自动分配的初始化参数

初始化参数	作 用
memory target	设置 Oracle 系统可用的最大内存量。其值不为零时,Oracle 在运行过程中将根据需要 memory_target 增大或减小 SGA 和 PGA 的值,实现内存的自动管理
memory_max_target	可以指定给 memory_target 的最大值,如果该参数未设置,实例启动时将把它设置为与 memory_target 相同的值

续表

初始化参数	作　用
sga_target	其值不为零时,Oracle 将实行 SGA 内存的自动管理,实现对以下内存区域的自动分配,而其他数据库缓冲区缓存、日志、缓冲区、固定 SGA 和其他内部区域则不能实现内存的自动分配 标准块的默认池(DB_CACHE_SIZE) 共享池(SHARED_POOL_SIZE) 大型池(LARGE_POOL_SIZE) Java 池(JAVA_POOL_SIZE) 流池(STREAMS_POOL_SIZE) 如果这些被自动调整内存池的初始化参数被设置为非零值,Oracle 将把它们用作可调整到的最小值
sga_max_size	指出实例中 SGA 可用的最大内存量。如果该参数未设置,而 memory_target 或 memory_ max_target 参数已设置,实例将把 sga_ max_size 设置为二者中较大的值
pga_aggregate_target	指出一个实例下所有服务器进程可用的 PGA 内存总量
workarea_size_policy	其值为 AUTO 时,进程所使用的各工作区的内存量将由系统根据 PGA 的总内存量自动调整;其值为 MANUAL 时,各工作区的内存量由 * _AREA_SIZE 参数指定

4.3.2　后台进程

Oracle 数据库实例的后台进程是操作系统进程或线程,它们共同实现对 Oracle 数据库的管理功能。每个后台进程只完成一项单独的任务,这使 Oracle 实例具有较高的效率。Oracle 后台进程数量繁多,一些后台进程在每个实例中都会启动,而另一些后台进程则根据条件和配置启动。从动态性能视图 V$bgprocess 可以查询有关后台进程信息,以及实例当前已经启动的后台进程。

一些常见的基本后台进程如下所述。

(1)数据库写入进程

数据库写入进程(database writer, DBWR)负责将 SGA 内数据库缓冲区中的"脏"数据块写入数据文件。所谓"脏"数据块是指高速数据缓冲区中被修改过的数据块。如果需要,可以创建多个 DBWR 进程,让它们共同分担数据写入负载。实例启动的 DBWR 数量由初始化参数 DB_WRITER_PROCESS 指定。在 Oracle Database 11g 中,一个实例最多可以启动 36 个 DBWR(依次编号为 DBWO,…,DBW9 和 DBWa,…,DBWz,因此,数据库写入进程又被统称为 DBWn)。由于 Windows 操作系统采用异步 I/O 方式,所以常常只配置一个数据库写入进程即可满足数据写入需要。

数据库写入进程在以下条件下将把脏数据块写入数据文件。

①服务器进程找不到足够数量的可用干净缓冲区。

②数据库系统执行检查点时。

但在写入脏数据块之前,如果 DBWR 发现与数据缓冲区内脏数据块相关的重做日志还没有写入磁盘,它将通知 LGWR,先把重做日志缓冲区内的重做日志写入联机重做日志文件,并一直等到 LGWR 写完之后才开始把脏数据块写入磁盘,这称为前写协议(Write-ahead protocol)。

(2)日志写入进程

日志写入进程(log writer,LGWR)负责把日志缓冲区内的重做日志写入重做日志文件。Oracle 系统首先将用户所作的修改日志信息写入日志文件,然后再将修改结果写入数据文件。

Oracle 实例在运行中会产生大量日志信息,这些日志信息首先被记录在 SGA 的重做日志缓冲区中,当发生提交命令或者重做日志缓冲区的信息满 1/3 或者日志信息存放超过 3 s 时,LGWR 进程就将日志信息从重做日志缓冲区中读出并写入日志文件组中序号较小的文件中,一个日志组写满后接着写另外一组。当 LGWR 进程将所有的日志文件都写过一遍之后,它将再次转向第一个日志文件组重新覆盖。对于 LGWR 进程写满一个日志文件组而转向写另外一组的过程,人们称为日志切换。

(3)归档进程

归档进程(archiver, ARCH)是一个可选的进程,只有当 Oracle 数据库处于归档模式时,该进程才可能起到作用。若 Oracle 数据库处于归档模式,在各个日志文件组都被写满而即将被覆盖之前,先由归档进程(ARCH)把即将被覆盖的日志文件中的日志信息读出,然后再把这些"读出的日志信息"写入归档日志文件。

(4)检查点进程

在 Oracle 数据库内,检查点进程(checkpoint process, CKPT)会定期启动,它把检查点信息写入控制文件和数据文件头部,并通知 DBWn 进程把脏数据块写入数据文件。DBWn 进程的运行又会启动 LGWR 进程将重做日志缓冲区内的内容写入重做日志文件,这样就完全同步了数据文件、日志文件和控制文件的内容。

要理解检查点,首先应该了解 Oracle 数据库的事务提交方式。用户提交事务时,Oracle 分配一个系统修改号(System Change Number, SCN)用于标识该事务,LGWR 在重做日志缓冲区内添加一项提交记录,之后立即把重做日志缓冲区内的数据写入联机重做日志文件。日志写入成功后,通知用户或应用程序事务提交完成。这时候与该事务相关的数据可能还在数据缓冲区缓存内没有写入数据文件。这种提交方式被称为事务的快速提交。Oracle 之所以采用这种方式,是因为数据的写入是随机的,而日志的写入是顺序方式,所以日志的写入速度会比数据的写入速度快。

如果用户所提交事务的数据还未写入数据文件就遇到实例故障,在下次实例启动打开数据库过程中,它会发现数据库处于不一致状态,需要做实例恢复。此时,Oracle 会读出重做日志文件中的重做日志,再执行一遍(这就是重做日志名称的由来),即可恢复用户已经提交的所有事务的数据。所以,采用快速提交方式能够满足事务持久性的要求。

Oracle 数据库的检查点机制可保证数据库文件在每个检查点处于同步状态,并将所有已提交事务的数据写入数据文件(这些事务对应的日志在提交事务时已经写入了重做日志文件),因此实例恢复时只需恢复最后一个检查点后提交的事务,从而缩短实例恢复所需的时间,使数据库能够快速启动。但是,如果检查点进程启动过于频繁,它会大量增加系统的 I/O 次数,从而影响系统的运行性能。

与检查点频率设置相关的初始化参数包括 LOG_CHECKPOINT_TIMEOUT、LOG_CHECKPOINT_INTERVAL 和 FAST_START_MTTR_TARGET。初始化参数 LOG_CHECKPOINTS_TO_ALERT 的值决定是否把检查点启动事件写入数据库的警告日志文件。有关这些初始化参数的详细介绍,请参阅 Oracle 文档。

(5)进程监视进程

进程监视进程(process monitor, PMON)的主要作用如下。

①监视其他后台进程、服务器进程和调度进程的运行情况。当它们异常中断时,重启这些进程或者终止实例的运行。

②在用户进程异常中断后,负责清理数据库缓冲区缓存,释放用户进程锁定的资源。

③向正在运行的监听注册数据库实例。如果监听没有运行,PMON 则定期查询监听是否启动以注册实例。

(6)系统监视进程

系统监视进程(system monitor, SMON)负责大量系统级的清理工作,其中包括:

①实例启动时,如果需要,SMON 执行实例恢复。

②清理不再使用的临时段。

③合并字典管理表空间内相邻的空闲区。

以上讲解了 Oracle 11g 中的若干个典型进程,不同版本 Oracle 的后台进程也不同。默认情况下,Oracle 11g 会启动 200 多个后台进程。

4.3.3　数据库实例的启动与关闭

(1)打开数据库

打开和关闭数据库需要具有 SYSDBA 或 SYSOPER 管理权限,可使用的工具包括 SQL＊Plus、Recovery Manager、Oracle Enterprise Manager 等。如果数据库由 Oracle Database 11g 新提供的 Oracle Restart 管理,则建议使用 SRVCTL 启动和关闭数据库。下面以常用的 SQL＊Plus 为例,执行打开和关闭数据库操作。首先请启动 SQL＊Plus,并以一种管理权限连接:

```
SQLPLUS /NOLOG
SQL> connect SYS/oracle AS SYSDBA
已连接。
```

Oracle 数据库实例启动过程如图 4.5 所示,启动过程中要依次经历以下 4 种状态:

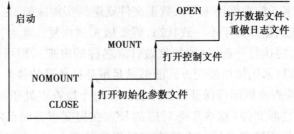

图 4.5　启动数据库

①关闭(CLOSE)。

②已启动(NOMOUNT)。

③已装载(MOUNT)。

④打开(OPEN)。

在 SQL * Plus 中使用 STARTUP 命令启动实例,它可以把数据库从 CLOSE 状态直接启动到其他 3 种任意状态。例如,STARTUP NOMOUNT、STARTUP MOUNT、STARTUP OPEN(或者 STARTUP)将分别把数据库从 CLOSE 状态启动到 NOMOUNT、MOUNT 和 OPEN 状态。但在数据库实例已启动之后,就不能再使用 STARTUP 命令改变数据库的状态,而只能使用 ALTER DATABASE 命令把数据库改变到下一个状态。例如,用 STARTUP NOMOUNT 命令启动实例之后,只能使用以下命令装载和打开数据库。

```
ALTER DATABASE MOUNT;
ALTER DATABASE OPEN;
```

Oracle 提供不同的数据库启动状态,目的是让 DBA 可以执行相应的管理工作。

①CLOSE:编辑和修改初始化参数文件。

②NOMOUNT:创建新的数据库,或者重新创建控制文件。

③MOUNT:重命名或移动数据文件、恢复数据库、改变数据库归档模式。

④OPEN: OPEN 状态分为受限访问和不受限访问两种。只有在不受限模式下,普通用户才能访问数据库。而在受限模式下,只有同时具有 CREATE SESSION 和 STRICTED SESSION 权限的用户才能访问。在受限模式下,数据库管理员也只能从本地访问实例,而不能远程访问。受限模式主要用于执行数据的导入和导出操作、数据的装载、数据库的迁移和升级等操作。

在使用 STARTUP 命令启动数据库时,RESTRICT 选项与 NOMOUNT、MOUNT 或 OPEN 选项组合使用,即可将数据库启动到受限访问模式。在执行 STARTUP 命令正常启动数据库之后,也可用下面命令进入受限访问模式:

```
ALTER SYSTEM ENABLE RESTRICTED SESSION;
```

受限访问操作执行之后,系统管理员用下列命令将系统修改为非受限访问模式:

```
ALTER SYSTEM DISABLE RESTRICTED SESSION;
```

(2)关闭数据库

在 SQL * Plus 中,使用 SHUTDOWN 命令关闭数据库。该命令有以下 4 个选项,它们分别对应 4 种关闭方式。

①NORMAL:正常关闭。

②TRANSACTIONAL:事务关闭。

③IMMEDIATE:立即关闭。

④ABORT:异常关闭。

1)正常关闭

正常关闭命令语法如下:

```
SHUTDOWN NORMAL
```

其中的 NORMAL 选项可以省略,因为这是 SHUTDOWN 命令的默认方法。

正常关闭命令执行后将禁止新建连接,并等待当前所有连接用户主动断开之后再关闭数据库。如果当前用户不主动断开连接,会导致该命令的执行因超时而失败。

2)事务关闭

事务关闭命令语法如下:

```
SHUTDOWN TRANSACTIONAL
```

该命令将禁止新建连接,禁止已连接用户启动新的事务,但会等待已启动事务执行完成,然后断开用户连接,关闭数据库。所以,只要所有连接用户结束他们的当前事务,该命令即可成功关闭数据库。

3)立即关闭

立即关闭命令语法如下:

```
SHUTDOWN IMMDIATE
```

该命令发出后将禁止新建连接,禁止已连接用户启动新的事务,但未提交的事务被立即回滚,然后断开用户连接,关闭数据库。所以,该命令关闭数据库的速度比前两种更快。

在以上 3 种关闭方式中,用户事务都能完成(要么提交,要么回滚),在关闭数据库之前还会执行检查点,所以可以确保所关闭的数据库处于一致状态,下次启动时不需要做实例恢复。因此,这 3 种关闭方式也被称为一致性关闭。

4)异常关闭

异常关闭命令如下:

```
SHUTDOWN ABORT
```

该命令通过立即中止数据库实例的方式关闭数据库。它将禁止新建连接,禁止已连接用户启动新的事务,Oracle 数据库当前正在执行的 SQL 语句被立即中止,不回滚未提交的事务,也不执行检查点,而直接关闭数据库实例。这就像系统停电一样,立即中止 Oracle 数据库的运行。因此,这种方式关闭的数据库处于不一致状态,下次启动时需要作实例恢复。

正常情况下应禁止使用这种关闭方式,只有在其他关闭方式无效时才使用这种方法。

本章小结

本章简要介绍了 Oracle 数据库的体系结构,重点介绍了 Oracle 数据库的逻辑存储结构、物理存储结构和 Oracle 实例 3 个部分。Oracle 数据库文件用于存储用户数据和系统数据。从物理结构上看,Oracle 数据库文件主要分为数据文件、控制文件和重做日志文件 3 种,它们均由 CREATE DATABASE 语句在创建数据库时创建。从逻辑结构方面来看,Oracle 数据库分为表空间、段、区和块 4 个层次。Oracle 实例由 SGA 和后台进程构成。SGA 进一步划分为数据缓冲区、重做日志缓冲区、共享池、Java 池、大型池、流池等。一个个后台进程实际上是对

DBMS 系统的专业分工,主要包括数据写入进程、日志写入进程、系统监视进程、进程监视进程、检查点进程等。本章最后介绍了打开和关闭 Oracle 数据库的方法。希望同学们对 Oracle 体系结构有个整体的把握和认识,并认真完成相关习题。

习　题

一、选择题

1.Oracle 体系结构主要包括(　　)3 个部分。

　A.Oracle 实例　　　　　　　　　　　　B.Oracle 物理存储结构

　C.Oracle 逻辑存储结构　　　　　　　　D.后台进程

2.以下哪个不属于 Oracle 物理文件(　　)。

　A.数据文件　　　　B.控制文件　　　　C.日志文件　　　　D.数据库文件

3.调用 SHUTDOWN 命令关闭 Oracle 数据库后,以下(　　)命令关闭的数据库处于不一致状态。

　A.SHUTDOWN NORMAL　　　　　　　B.SHUTDOWN TRANSACTIONAL

　C.SHUTDOWN IMMEDIATE　　　　　　D.SHUTDOWN ABORT

4.作为普通用户,只有当数据库处于以下(　　)状态下才可连接访问。

　A.NOMOUNT　　　　B.OPEN　　　　　C.MOUNT　　　　　D.CLOSE

二、填空题

1.SGA 可分为以下几种主要区域:_____、_____、_____、_____、_____等。

2.Oracle 实例有多种后台进程,其中每个数据库实例上必须启动的后台进程包括_____、_____、_____、_____、_____等。

3.Oracle 数据库的逻辑存储结构是_____、_____、_____、_____等。

4.Oracle 数据库逻辑上的表空间结构与磁盘上的物理_____文件相关联。

三、简答题

1.请简述 Oracle 数据库的逻辑存储结构。

2.请简述 Oracle 数据库的物理存储结构。

3.请在 SQL * Plus 中练习 Oracle 数据库的启动与关闭操作。

第 **5** 章
Oracle 数据库物理存储结构

打开 Oracle 数据库要"过三关"。

第一关:启动实例。只有初始化参数文件存在并且内容正确,Oracle 实例才能启动。

第二关:装载数据库。这一阶段要打开控制文件,以了解 Oracle 数据库是由哪些数据文件和重做日志文件组成的。如果任意一个控制文件损坏或不存在,都将导致装载失败。

第三关:打开数据库的数据文件和重做日志文件。只有所有联机数据文件和重做日志文件均正常打开,数据库才能进入打开状态,之后方可接收普通用户的访问请求。

本章集中介绍打开数据库过程中用到的初始化参数文件、控制文件和重做日志文件,以及对它们的管理操作。

5.1　初始化参数文件

初始化参数文件相当于 Oracle 实例的属性文件,它集中存放初始化参数及其设置。

5.1.1　初始化参数

数据库管理员对初始化参数特别感兴趣,因为配置初始化参数可以达到改善和优化数据库性能的目的。Oracle 数据库初始化参数是 Oracle 实例的配置参数,它们影响实例的基本操作。

Oracle 数据库初始化参数设置实际上是一个个"键 = 值"对,键即参数名称,值即参数的取值。在初始化参数文件中,每个初始化参数的设置占一行。用户在前期创建数据库时已经使用了初始化参数文件,其中设置了 db_name(数据库名称)、db_domain(数据库域名)、shared_servers(共享服务器进程数量)等初始化参数,即

```
db_domain = ' cqie.edu.cn '
db_name = ' orcl '
Shared_servers = 5
```

而对于有多个取值的初始化参数,在每个取值之间用逗号分隔。例如,下面参数设置

Oracle 数据库有 2 个控制文件,控制文件之间用逗号分隔:

> control files = 'D:\oracle\oradata\orcl\control01.ctl ',　'D:\oracle\oradata\orcl\control
> 02.ctl '

　　初始化参数分为两组:基本参数和高级参数。在大多数情况下,用户只需设置基本参数即可获得合理的性能。要想获得最佳性能,则需要设置高级参数。基本初始化参数设置数据库的名称、控制文件的位置、数据块的大小、还原表空间、SGA 内存大小、共享服务器进程数量等。查询 V$ PARAMETER 视图可以了解哪些参数是基本参数,如果其中的 ISBASIC 列值为TRUE,则对应的参数是基本参数,否则为高级参数。OracleDatabase 11.2 版本中的基本参数有 30 个。

　　Oracle 数据库的初始化参数非常多,并且每个新的版本中都有可能增加或淘汰一些参数,Oracle 数据库各个版本所支持的初始化参数情况请查阅相应版本的 Oracle 文档《Oracle Database Reference》。

5.1.2　初始化参数文件

　　Oracle 数据库的初始化参数文件是初始化参数的资料库,用于设置初始化参数,Oracle 实例启动时读取 Oracle 数据库初始化参数文件内的初始化参数设置。如果初始化参数文件不存在,或者其中的初始化参数设置错误,将导致 Oracle 实例无法启动。

　　Oracle 数据库初始化参数文件有两种:文本初始化参数文件(Initialization Parameter File, pfile)和服务器参数文件(Server Parameter File, spfile)。

　　(1)文本初始化参数文件

　　文本初始化参数文件的名称通常是 init.ora 或者 initORACLESlD.ora。这种参数文件具有以下特点。

　　①内容是纯文本格式,可以使用文本编辑器编辑修改。

　　②不一定位于数据库服务器上。数据库管理员在远程执行以下命令启动数据库时,初始化参数文件必须与连接数据库的客户端应用程序位于同一台计算机上:

> SQL> startup pfile = " C:\oracle\init.ora"

　　因此,每个数据库管理员要在各自的计算机上维护一个或多个初始化参数文件。这些文件内容的更新可能不同步,这会导致用不同的初始化参数文件启动 Oracle 实例时所使用的初始化参数值不一致。

　　③Oracle 数据库只能读取而不能修改文本初始化参数文件的内容。使用文本初始化参数文件启动实例后,执行 ALTER SYSTEM 语句时只能修改当前实例的初始化参数,而不能修改文本初始化参数文件中的内容,因为这些文件可能位于不同客户端的计算机上,Oracle 数据库无法访问它们。

　　所以,使用文本初始化参数文件有很多局限。为了更好地管理初始化参数,从 Oracle Database 9i 开始便引入了服务器参数文件,Oracle 建议使用服务器参数文件。

　　(2)服务器参数文件

　　与文本初始化参数文件相比,服务器参数文件具有下述特点。

　　①内容是二进制格式,所以无法用文本编辑器直接编辑,但数据库管理员可以执行

ALTER SYSTEM 语句,让 Oracle 实例修改 spfile 中的参数值。

②一个数据库只有一个服务器参数文件,该文件位于 Oracle 数据库服务器上,其文件名称是 spfileORACLE_SlD.ora。

使用文本初始化参数文件启动 Oracle 实例时,需要使用 pfile 指定所使用的参数文件。而用服务器参数文件启动实例时,Oracle 实例会在默认路径下查找 spfile,所以不需要指定服务器参数文件。

(3)创建参数文件

文本初始化参数文件是纯文本格式,所以可以使用文本编辑器直接创建和编辑。除此之外,调用 SQL 语句 CREATE PFILE 也可以基于 spfile 或者实例当前使用的初始化参数设置创建文本初始化参数文件。CREATE PFILE 语句的语法格式为

```
CREATE PFILE [ ='pfile name '] FROM {SPFILE [ ='spfile_name '] | MEMORY};
```

例如,下面两条语句分别基于 Oracle 实例当前使用的初始化参数设置和 spfile 创建文本初始化参数文件:

```
CREATE PFILE ='c:\oracle\init.ora' FROM MEMORY;
CREATE PFILE FROM SPFILE;
```

由于服务器参数文件是二进制格式,所以用户无法直接创建,而只能调用 SQL 语句 CREATE SPFILE 创建。该语句可以从指定的 pfile 或实例当前使用的初始化参数设置创建 spfile,CREATE SPFILE 语句的语法格式如下:

```
CREATE SPFILE [ ='spfile_name '] FROM {PFILE [ ='pfile_name '] | MEMORY};
```

例如,下面两条语句分别从一个文本初始化参数文件和基于 Oracle 实例当前使用的初始化参数设置创建 spfile:

```
CREATE SPFILE FROM PFILE ='c:\oracle\init.ora'
CREATE SPFILE FROM MEMORY;
```

在以上两条语句中,pfile_name 和 spfile_name 分别指出文本初始化参数文件和服务器参数文件的路径名及文件名,二者均为选项,如果未指定,pfile 和 spfile 的文件名和路径名使用其默认设置。在不同操作系统平台下,pfile 和 spfile 的文件名和路径的默认设置见表5.1。

表 5.1　不同平台下 pfile 和 spfile 的默认路径和文件名

平台	pfile 和 spfile 的默认路径	pfile 默认文件名	spfile 默认文件名
Windows	ORACLE_HOME\database	InitORACLE_SID.ora	SpfileORACLE_SID.ora
Unix/Linux	ORACLE_HOME\dbs		

在 Oracle 实例启动时,如果未显示指定参数文件,它将优先查找和使用 spfile,即先在初始化参数文件的默认路径内查找 spfileORACLE_SJD.ora,如果未找到,再在该路径内查找 spfile.ora,如果这个文件也不存在,则接着在同样的默认路径内查找文本初始化参数文件 initORACLE SID.ora。

5.1.3　设置初始化参数

(1) 静态参数和动态参数

根据在实例运行期间是否能够修改当前实例的初始化参数值这一标准,可以将 Oracle 的初始化参数分为静态参数和动态参数两类。

①静态参数。静态参数的值在实例运行期间无法修改。静态参数又可分为两小类:一类为只读参数,这类参数在数据库创建之后,其值就不能再修改,如 DB_NAME(数据库名)、DB_BLOCK_SIZE(数据块大小)等参数;另一类是虽然无法修改当前实例的参数值,但可以修改初始化参数文件中的值,这些修改在实例重新启动后生效,如 CONTROL_FILES(控制文件参数)、LOG_ARCHIVE_FORMAT(归档日志文件命名格式参数)等均属于这一类参数。对于后一类静态参数,如果实例用 pfile 启动,则只能用文本编辑器修改其中的参数值;如果实例使用 spfile 启动,则只能用 ALTER SYSTEM 语句的 SET 子句设置。

②动态参数。动态参数在实例运行期间可以修改其值。动态参数又分为两类:一类是会话级动态参数,如 NLS_DATE_FORMAT (指出默认的日期格式)等,对它们的修改需要调用 ALTER SESSION 语句;另一类是系统级动态参数,它们影响数据库和所有会话,这类参数的值只能调用 ALTER SYSTEM 语句修改,如 SGA_TARGET(分配给 SGA 组件的内存总量)、OPEN_CURSORS (一个会话可打开的游标总数)等均为系统级动态参数。

(2) 设置初始化参数值

对于 pfile,由于 Oracle 只能读取而不能修改其中的初始化参数,所以需要用文本编辑器添加、修改或者删除其中的初始化参数。

而 spfile 则不同,它是二进制格式文件,所以不能用文本编辑器进行编辑,而只能调用 ALTER SYSTEM 语句进行设置。

对于当前实例,只能修改动态参数的值,根据要修改的初始化参数属于系统级还是会话级,分别调用 ALTER SYSTEM 或者 ALTER SESSION 进行修改。

Oracle 数据库初始化参数的修改方法见表 5.2。

表 5.2　初始化参数修改方法

参数位置		修改方法或语句	修改生效时间
文本初始化参数文件		文本编辑器	用该文件启动实例时
服务器参数文件		ALTER SYSTEM	用该文件启动实例时
实例	系统级	ALTER SYSTEM	修改后生效
	会话级	ALTER SESSION	

Oracle 数据库的初始化参数非常多,而 pfile 或 spfile 中设置的参数往往非常有限,对于未设置的初始化参数,Oracle 数据库将使用其默认值。

设置初始化参数时,ALTER SYSTEM 语句的语法格式为

ALTER SYSTEM SET 参数名=参数值[,参数值]

　　　　[SCOPE={SPFILE | MEMORY | BOTH}] [DEFERRED];

该语句中的 SCOPE 选项说明初始化参数修改何时生效,其取值有以下 3 种。

①MEMORY：修改只影响当前实例，当实例重新启动后，该语句所作修改不复存在。实例使用 pfile 启动时，该选项是默认设置。

②SPFILE：只有在当前实例使用服务器参数文件启动时才能使用该选项。对初始化参数的修改被写入服务器参数文件，但不影响当前实例，因此其修改只有在实例重新启动后才生效。

③BOTH：修改当前实例的初始化参数值，如果当前实例使用 spfile 启动，该选项是默认设置，它还会修改服务器参数文件中的参数值。

DEFERRED 选项说明 ALTER SYSTEM 语句对初始化参数所作修改只影响此后所建立的用户会话，修改之前已建立的会话则不受其影响。只有动态性能视图 V$parameter 的 issys_modifiable 列值是 DEFERRED 的参数，才可以在调用 ALTER SYSTEM 语句时使用 DEFERRED 选项推迟参数修改对会话的影响。

例如，下面语句把当前实例的 sga_target 参数值设置为 800 MB。

ALTER SYSTEM SET sga_target = 800M   SCOPE = MEMORY；

下面语句把当前实例和 spfile 中的共享服务器进程数量设置为 10。

ALTER SYSTEM SET shared servers = 10   SCOPE = BOTH；

（3）会话级初始化参数设置

ALTER SESSION 语句设置会话级动态参数，其设置结果只影响当前用户会话，该语句的语法格式为：

ALTER SESSION SET 参数名 = 参数值；

例如，下面语句修改 NLS_DATE_LANGUAGE 参数，改变拼写日期所使用的语言。从查询语句的输出结果可以看到修改 NLS_DATE_LANGUAGE 所产生的影响。

```
SQL> ALTER SESSION SET NLS_DATE_LANGUAGE = 'simplified chinese'；

SQL> select sysdate from dual；

SYSDATE

--------------

29-12 月-18

SQL> ALTER SESSION SET NLS_DATE_LANGUAGE = ENGLISH；

SQL> select sysdate from dual；

SYSDATE

------------

29-DEC-18
```

（4）清除 spfile 中的初始化参数值

调用 ALTER SYSTEM RESET 语句可以删除当前实例所用 spfile 中的参数设置。在 Oracle 数据库下次启动时，未设置的初始化参数将使用它们的默认值。

ALTER SYSTEM RESET 语句的语法格式如下：

ALTER SYSTEM RESET 参数名［SCOPE = SPFILE］；

由于该语句只能清除 spfile 中的初始化参数，所以没必要再提供 SCOPE = SPFILE 选项。

5.1.4　查看初始化参数

可以使用以下几种方法查看初始化参数。

（1）打开初始化参数文件

要查看初始化参数文件中的参数设置可以用文本编辑器直接打开参数文件。虽然 spfile 是二进制格式，但其中的参数部分仍以文本格式保存，所以可以查看。但在用文本编辑器打开 spfile 时一定要注意：不能存盘保存，否则会破坏文件格式。这种方法的缺点是只能查看到参数文件中设置的初始化参数，对于其他未设置的初始化参数，则无法看到它们的默认值。

（2）查询动态性能视图

Oracle 数据库中有多个动态性能视图显示初始化参数信息，其中 V$parameter 显示当前用户会话中生效的初始化参数信息，V$spparameter 显示服务器参数文件中的初始化参数信息，V$system_parameter 显示实例中当前生效的初始化参数信息。例如，下面语句查询所有参数的值，isdefault 列值说明初始化参数的值是否是其默认值，ismodified 列值说明实例启动后是否修改过相应的初始化参数。

```
SELECT name, value, isdefault, ismodified FROM V$parameter;
```

（3）SQL＊Plus 命令

在 SQL＊Plus 下执行命令 SHOW PARAMETER 将显示所有初始化参数的值。如果想要限制显示的参数数量，则可以在 SHOW PARAMETER 命令之后跟一个关键字。例如，下面命令显示初始化参数中包含 sga 关键字的所有参数及其数据类型和取值。

```
SQL> show parameter sga;
NAME                        TYPE          VALUE
--------------------------- ------------- ----------------
lock_sga                    boolean       FALSE
pre_page_sga                boolean       FALSE
sga_max_size                big integer   3248M
sga_target                  big integer   192M
```

5.2　控制文件

控制文件是一个二进制文件，它记录 Oracle 数据库的当前状态以及物理结构信息，其中包括（但不仅限于）：

①数据库名称、数据库的唯一标识（DBID）以及数据库创建时间戳。

②组成数据库的表空间信息和数据文件信息，它记录每个数据文件的存储路径和文件名。

③联机重做日志文件的名称和位置。

④归档日志文件的名称和位置。

⑤当前日志序列号。

⑥检查点信息等。

控制文件跟踪 Oracle 数据库物理结构的改变。每当管理员添加、删除或重命名数据文件或联机重做日志文件时,Oracle 都会对控制文件做相应的更新。

控制文件存储了如此众多的关键信息,它又是二进制格式文件,那么怎样才能查看其中的信息呢? 答案是查询 Oracle 的动态性能视图。以下动态性能视图中的信息均来自 Oracle 数据库的控制文件:

①v$database :显示数据库的相关信息。

②v$tablespace:显示数据库的表空间信息。

③v$datafile、v$tempfile:显示数据库的数据文件和临时文件信息。

④v$log:显示数据库的重做日志文件组信息。

⑤v$logfile:显示数据库的重做日志文件信息。

⑥v$archived_log:显示归档日志文件信息。

5.2.1 控制文件结构

控制文件是在不同部分存储与数据库某个方面相关的一套记录,这些记录可以从动态性能视图 V$CONTROLFILE_RECORD_SECTION 中查询。例如,下面语句查询控制文件内各部分的名称、可存储的记录总数、每条记录的字节长度以及当前记录数。

```
SQL> select type,records_total,record_size,records_used from v$controlfile_record_section;

TYPE                  RECORDS_TOTAL        RECORD_SIZE        RECORDS_USED
------------- ---------- ------ -------

DATABASE              1                    316                1
CKPT PROGRESS         11                   8180               0
REDO THREAD           8                    256                1
REDO LOG              16                   72                 3
DATAFILE              100                  520                11
FILENAME              2298                 524                15
TABLESPACE            100                  68                 10
TEMPORARY FILENAME    100                  56                 2
RMAN CONFIGURATION    50                   1108               3
LOG HISTORY           292                  56                 148
OFFLINE RANGE         163                  200                0
......
```

控制文件中的记录分为下述两类。

(1) 不可循环使用记录

不可循环使用记录存储有关数据库的关键信息,它们不可被覆盖。例如,有关表空间(tablespace)、数据文件(datafile)、联机重做日志文件(redolog)等方面的记录,只有在管理员从数据库删除相应的对象时 Oracle 才会从控制文件中删除与之对应的记录。

(2) 可循环使用记录

可循环使用这些记录在需要时可以被覆盖,如数据库的归档日志文件记录和 RMAN 备份记录等。当这部分记录被填满之后,在插入新记录时可覆盖最早的记录。Oracle 数据库中的初始化参数 CONTROL_FILE_RECORD_KEEP_TIME 指出可循环使用记录被覆盖之前必须保存的最少天数。如果在插入新记录时,现有记录又没有到期,Oracle 将扩展控制文件,为其提供存储空间。

5.2.2　查看控制文件

在 Oracle 数据库运行过程中,可以通过以下几种方式查看 Oracle 数据库的控制文件配置。

①执行 SQL * Plus 命令显示初始化参数 controlfiles,例如:

```
SQL> show parameter control_files
NAME                TYPE            VALUE
------------------- --------- -----------------
control_files       string          D:\ORACLE\ORADATA\ORCL\CONTROL01.CTL,
                                     D:\ORACLE\ORADATA\ORCL\CONTROL02.CTL
```

②检索动态性能视图 v$controlfile,例如:

```
SQL> select name from v$controlfile;
```

③检索动态性能视图 v$parameter,例如:

```
SQL> select value from v$parameter where name = ' control_files ';
```

5.2.3　控制文件的多路存储

鉴于控制文件的重要性,Oracle 文档建议每个数据库至少应该有两个控制文件,并且应该将每个控制文件存储在不同的物理硬盘上。这样可以预防因硬盘介质损坏而失去控制文件。

在多路存储控制文件时,Oracle 数据库运行期间会同时写入 CONTROL_FILES 参数指定的所有控制文件,而在读取控制文件时则只读取 CONTROL_FILES 参数列出的第一个控制文件。如果任何一个控制文件被损坏,将导致实例异常中止运行。

要增加 Oracle 数据库的控制文件,请按以下步骤添加。

①查看数据库当前控制文件设置(具体方法见 5.2.2)。

②修改初始化参数 control_files。如果使用 pfile,请用文本编辑器直接编辑;如果使用 spfile,则请执行 ALTER SYSTEM 语句,增加新的控制文件。例如,下面语句为当前数据库增加一路控制文件。

```
ALTER SYSTEM SET control files = 'D:\ORACLE\ORADATA\ORCL\CONTROL01.CTL ',
                                 'D:\ORACLE\ORADATA\ORCL\CONTROL02.CTL ',
                  'C:\ORACLE\ORADATA\ORCL\CONTROL03.CTL '    SCOPE = SPFILE;
```

③关闭数据库,然后用文件系统命令把现有控制文件复制到指定位置:

'C:\ORACLE\ORADATA \ORCL\CONTROL03.CTL '。

④启动数据库,让修改的初始化参数生效,这是因为 CONTROLFILES 是静态参数,无法在实例运行期间直接修改。

如果以上操作正确,实例正常启动后,就增加了一路控制文件。

5.2.4　控制文件的备份、恢复与重新创建

(1)备份控制文件

在 Oracle 数据库运行期间,执行 ALTER DATABASE BACKUP CONTROLFILE 语句可以备份控制文件。该语句有两个选项,一个选项的语法如下:

ALTER DATABASE BACKUP CONTROLFILE TO 'C:\oracle\backup\control.bkp ';

它把控制文件备份到指定的文件,该文件实际上是现有控制文件的副本,因此是二进制格式。

另一个选项的语法如下:

ALTER DATABASE BACKUP CONTROLFILE TO TRACE;

它把控制文件备份到一个跟踪文件,跟踪文件不是二进制格式的控制文件副本,而是用于重新创建控制文件的 SQL 语句,它是文本格式。跟踪文件的具体存储路径和名称记录在数据库的警告日志文件内。例如,用户在执行该语句后,在数据库警告日志文件的尾部可以看到以下一段文字,它说明该语句的执行时间,以及跟踪文件的存储路径和名称。打开该文件即可看到其中的注释和 SQL 语句,本节的"重新创建控制文件"部分会调用这些语句。

```
Sun Feb 03 19:12:18 2019
alter database backup controlfile to trace
Backup controlfile written to trace file
e:\app\lizhen\diag\rdbms\orcl\orcl\trace\orcl_ora_9764.trc
Completed: alter database backup controlfile to trace
```

在管理员执行以下操作导致数据库物理结构发生改变后,应立即重新备份控制文件:

①增加、删除或者重命名、移动数据文件。

②增加或删除表空间,或者改变表空间的读/写状态。

③添加或删除联机重做日志文件或组。

(2)恢复控制文件

当 Oracle 数据库的一个或所有控制文件不可访问时,实例会立即关闭。如要恢复控制文件,可分为以下两种情况。

①如果只是多路存储控制文件的一个副本丢失或损坏,这时只需把多路存储控制文件的其他副本复制到丢失或损坏的控制文件处,或者修改初始化参数 CONTROL_FILES,使其不再指向损坏的控制文件,这样就可以重新启动实例。

②如果所有控制文件均丢失或损坏,则必须使用控制文件备份恢复,或者重新创建新的

控制文件。这里不再深入讨论怎样从备份恢复控制文件,有关这方面的内容请查阅 Oracle 文档,或者 Oracle 数据库备份和恢复方面的书籍。

（3）重新创建控制文件

执行 CREATE DATABASE 语句创建数据库时,它会根据初始化参数 CONTROL_FILES 的设置,在指定位置创建出最初的控制文件。如果数据库现有的控制文件全部损坏,或者是需要修改数据库名称时,则可以执行 CREATE CONTROLFILE 命令重新创建控制文件。在实际工作中需要重新创建控制文件时,为安全起见,在创建之前应该备份数据库的所有数据文件和日志文件。

下面结合本节前面备份控制文件时创建的跟踪文件内容,说明怎样重新创建控制文件。

打开前面创建的跟踪文件,会看到下面一组注释和语句（黑体部分）,在 SQL ∗ Plus 内可以直接执行它们。

```
--
-- The following commands will create a new control file and use it
-- to open the database.
-- Data used by Recovery Manager will be lost.
-- Additional logs may be required for media recovery of offline
-- Use this only if the current versions of all online logs are
-- available.
-- After mounting the created controlfile, the following SQL
-- statement will place the database in the appropriate
-- protection mode:
--    ALTER DATABASE SET STANDBY DATABASE TO MAXIMIZE PERFORMANCE
STARTUP NOMOUNT
CREATE CONTROLFILE REUSE DATABASE " ORCL " NORESETLOGS
ARCHIVELOG
     MAXLOGFILES 16
     MAXLOGMEMBERS 3
     MAXDATAFILES 100
     MAXINSTANCES 8
     MAXLOGHISTORY 292
LOGFILE
   GROUP 1 'E:\APP\LIZHEN\ORADATA\ORCL\REDO01.LOG '    SIZE 50M
BLOCKSIZE 512,
   GROUP 2 'E:\APP\LIZHEN\ORADATA\ORCL\REDO02.LOG '    SIZE 50M
BLOCKSIZE 512,
   GROUP 3 'E:\APP\LIZHEN\ORADATA\ORCL\REDO03.LOG '    SIZE 50M
BLOCKSIZE 512
   DATAFILE
```

```
        'E:\APP\LIZHEN\ORADATA\ORCL\SYSTEM01.DBF ',
        'E:\APP\LIZHEN\ORADATA\ORCL\SYSAUX01.DBF ',
        'E:\APP\LIZHEN\ORADATA\ORCL\UNDOTBS01.DBF ',
        'E:\APP\LIZHEN\ORADATA\ORCL\USERS01.DBF ',
        'E:\APP\LIZHEN\ORADATA\ORCL\EXAMPLE01.DBF '
CHARACTER SET ZHS16GBK
;
-- Commands to re-create incarnation table
-- Below log names MUST be changed to existing filenames on
-- disk.Any one log file from each branch can be used to
-- re-create incarnation records.
--ALTER DATABASE REGISTER LOGFILE 'E:\APP\LIZHEN\FLASH_RECOVERY_
AREA\ORCL\ARCHIVELOG\2019_02_03\ MF_1_1_%U_.ARC ';
-- ALTER DATABASE REGISTER LOGFILE 'E:\APP\LIZHEN\FLASH_RECOVERY_
AREA\ORCL\ARCHIVELOG\2019_02_03\ MF_1_1_%U_.ARC ';
-- Recovery is required if any of the datafiles are restored backups,
-- or if the last shutdown was not normal or immediate.
RECOVER DATABASE
-- All logs need archiving and a log switch is needed.
ALTER SYSTEM ARCHIVE LOG ALL;
-- Database can now be opened normally.
ALTER DATABASE OPEN;
-- Commands to add tempfiles to temporary tablespaces.
-- Online tempfiles have complete space information.
-- Other tempfiles may require adjustment.
ALTER TABLESPACE TEMP ADD TEMPFILE 'E:\APP\LIZHEN\ORADATA\
ORCL\TEMP01.DBF '
    SIZE 30408704   REUSE AUTOEXTEND ON NEXT 655360   MAXSIZE 32767M;
-- End of tempfile additions.
--
```

这组语句说明了重新创建控制文件、打开数据库的实际操作步骤。

①把实例启动到 NOMOUT 状态,准备创建控制文件。

②调用 CREATE CONTROLFILE 语句创建控制文件,并装载数据库。该语句中各选项的作用如下。

a. REUSE:指出当存在同名控制文件时,覆盖它们,无此选项而又存在同名文件时将导致语句执行失败。

b. DATABASE：指出数据库名称,它应与 CREATE DATABASE 语句中的数据库名称相同。需要对数据库改名时,则使用 SET DATABASE 指出新的名称。

c. NORESETLOGS：如果数据库的所有联机重做日志文件完整无损,则可以使用 NORESETLOGS 选项,要求 Oracle 重复使用现有的重做日志。但是,如果重做日志受损或者丢失,则需要使用 RESETLOGS 选项,要求 Oracle 创建新的重做日志文件,或者重新初始化现已受损的重做日志文件。

d. NOARCHIVELOG：指出数据库运行在非归档模式,如果需要使数据库运行在归档模式,则使用 ARCHIVELOG 选项。

e. MAXLOGFILES：指出数据库内最多可创建多少个联机重做日志文件组。

f. MAXLOGMEMBERS：指出数据库的每组联机重做日志中最多可创建多少个日志文件成员。

g. MAXLOGHISTORY：数据库运行在归档模式时才需要设置该选项,它决定控制文件中为归档重做日志文件名称分配的空间。

h. MAXDATAFILES：决定控制文件中的数据文件记录部分最初保留的空间大小。一个数据库最多可创建的数据文件数量由该参数和初始化参数 DB_FILES 共同决定,当添加的数据文件数量大于 MAXDATAFILES,而小于 DB_FILES 时,Oracle 将扩展控制文件。

i. MAXINSTANCES：指出该数据库最多可被多少个实例装载或打开。

j. LOGFILE：指出数据库所有重做日志组的所有成员。

k. DATAFILE：指出数据库的所有数据文件。该子句中不能包含只读表空间的数据文件和临时数据文件,这些类型的文件可以在以后添加到数据库。

l. CHARACTER SET：设置数据库的字符集。

CREATE CONTROLFILE 语句中的 MAXLOGFILES、MAXLOGMEMBERS、MAXDATAFILES、MAXINSTANCES、MAXLOGHISTORY 参数决定控制文件内相应记录部分可存储的记录总数,可以对照本节前面对 v$controlfile_record_section 的查询结果加以理解。

③恢复数据库。如果数据库处于不一致状态(用 SHUTDOWN ABORT 命令关闭数据库),或者数据文件是从备份恢复而来的,则需要执行 RECOVER DATABASE 命令恢复数据库。

④打开数据库。在成功创建控制文件之后,Oracle 数据库已自动进入 MOUNT 状态,所以这时可以直接打开数据库。

⑤添加只读数据文件和临时文件,如果需要,再添加只读表空间的数据文件和临时文件即可。

在跟踪文件的下半部分,还有一组 SQL 语句,它们在创建控制文件时使用的是 RESETLOGS 选项。如果使用 RESETLOGS,在执行第③步和第④步时应调用命令和语句为以下两条：

```
RECOVER DATABASE USING BACKUP CONTROLFILE
ALTER DATABASE OPEN RESETLOGS;
```

实际应用中,建议在重新创建控制文件之后立即关闭数据库,完整复制数据库文件加以备份。

5.3　重做日志文件

数据库运行过程中难免会遇到各种各样的问题,这些问题小到执行 SHUTDOWN ABORT 命令异常关闭 Oracle 数据库,大到硬盘介质故障导致数据库文件损坏等,均可能导致数据库处于不一致状态(也就是数据库文件的状态不同步)。不一致状态下的数据库需要做实例恢复或介质恢复,使数据库达到一致状态后才能打开。无论是做实例恢复,还是介质恢复,均需要用到 Oracle 数据库的重做日志。

本章介绍 Oracle 数据库中重做日志的作用及其相关的管理操作。

5.3.1　重做日志的基本概念

重做日志记录对数据库所作的所有修改,同时还保护还原数据。所以,如果重做日志得到完整保存,无论在数据库出现实例故障还是介质失败时,只要重新读取重做日志,把它们再次应用到相关的数据块中,即可重构对数据库所作的所有修改(包括还原段),将数据库恢复到故障前的状态。

(1) 重做日志的内容

重做日志由重做记录(也被称为重做项)组成,重做记录又由一组修改矢量组成,每个修改矢量描述数据库中单个数据块上所发生的改变,它记录的信息包括:

①修改的 SCN 和时间戳。

②产生这些修改的事务的标识号。

③事务提交时的 SCN 和时间戳(如果事务已提交)。

④产生这些修改的操作类型。

⑤被修改数据段的名称和类型。

例如,在调用 UPDATE 语句修改 dept 表中的 dname(部门名称)列时,重做记录中的修改矢量将描述该表数据段中数据块、还原段中数据块,以及还原段事务表的改变。

(2) 重做日志的写入方式

1)重做日志缓冲区

用户执行数据库操作时,服务器进程把重做记录从用户内存空间复制到 SGA,它们首先被缓存在 SGA 的重做日志缓冲区内,之后再由 Oracle 数据库的后台进程日志写入进程(LGWR)把它们写入联机重做日志文件。这样做可以减少重做日志文件写入的物理 I/O 次数,提高系统的性能。

当 LGWR 把重做记录从日志缓冲区写入联机重做日志文件后,服务器进程即可把新的重做记录复制到日志缓冲区内已写入联机重做日志文件的那些重做记录上。Oracle 把重做日志缓冲区看作一个圆形区域,所以可以循环连续写入。

2)日志写入进程与联机重做日志文件

LGWR 在下述情况下把重做日志缓冲区内缓存的重做记录写入联机重做日志文件:

①用户提交事务时。

②联机重做日志切换时。

③LGWR 上次写入 3 s 之后。

④重做日志缓冲区达到 1/2 满,或者缓存的重做日志达到 1 MB 时。

⑤DBWn 把脏数据块写入数据文件之前。

每个数据库实例必须至少有两组联机重做日志文件,这样才能保证一组文件当前处于写入状态(这组重做日志文件被称为当前重做日志文件),而另一组已写过的日志文件用于归档操作(当数据库处于归档模式时)。

鉴于联机重做日志文件的重要性,像控制文件一样,Oracle 数据库也支持联机重做日志文件的多路存储。也就是在一组重做日志文件内可以创建多个日志文件成员,把它们分布在不同的物理硬盘上,使它们互为镜像,从而避免出现硬盘单点故障而导致重做日志文件的丢失现象。

在写入时,LGWR 将同步写入联机重做日志文件组内的各个成员。如果其中的某个日志文件成员不可访问,LGWR 将把该成员的状态标识为 INVALID(无效),并把该错误记录在 LGWR 跟踪文件和数据库警告日志文件内,之后 LGWR 忽略该成员,继续将重做日志写入该组内的其他成员文件中。也就是说,在一组重做日志内,只要有一个成员可以正常写入,就不会影响 Oracle 数据库的运行。这一点与控制文件的多路存储不同:控制文件多路存储时,只要任意一个控制文件损坏,Oracle 数据库就不能继续运行。

如果一组重做日志内的所有成员文件全部损坏,将会导致数据库实例关闭。

3)日志切换与日志序列号

日志切换是指 LGWR 停止写入一组联机重做日志文件,而开始写入下一组重做日志文件这一操作。Oracle 数据库以循环方式使用各组重做日志文件。当发生日志切换,LGWR 开始写入下一组可用的重做日志文件,当最后一组可用的重做日志文件填满后,又切换回第一组重做日志文件开始写入,如此循环。

当日志切换到一组重做日志时,如果 Oracle 实例还没有完成对这组重做日志的归档操作,这将导致 Oracle 数据库挂起,等待该组重做日志归档完成后才能继续运行。

通常情况下,LGWR 写满一组联机重做日志文件时发生日志切换。但是,作为管理员,在需要对当前重做日志文件进行维护,或者需要归档当前重做日志文件时,也可以执行下述命令强制要求 Oracle 数据库实例立即进行日志切换。

```
ALTER SYSTEM SWITCH LOGFILE;
```

除此之外,设置 Oracle 数据库的初始化参数 ARCHIVE_LAG_TARGET,可以使 Oracle 实例定期进行日志切换。默认情况下,该参数的值为 0,说明禁用基于时间的日志切换功能。把它设置为大于 0 的值时,则要求实例每过多少秒定期进行一次日志切换。例如,执行下面语句后,Oracle 实例将每 30 min 执行一次日志切换。

```
SQL> ALTER SYSTEM SET ARCHIVE_LAG_TARGET=1800;
系统已更改。
```

在主/备数据库环境中定期进行日志切换有助于把主数据库上产生的归档日志及时传递给备用数据库,使备用数据库得到及时更新。

每当发生日志切换时,Oracle 数据库赋予准备写入的重做日志组一组新的日志序列号,之后 LGWR 才开始写入它。归档进程在归档重做日志时会保留日志序列号。日志序列号唯一地标识联机和归档重做日志文件。Oracle 在执行实例或介质恢复时,将按照日志序列号而不是日志文件名称判断需要使用哪个联机重做日志文件或归档重做日志文件恢复数据库。

在 SQL＊Plus 下,可以使用下述命令查看数据库各组联机重做日志文件的日志序列号。

```
SQL> archive log list
数据库日志模式                存档模式
自动存档                      启用
存档终点                      USE_DB_RECOVERY_FILE_DEST
最早的联机日志序列            149
下一个存档日志序列            151
当前日志序列                  151
```

该命令的输出结果说明当前数据库有 3 组重做日志文件,它们的日志序列号分别为 149、150、151,而 LGWR 当前正在写入的联机重做日志文件组的日志序列号是 151。除此之外,还可以从动态性能视图中查询各组重做日志的日志序列号。例如,下面语句的查询结果说明数据库 3 组重做日志文件的日志序列号分别为 149、150 和 151。

```
SQL> SELECT group#, sequence# FROM v$log;
    GROUP#   SEQUENCE#
    ------   -----
      1        151
      2        149
      3        150
```

4)重做日志文件组的状态

重做日志文件组的状态分为以下几种。

①ACTIVE:有效状态,指实例恢复时需要使用这组联机重做日志文件。

②CURRENT:当前状态,指 LGWR 当前正在写入这组联机重做日志文件,实例恢复时也需要用到它们。

③INACTIVRE:无效状态,指实例恢复时不再需要这组重做日志文件。

④CLEARING:在执行 ALTER DATABASE CLEAR LOGFILE 语句后,系统正在清除重做日志文件中的内容。

⑤UNUSED:未使用过。新添加的重做日志文件组,或者被清空之后的重做日志文件组处于该状态。

重做日志文件组的状态可以从动态性能视图 v$log 中检索。例如,下面语句的执行结果说明当前数据库实例拥有 3 组重做日志文件,其中第 1 组为当前重做日志文件组,第 2 组和第 3 组处于 INACTIVE 状态。

```
SQL> SELECT group#,status FROM v$log;
    GROUP#   STATUS
    _____   _____

        1    CURRENT
        2    INACTIVE
        3    INACTIVE
```

接下来强制执行日志切换,之后再查询,可以看到第 2 组重做日志成为当前重做日志。

```
SQL> alter system switch logfile;
```

系统已更改。

```
SQL> SELECT group#,status FROM v$log;
    GROUP#   STATUS
    _____   _____

        1    ACTIVE
        2    CURRENT
        3    INACTIVE
```

5)归档进程与归档重做日志文件

Oracle 数据库可以运行在以下两种模式下。

①ARCHIVELOG:归档模式;

②NOARCHIVELOG:非归档模式。

二者的唯一差别是在 LGWR 需要重新使用联机重做日志文件时,对其中原来填充的重做日志的处理方法。在归档模式下,只有在原来的重做日志得到复制归档之后,LGWR 才能重新使用该组重做日志文件。而在非归档模式下则无此限制,LGWR 在需要重新使用重做日志文件时可以直接覆盖原来的重做日志。

由于非归档模式下没有完整保存 Oracle 数据库的所有重做日志,所以当出现介质故障时,数据库无法恢复到故障发生时的状态。正因如此,在实际生产环境中,通常都将 Oracle 数据库设置为归档模式。

要查看 Oracle 数据库的运行模式,可以使用本节前面的 SQL * Plus 命令 ARCHIVE LOG LIST, 也可以查询动态性能视图 v$database 的 log_mode 列。例如,下面命令查询到 orcl 数据库当前运行在归档模式,这与前面 SQL * Plus 命令的结果一致。

```
SQL> SELECT name, log_mode FROM v$database;
NAME      LOG_MODE
_____     _____

ORCL      ARCHIVELOG
```

Oracle 数据库运行在归档模式时,发生日志切换后,归档进程(ARCn,n 为归档进程编号,它可以是 0~9,a~t,也就是说 Oracle 实例中允许启动多达 30 个归档进程)将把填充过的联机重做日志文件复制到指定的一个或多个位置存储,为它们创建脱机副本,这一过程被称为归档,重做日志文件的这些脱机副本被称为归档重做日志文件。

在归档模式下,LGWR 需要重新使用联机重做日志文件组时,如果它们还没有归档,会导致数据库的运行被暂时挂起。

归档分为自动归档和手工归档两种。启用自动归档后,后台进程 ARCn 在日志切换后自动完成归档操作。采用手工归档时,只有具有管理员权限,并且数据库处于 MOUT 或 OPEN 状态时才能执行归档。手工归档时调用的 SQL 语句为:

```
ALTER SYSTEM ARCHIVE LOG ALL;
ALTER SYSTEM ARCHIVE LOG NEXT;
```

前者把所有填充过但还没有归档的重做日志文件组全部归档,而后者则只归档下一组填充过但还没有归档的重做日志文件。

需要注意的是,即使数据库运行在自动归档模式下,也可以使用下面 ALTER SYSTEM ARCHIVE LOG 语句把 INACTIVE 状态的联机重做日志文件重新归档到另一个位置。

```
ALTER SYSTEM ARCHIVE LOG LOGFI '文件名' TO '位置';
```

6)重做日志从产生到归档的过程

综上所述,可以用图 5.1 简要说明 Oracle 数据库重做日志的产生、归档过程。首先,在用户执行数据库操作时,服务器进程把重做日志从用户内存区域复制到 Oracle 实例中的日志缓冲区。之后,在一定条件下,LGWR 把重做日志缓冲区内的重做日志写入重做日志文件。最后,如果数据库运行在自动归档模式下,当发生日志切换时,归档进程将把填充过的重做日志文件组内容复制到归档日志文件中保存。

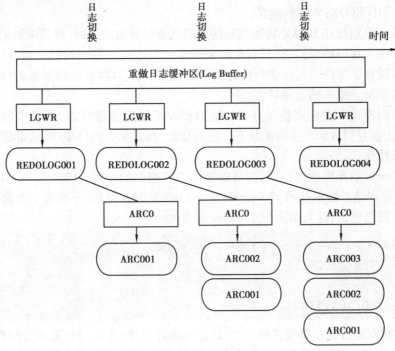

图 5.1　重做日志产生的归档过程

5.3.2　管理联机重做日志文件组及成员

本节主要介绍重做日志文件组及成员的创建、删除等操作,以及怎样查看重做日志文件组及成员信息。

(1)查看重做日志文件信息查询

Oracle 数据库的动态性能视图可以了解重做日志文件的相关信息,与此相关的动态性能视图包括以下两种。

①v$log:记录与重做日志文件组相关的信息,该信息取自数据库的控制文件。v$log 视图中各字段名称及其说明见表5.3。

②v$logfile:记录有关重做日志文件成员的信息,该视图中各字段名称及其说明见表5.4。

表 5.3　v$log 视图结构

列　名	描　述
GROUP#	重做日志文件组编号
THREAD#	日志线程编号
SEQUENCE#	日志序列号
BYTES	日志的字节长度
BLOCKSIZE	日志文件的块大小(512 或 4 096)
MEMBERS	日志组的成员数量
ARCHIVED	归档状态:YES(已归档)、NO(未归档)
STATUS	日志组的状态,上一节已经介绍过
FIRST_CHANGE#	日志中的最低系统修改号(SCN)
FIRST_TIME	日志中第一个 SCN 对应的时间

表 5.4　v$logfile 视图结构

列　名	描　述
GROUP#	所属重做日志文件组编号
STATUS	日志成员的状态。成员的状态与日志组的状态不同,它包括以下几种 ◇ INVALID:无法访问文件 ◇ STALE:文件内容不完整 ◇ DELETED:不再使用该文件 ◇ NULL:文件处于在用状态

续表

列　名	描　述
TYPE	日志文件的类型:ONLINE(联机)或 STANDBY(备用)
MEMBER	重做日志成员的文件名
IS_RECOVERY_DEST_FILE	说明重做日志文件成员是否创建在快速恢复区

例如,下面语句检索数据库的重做日志组的编号、各组状态,以及各组中的重做日志文件成员数量等信息。

```
SQL> SELECT group#, status, members FROM v$log;
    GROUP#  STATUS         MEMBERS
  ----- --------- -------
      1   INACTIVE           1
      2   INACTIVE           1
      3   CURRENT            1
```

检索结果说明,该数据库包含 3 组重做日志文件,每组各有一个日志成员,其中第 3 组是当前重做日志文件组。

下面的语句从 v$logfile 视图中检索各组日志中的日志文件成员类型,以及它们的具体存储路径和文件名。

```
SQL> SELECT group#, status, type, member FROM v$logfile;
GROUP # STATUS   TYPE    MEMBER
----- ---- ---- ------------------------------------------
      3        ONLINE   E:\APP\LIZHEN\ORADATA\ORCL\REDO03.LOG
      2        ONLINE   E:\APP\LIZHEN\ORADATA\ORCL\REDO02.LOG
      1        ONLINE   E:\APP\LIZHEN\ORADATA\ORCL\REDO01.LOG
```

(2)管理重做日志文件

在调用 CREATE DATABASE 语句创建数据库时,其 LOGFILE GROUP 子句指出要创建的重做日志文件组及成员。在数据库创建之后,则可根据需要调用 ALTER DATABASE 语句添加或删除重做日志文件组,或者添加和删除各组内的重做日志文件成员。需要注意的是,无论添加、删除重做日志文件组还是重做日志成员,均需具有 ALTER DATABASE 系统权限。

1)规划重做日志需要考虑的因素

在规划 Oracle 数据库重做日志时,需要考虑以下几个因素。

①联机日志文件多路存储。重做日志文件的多路存储能够有效地保护重做日志,所以应尽可能采用多路存储方式保护重做日志文件。在实行多路存储时,最好把每组重做日志内的不同成员放置在不同的物理磁盘上,以避免单点故障导致重做日志文件的丢失。即使数据库服务器没有多个独立的硬盘,实行多路存储也有助于避免 I/O 错误、文件崩溃等原因导致的

重做日志文件损坏。一组重做日志中可以创建的最多成员数量由数据库创建时 CREATE DATABASE 语句内的 MAXLOGMEMBERS 参数决定。数据库一旦创建,要提高该参数的上限,只能重新创建数据库或者控制文件。

②重做日志文件组数量。一个数据库实例究竟配置多少组重做日志文件合适?这个问题没有统一的答案。其最佳配置是在不妨碍 LGWR 写入重做日志的前提下越少越好。数据库实例当前配置的日志组数量是否满足 LGWR 写入的需要,这需要查看 LGWR 跟踪文件和数据库的警告日志文件,了解其中是否经常出现 LGWR 在写入时需要等待可用的重做日志组这种现象。每个数据库可以创建的最多重做日志组数量由 CREATE DATABASE 语句中的 MAXLOGFILES 参数决定。

③重做日志文件的大小。Oracle 数据库限制重做日志文件的最小长度为 4 MB。管理员在创建重做日志文件组时究竟采用多大的日志文件,主要应考虑归档时单个存储介质的容量。在实行重做日志文件多路存储时,每组重做日志文件内的所有成员文件的大小必须完全相同,但不同组内的成员可以具有不同的大小。

④重做日志文件的块大小。重做日志文件的块大小默认等于磁盘的物理扇区大小(通常等于 512 B,一些新的大容量磁盘的扇区大小为 4 KB)。大多数 Oracle 数据库平台能够检测硬盘的扇区大小,并自动创建与磁盘扇区大小相同的重做日志文件块。从 Oracle DataBase 11.2 版本开始,允许在 CREATE DATABASE、ALTER DATABASE 和 CREATE CONTROLFILE 中用 BLOCKSIZE 子句指定联机重做日志文件的块大小。其有效取值为 512、1 024 和 4 096。

这里需要注意的是:不要把重做日志文件块和数据库块混为一谈。数据库块大小指一次读写数据文件的最小字节数,它可以为 2 KB、4 KB、8 KB、16 KB、32 KB 几种取值。

2)添加重做日志文件组

在创建数据库时至少已经创建了两组重做日志,在日后数据库运行过程中,如果需要可以使用 ALTER DATABASE 语句添加或删除重做日志文件组。例如,下面语句向 orcl 数据库添加一组重做日志文件,它由两个成员文件组成,日志文件大小为 50 MB。在该语句中使用 BLOCKSIZE 子句指出这组重做日志文件的块大小为 512 B,用 REUSE 选项说明当这些文件存在时覆盖它们。

```
ALTER DATABASE orcl ADD LOGFILE
('D:\oracle\oradata\orcl\redo04-1.1og ','E:\oracle\orcl\redo04-2.1og ')
SIZE 50M
BLOCKSIZE 512
REUSE;
```

在上面语句中,没有指出添加的重做日志文件组的编号,Oracle 会自动为它们分配一个唯一的组编号。用户也可以在调用该语句中用 GROUP 子句指出组编号,例如:

```
ALTER DATABASE orcl ADD LOGFILE GROUP 6
('D:\oracle\oradata\orcl\redo06-1.1og ','E:\oracle\orcl\redo06-2.1og ')
SIZE 50M
REUSE;
```

在执行以上两条语句后,从 v$log 视图中可以检索到添加的重做日志文件组信息:

```
SQL> SELECT group#,members,status,blocksize FROM v$log;

GROUP#      MEMBERS     STATUS                      BLOCKSIZE
--------    --------    ---------                   ---------
   1           1        INACTIVE                       512
   2           1        CURRENT                        512
   3           1        INACTIVE                       512
   4           2        UNUSED                         512
   6           2        UNUSED                         512
```

3）添加重做日志文件成员

数据库运行过程中,在一些情况下需要添加重做日志文件成员。例如,现有重做日志文件成员被删除、损坏,或者需要增加重做日志文件的多路存储时。添加重做日志文件成员时,也需调用 ALTER DATABASE 语句。例如,下面语句向第一组重做日志添加两个日志成员文件。

```
ALTER DATABASE orcl
ADD LOGFILE MEMBER
'E：\oracle\orcl\redo01-2.loq ','E：\oracle\orcl\redo01-3.log '
TO GROUP 1；
```

需要注意的是,在创建重做日志文件组时,用 SIZE 子句指定重做日志文件的大小,而在添加重做日志文件成员时则不需要指定。因为每组重做日志内的所有成员文件的大小必须保持一致,所以添加的重做日志成员要与组内现有的重做日志文件大小相同,因此不需要再次指定。

4）移动、重命名重做日志文件成员

无论是移动还是重命名重做日志文件,它们的操作步骤基本相同。下面以移动重做日志文件为例介绍其具体的操作步骤,把前面添加到第 1 组中的 E：\oracle\orcl\redo01-3.log 文件移动到 F 盘的相同目录下:

第 1 步:关闭现有数据库。

```
SQL > SHUTDOWN IMMEDIATE
```

第 2 步:用操作系统命令把需要移动的日志文件移动或复制到目标位置。需要重命名时,在这一步重命名文件。

```
MOVE E：\oracle\orcl\redo01-3.loq F：\oracle\orcl\redo01-3.loq
```

第 3 步:把数据库启动到 mount 状态,但不打开它。

```
SQL > STARTUP MOUNT
```

第 4 步:调用 ALTER DATABASE 语句,使用其 RENAME FILE 子句重命名重做日志文件。这一步实质上是修改控制文件,使其内容反映数据库结构的新变化:

```
SQL> ALTER DATABASE
  2    RENAME FILE 'E:\oracle\orcl\redo01-3.loq '
  3    TO 'F:\oracle\orcl\redo01-3.log ';
```

第 5 步:打开数据库,以便执行正常操作。

```
SQL > ALTER DATABASE OPEN;
```

再执行下面查询语句,即可看到本小节添加和移动后的重做日志文件信息。

```
SQL> SELECT group#,member FROM v$logfile ORDER BY group#;
    GROUP#    MEMBER
  ----------  --------------------------------------------
        1     E:\ORACLE\ORCL\REDO01-2.LOG
        1     D:\ORACLE\ORADATA\ORCL\REDO01.LOG
        1     F:\ORACLE\ORCL\REDO01-3.LOG
        2     D:\ORACLE\ORADATA\ORCL\REDO02.LOG
        3     D:\ORACLE\ORADATA\ORCL\REDO03.LOG
        4     D:\ORACLE\ORADATA\ORCL\REDO04-1.LOG
        4     E:\ORACLE\ORCL\REDO04-2.LOG
        6     D:\ORACLE\ORADATA\ORCL\REDO06-1.LOG
        6     E:\ORACLE\ORCL\REDO06-2.LOG
```

5)删除重做日志文件成员

需要删除重做日志文件成员时,首先要保证它所在日志组的状态既不是 CURRENT,也不是 ACTIVE。否则,需要执行强制日志切换才能删除。其次,还要保证在这个日志文件删除后,数据库至少仍有两组日志文件,并且每组中至少各有一个日志文件成员。

例如,下面语句删除第 1 组中的一个重做日志成员。

```
ALTER DATABASE
    DROP LOGFILE MEMBER 'F:\Oracle\orcl\redo01-3.log ';
```

调用上面语句删除重做日志成员时,它只能从数据库中删除该重做日志文件,也就是更新数据库的控制文件,删除其中记录的该重做日志文件信息。而并没有从操作系统的文件系统中删除该文件,要删除该文件,只能调用操作系统命令删除它。

如果要删除的重做日志文件是重做日志文件组中的最后一个成员,则不能调用上面语句删除,而只能采用下面将要介绍的方法,删除重做日志文件成员及其所在组。

6)删除重做日志文件组

删除重做日志文件组时,要考虑以下限制。

①一个实例至少需要两个重做日志文件组。

②只有当重做日志文件组处于 INACTIVE 状态时才能删除。要删除当前日志组,需要执行强制日志切换,把它们切换为非当前重做日志组。

③数据库启用归档模式后,在删除之前,要保证该组日志已归档。日志组是否归档完成,可以从 v$log 中查询其归档情况。

例如,下面语句删除前面添加的组编号为 6 的重做日志。

```
ALTER DATABASE DROP LOGFILE GROUP 6;
```

同样,在调用上面语句删除日志组时,只是从数据库的控制文件中删除相应的日志组信息,该组成员对应的操作系统文件仍保留不变,要删除它们,需要从操作系统中删除。

7)清空重做日志文件内容

数据库打开期间,重做日志文件可能出现损坏,这样就无法归档而最终导致数据库操作停止。在这种情况下,不用关闭数据库,只要执行 ALTER DATABASE CLEAR LOGFILE 语句重新初始化该文件,即可恢复数据库的操作。

例如,下面语句清空组编号为 4 的重做日志文件中的内容。

```
SQL> ALTER DATABASE CLEAR LOGFILE GROUP 4;
```

但是,如果损坏的重做日志文件还没有归档,则可以在该语句中使用 UNARCHIVED 关键字,指出不需要归档,否则会导致语句执行失败。例如:

```
ALTER DATABASE CLEAR UNARCHIVED LOGFILE GROUP 4;
```

这样在清空重做日志文件时避免 Oracle 对它们进行归档。

如果在清空重做日志文件时没有对它进行归档,执行后应立即对数据库做完整备份,否则会导致重做日志不连续,以后无法使用它们完整恢复数据库。

5.3.3 管理归档重做日志

归档重做日志管理涉及设置 Oracle 数据库的归档日志位置、归档日志文件的命名方法、设置归档进程数量等。

(1)设置归档位置

在管理归档日志时,需要指定日志文件的归档位置。Oracle 可以将重做日志归档到一个或多个位置,归档位置既可以是本地文件系统、Oracle 数据库的快速恢复区,也可以是OracleASM 磁盘组或者是远程 Oracle 数据库(备用数据库)。

Oracle 重做日志的归档位置由初始化参数指定,DBA 可以在创建数据库时设置相应的初始化参数,规划好归档位置,也可以在数据库运行期间使用 ALTER SYSTEM 语句动态修改初始化参数值,改变日志的归档位置。但这样修改初始化参数后,只有在下一次日志切换时才改变归档位置。

与指定归档位置相关的初始化参数包括以下两组。

①LOG_ARCHIVE_DEST、LOG_ARCHIVE_DUPLEX_DEST:这两个参数指定的归档位置只能是本地文件系统。当需要指定的归档位置不多于两个时可使用 LOG_ARCHIVE_DEST 参数指定主归档位置,再选用 LOG_ARCHIVE_DUPLEX_DEST 参数指定另一个辅助位置,但后者是可选项。例如:

```
ALTER SYSTEM
    SET LOG_ARCHIVE_DEST = 'd:\oracle\oradata\archive';
ALTER SYSTEM
    SET LOG_ARCHIVE_DUPLEX_DEST = 'F:\oracle\archive';
```

②LOG_ARCHIVE_DEST_n：n 的取值是 1~31 的整数。其中 n 取 1~10 的整数时，用于指定本地或远程归档位置，n 取 11~31 的整数时，只能用于指定远程归档位置。使用 LOG_ARCHIVE_DEST_n 参数时，需要使用 LOCATION 或 SERVICE 关键字指定归档位置，它们的设置方法见表 5.5。

表 5.5　用 LOCATION 和 SERVICE 指定归档位置

关键字	归档位置	说　明
LOCATION	本地文件系统	用 LOCATION 指定一个有效的路径作为归档位置。例如 ALTER SYSTEM SET LOG_ARCHIVE_DEST_1 = 'LOCATION＝F：\oracle\archive'
	ORACLE ASM 磁盘组	用 LOCATION 指定一个 Oracle ASM 磁盘组作为归档位置。例如 ALTER SYSTEM SET LOG_ARCHIVE_DEST_2 = 'LOCATION＝+DGROUP1'
	快速恢复区	用 LOCATION 指定快速恢复区作为归档位置，这时其取值为 USE_DB_RECOVERY_FILE_DEST。例如 ALTER SYSTEM SET LOG_ARCHIVE_DEST_3 = 'LOCATION＝USE_DB_RECOVERY_FILE_DEST'
SERVICE	远程 Oracle 数据库	SERVICE 通过一个 Oracle 网络服务名指向远程 Oracle 数据库作为归档位置。例如 ALTER SYSTEM SET LOG_ARCHIVE_DEST_4 = 'SERVICE＝mystandby'

需要注意的是，在设置归档位置时可以选择使用以上两组初始化参数中的任一组，但不能混合使用它们，否则将导致错误。例如，下面语句使用第 2 组参数成功设置归档位置：

SQL> ALTER SYSTEM SET LOG_ARCHIVE_DEST_1 = 'LOCATION＝E：\oracle\archive' ;

系统已更改。

但此后，如果再执行下面语句，混合使用第 1 组参数设置归档位置就会产生错误：

SQL> ALTER SYSTEM SET LOG_ARCHIVE_DEST = 'd：\oracle\oradata\archive' ;
ALTER SYSTEM SET LOG_ARCHIVE_DEST = 'd：\oracle\oradata\archive'
 *
第 1 行出现错误：
ORA-02097：无法修改参数，因为指定的值无效
ORA-16018：无法将 LOG_ARCHIVE_DEST 与 LOG_ARCHIVE_DEST_n 或
DB_RECOVERY_FILE_DEST 一起使用

（2）设置归档日志文件命名格式

设置归档日志文件命名格式的目的是保证 ARCn 在归档时能给每个文件以唯一的文件

名。归档日志文件的命名格式也是通过初始化参数设置,该参数是 log_archive_format。与设置日志文件归档位置参数不同的是,log_archive_format 参数具有默认值:ARC%S_%R.%T,这样可以保证各个归档日志文件名称的唯一性。

在 log_arcmve_format 参数默认值中,%S 表示在归档日志文件名包含日志序列号,%R 表示包含重置日志编号(RESETLOGS),%T 是包含线程编号。其中的 S、R、T 大写表示这 3 部分的数据长度是固定的,如果各部分对应的数据长度达不到指定长度的要求,则在其前面填充 0;如果使用小写,则不会把这 3 部分数据填充到固定长度。

例如,下面语句修改 spfile 中 log_archive_format 参数的值。由于该参数不可动态修改,所以只能修改该参数在初始化参数文件中的值,修改后需要重新启动数据库实例才能生效。

```
ALTER SYSTEM
    SET LOG_ARCHIVE_FORMAT = '%R %T%S.arc' SCOPE = SPFILE;
```

(3)调整归档进程数量

初始化参数 LOG_ARCHIVE_MAX_PROCESSES 决定 Oracle 实例中启动的归档进程(ARCn)数量。在 Oracle Database 11.2 版本中,该参数的默认值是 4,所以实例启动时会启动 4 个归档进程。在归档过程中,如果现已启动的归档进程满足不了重做日志文件归档的要求,Oracle 会自动启动额外的归档进程。所以,通常情况下,用户不需要修改该参数的默认值。

数据库运行中启动额外的归档进程不可避免地会存在一定的开销,要避免这种开销,可以设置初始化参数 LOG_ARCHIVE_MAX_PROCESSES。该参数的有效取值范围是 1~30 的整数,也就是说最多可以启动 30 个归档进程。LOG_ARCHIVE_MAX_PROCESSES 参数是动态参数,所以用 ALTER SYSTEM 语句即可调整当前运行的归档进程数量。例如,下面语句把归档进程数量调整为 5。

```
ALTER SYSTEM SET LOG_ARCHIVE_MAX_PROCESSES = 5;
```

(4)改变归档模式

要改变归档模式,数据库首先必须处在 MOUNT 状态,之后执行下面 3 条语句可分别把数据库转为非归档模式、自动归档模式和手工归档模式:

```
ALTER DATABASE NOARCHIVELOG;
ALTER DATABASE ARCHIVELOG;
ALTER DATABASE ARCHIVELOG MANUAL;
```

1)启用归档模式

orcl 数据库当前处于非归档模式,下面以它为例,说明如何把数据库从非归档模式更改为自动归档模式。

①在数据库运行期间,以 sysdba 身份连接到数据库,修改初始化参数,指定归档位置和归档日志文件的命名方法:

```
ALTER SYSTEM
SET LOG_ARCHIVE_DEST = 'd:\oracle\oradata\archive';
ALTER SYSTEM
SET LOG_ARCHIVE_DUPLEX_DEST = 'F:\oracle\archive';
ALTER SYSTEM
SET LOG_ARCHIVE_FORMAT = '%R_%T_%S.arc' SCOPE=SPFILE;
```

②关闭数据库：

```
SHUTDOWN IMMEDIATE
```

③把数据库重新启动到 MOUNT 状态：

```
STARTUP MOUNT
```

④把数据库修改为自动归档模式：

```
ALTER DATABASE ARCHIVELOG;
```

⑤打开数据库，供用户访问：

```
ALTER DATABASE OPEN;
```

这时在 SQL * Plus 内再次执行 archive log list 命令可以检查以上修改结果：

```
SQL> archive log list
数据库日志模式              存档模式
自动存档              启用
存档终点              F:\oracle\archive
最早的联机日志序列        221
下一个存档日志序列        223
当前日志序列          223
```

这说明数据库已经运行在自动归档模式,归档位置为 F:\oracle\archive,这是用户设置的辅归档位置。

最后,执行下面语句,强制进行日志切换,以检查日志文件是否能够正确归档：

```
ALTER SYSTEM SWITCH LOGFILE;
```

切换之后用资源管理器查看归档位置路径,用同样的方法还可以检查主归档位置中日志文件的归档情况。

在归档模式下,在日志切换后填充过的重做日志组即可立即用于归档,只有在重做日志组归档完成之后 LGWR 才能重新使用它们。数据库运行在归档模式具有以下优点：

①无论出现实例故障还是介质失败,利用数据库备份,以及联机和归档重做日志文件能够确保恢复所有已提交的事务。

②能够在数据库打开和正常使用的情况下进行备份。

③将归档日志应用到备用数据库,可以使其与原数据库保持同步。

2）转为非归档模式

在 SQL＊Plus 内以管理员权限登录后，再执行以下步骤，可以将数据库由归档模式转为非归档模式。

①关闭数据库：

```
SHUTDOWN IMMEDIATE
```

②把数据库重新启动到 MOUNT 状态：

```
STARTUP MOUNT
```

③把数据库修改为非归档模式：

```
ALTER DATABASE NOARCHIVELOG；
```

④打开数据库，供用户访问：

```
ALTER DATABASE OPEN；
```

非归档模式下，在日志切换后，当重做日志组的状态变为 INACTIVE 后，它们即可为 LGWR 重新使用。

非归档模式下，只要重做日志文件完好，在实例出现故障时能够实现实例恢复。但在出现介质失败时，则只能使用最近一次所作的数据库完整备份把数据库恢复到备份时的状态，由于没有归档日志，所以最近一次完整备份后所提交的事务无法恢复。除此之外，在非归档模式下，也不能执行联机表空间备份。因此，在实际生产环境中，应使用归档模式。

（5）查新归档重做日志相关的信息

Oracle 数据库动态性能视图为用户查询归档重做日志相关信息提供了一个接口。与此相关的动态性能视图见表 5.6。

表 5.6　与归档重做日志相关的视图

视　图	描　述
V＄DATABASE	其 log_mode 列值说明数据库运行模式：ARCHIVELOG（自动归档模式）、NOARCHIVELOG（非归档模式）、MANUAL（手动归档模式）
V＄ARCHIVE_PROCESSES	显示实例中各归档进程的状态信息
V＄ARCHIVED_LOG	显示历史归档日志信息，该信息取自数据库的控制文件
V＄ARCHIVE_DEST	显示当前实例的所有归档目标位置，以及它们的当前值、模式、状态等
V＄LOG	显示数据库的所有重做日志组，指出哪些需要归档

【例 5.1】　查询 V＄DATABASE，了解数据库当前模式。

```
SQL> select log_mode from v$database;
LOG_MODE
------------
ARCHIVELOG
```

【例 5.2】　下面语句从 V＄ARCHIVE_PROCESSES 视图查询数据库的归档进程信息。从检索结果可以看出,该数据库实例最多可启动 30 个归档进程,目前只启动了 5 个归档进程(这与前面的设置相同),它们当前均处于空闲状态。

```
SQL> SELECT * from V$ARCHIVE_PROCESSES;
     PROCESS STATUS     LOG_SEQUENCE STAT
     ------- -------    ------------ --
        0 ACTIVE           0 IDLE
        1 ACTIVE           0 IDLE
        2 ACTIVE           0 IDLE
        3 ACTIVE           0 IDLE
        4 STOPPED          0 IDLE
        5 STOPPED          0 IDLE
        6 STOPPED          0 IDLE
        ……
       29 STOPPED          0 IDLE
```

【例 5.3】　下面语句从 V＄ARCHIVED_LOG 视图查询数据库的归档日志文件名称、重做日志序列号,以及每次归档的完成时间等信息。从检索结果可以看出,重做日志每次归档到两个位置,这与前面归档位置的设置一致。

```
SQL> SELECT name,sequence#,completion_time FROM V$ARCHIVED_LOG;
NAME                                        SEQUENCE  #     COMPLETION_TIM
------------------------------- ----- --------
E:\ORACLE\ORADATA\ARCHIVE\O1_MF_1_137_G0WWPV12_.ARC  137     10-12 月-18
E:\ORACLE\ORADATA\ARCHIVE\O1_MF_1_138_G11FS151_.ARC  138     12-12 月-18
……
F:\ORACLE\ARCHIVE\ARC0000000661_0984411625.0001      661     28-3 月 -19
F:\ORACLE\ARCHIVE\ARC0000000662_0984411625.0001      662     28-3 月 -19
F:\ORACLE\ARCHIVE\ARC0000000663_0984411625.0001      663     28-3 月 -19
    ……
已选择 527 行。
```

【例 5.4】　下面语句从 V＄ARCHIVE_DEST 视图查询数据库归档位置设置。从检索结果可以看到目前设置了两个日志归档位置。

```
SQL> SELECT dest_id,dest_name,destination FROM V$ARCHIVE_DEST;
   DEST_ID  DEST_NAME                              DESTINATION
  ───────── ────────── ──────────────────────────────────────────────
    1   LOG_ARCHIVE_DEST_1                   E：\oracle\archive
    2   LOG_ARCHIVE_DEST_2
    3   LOG_ARCHIVE_DEST_3
        ……
    已选择 31 行。
```

【例 5.5】 下面语句从 V$LOG 视图查询数据库各组重做日志文件的状态,以及它们的归档情况。从检索结果可以看出,第 1 组重做日志是当前重做日志组,还没有归档,其余各组均已完成归档。

```
SQL> select group#,archived,status from v$log;
   GROUP# ARC STATUS
  ───────── ────────────
        1 NO   CURRENT
        2 YES INACTIVE
        3 YES INACTIVE
```

本章小结

本章介绍了 Oracle 数据库的初始化参数文件、控制文件、重做日志文件。

初始化参数文件是 Oracle 实例的属性文件,它集中存储 Oracle 数据库的初始化参数设置。初始化参数文件分为文本初始化参数文件和二进制格式的服务器参数文件两种,使用二者均可启动实例,但前者存储在客户端,无法使用 SQL 语句 ALTER SYSTEM SET 修改其中的初始化参数,只能直接编辑文本,而且会产生多个版本难以同步的问题;后者则存储在 Oracle 数据库服务器上,只有一个版本,因此可以使用 ALTER SYSTEM SET 修改。

控制文件是 Oracle 数据库的信息中心,其中存储着 Oracle 数据库的当前状态以及物理结构信息、控制信息等。为了保证其安全性,Oracle 允许对控制文件进行多路存储。多路存储控制文件时,只要有一个文件损坏就会导致实例挂起。在控制文件出现损坏或丢失时,可以利用备份恢复控制文件,或者重新创建控制文件。

重做日志记录对数据库所作的所有修改,同时还保护还原数据。Oracle 数据库产生的重做日志首先放在日志缓冲区内,日志缓冲区的大小由初始化参数 log_buffer 指定。之后,后台进程 LGWR 把日志缓冲区内的重做日志写入联机重做日志文件。当发生日志文件切换时,如果数据库运行在归档模式下,联机重做日志文件内填充的重做日志将被归档到归档日志文件保存。通过本章的学习,希望读者对 Oracle 体系结构有个整体的把握和认识,并认真完成相关习题。

习　题

一、选择题

1.调用 SQL 语句 ALTER SYSTEM SET 可以设置(　　　)中的初始化参数。

　　A.当前实例　　　　　B.pfile　　　　　　　C.spfile　　　　　　　D.以上全错

2.调用下面语句修改初始化参数后,关于此修改的生效时间,描述最准确的是(　　　)。

ALTER SYSTEM SET 参数名＝值 SCOPE＝SPFILE;

　　A.立即生效　　　　　　　　　　　　B.下次实例重新启动时生效

　　C.下次实例使用 spfile 重新启动时生效　　D.永不生效

3.数据库目前有两个控制文件,其中一个控制文件损坏,这将导致数据库实例(　　　)。

　　A.异常终止

　　B.关闭损坏的控制文件,数据库继续运行

　　C.关闭数据库文件,实例继续运行

　　D.数据库运行不受影响,直到所有控制文件损坏为止

4.Oracle 数据库重做日志由(　　　)后台进程写入联机重做日志文件。

　　A.DBWR　　　　　　B.LGWR　　　　　　C.ARCn　　　　　　D.SMON

5.重做日志缓冲区中的重做日志在(　　　)会被写入重做日志文件。

　　A.事务提交时

　　B.重做日志缓冲区达到 1/3 满,或者日志缓冲区内的日志量超过 1 MB 时

　　C.每 3 s 后

　　D.检查点发生时

6.改变 Oracle 数据库归档模式时,需要把数据库启动到(　　　)状态。

　　A.NOMOUNT　　　　B.MOUNT　　　　　C.OPEN　　　　　　D.CLOSE

二、简答题

1.什么是控制文件的多路复用?

2.请简述 Oracle 数据库重做日志从产生到归档的过程。

三、实训题

1.查看当前实例的初始化参数设置,并从这些设置创建文本初始化参数文件。

2.使用语句在 SQL＊Plus 中创建控制文件,并验证是否已经创建成功。

3.练习把 Oracle 数据库从非归档模式修改为归档模式,之后创造条件让数据库立即归档,并检查归档是否成功。

4.在 SQL＊Plus 中创建日志文件以及日志文件组,并验证是否已经创建成功。

5.在上面操作的基础上,为刚添加的那组重做日志添加一个日志成员,实现重做日志的多路存储。

第 **6** 章
管理表空间与数据文件

从逻辑上讲，Oracle 把数据存放在表空间里，而从物理上讲，这些数据实际存放在数据文件内。本章主要介绍 Oracle 数据库表空间、数据文件管理方法及其还原管理。

6.1　管理永久表空间

每个 Oracle 数据库都是由一个或多个表空间组成的，但每个表空间只能属于一个数据库，Oracle 数据库中使用表空间能够更灵活地管理数据存储。

6.1.1　表空间的分类

Oracle 数据库表空间可以划分为以下 3 类。

（1）永久表空间

永久表空间用于存储数据字典数据和用户数据，如创建 orcl 数据库时创建的 SYSTEM、SYSAUX、USERS 表空间均属于永久表空间。

（2）临时表空间

临时表空间用于存储会话的中间排序结果、临时表和索引等。创建 orcl 数据库时创建的 TEMP 表空间就是临时表空间。

（3）还原表空间

还原表空间是一种特殊类型的表空间，其中存储的数据专门用于回滚或还原操作，为数据库提供读一致性支持。创建 orcl 数据库时创建的 UNDOTBSl 表空间就是一个还原表空间。

SYSTEM 和 SYSAUX 是两个特殊的永久表空间，每个 Oracle 数据库必须具有这两个表空间。SYSTEM 表空间用于管理数据库，它存储 SYS 用户拥有的以下信息：

①数据字典。

②包含关于数据库管理信息的表和视图。

③编译后的存储对象，如触发器、存储过程和包。

由于 SYSTEM 表空间主要用于管理数据库，所以不能对它执行重命名、删除、脱机等操作。

SYSAUX 表空间是 SYSTEM 表空间的辅助表空间,该表空间从 Oracle Database 10g 才引入,它集中存储 SYSTEM 表空间内未包含的数据库元数据,一些数据库组件(如 Oracle Enterprise Manager 和 Oracle Streams 等)使用 SYSAUX 表空间作为它们的默认存储位置。在数据库正常运行期间,不允许删除或重命名 SYSAUX 表空间。

6.1.2　创建表空间

创建表空间可以采用 Oracle 企业管理器(OEM),也可以调用 SQL 语句。本章主要介绍相应的 SQL 语句操作。

Oracle 数据库中有两组语句可以创建表空间。

(1)CREATE DATABASE

正如用户在创建数据库 orcl 时所看到的,CREATE DATABASE 语句在创建数据库时创建了 SYSTEM 和 SYSAUX 两个永久表空间、一个临时表空间 TEMP 和一个还原表空间 UNDOTBS1。

(2)CREATE TABLESPACE

在创建数据库之后,调用这些语句可分别为数据库创建永久表空间、临时表空间和还原表空间。

需要注意的是,在调用这些语句创建表空间之前,首先必须使用操作系统命令创建存储数据文件所使用的目录结构,因为这些语句只能为表空间创建指定的数据文件,而不能在文件系统内创建目录结构。

CREATE TABLESPACE 语句的语法格式为

CREATE [BIGFILE I SMALLFILE] TABLESPACE 表空间名

[DATAFILE 数据文件定义[,数据文件定义...]]

[BLOCKSIZE 整数[K]]

[LOGGING | NOLOGGING]

[FORCE LOGGING]

[ONLINE | OFFLINE]

[区存储管理子句]

[段空间管理子句]

其中各选项的作用如下:

①BIGFILE I SMALLFILE:指出所创建的表空间是 BIGFILE 表空间,还是 SMALLFILE 表空间。每个 BIGFILE 表空间只能包含一个数据文件,它最多可容纳大约 4 G(232)个数据块,当表空间数据块大小是 8 KB 时,该表空间的存储容量可达 32 TB。BIGFILE 表空间的区不能采用字典管理方式。而 SMALLFILE 表空间是传统的 Oracle 表空间,它最多可以包含 1 022 个数据文件,每个数据文件可容纳 4 M(222)个数据块。省略该选项时,默认创建的表空间为 SMALLFILE 类型表空间。

②DATAFILE 数据文件定义:该子句中的数据文件定义部分给出所创建表空间的数据文件说明。

③BLOCKSIZE 整数[K]:该子句指出表空间采用非标准数据块,其中的整数指出所使用的非标准数据块大小是多少千字节。

④LOGGING｜NOLOGGING：指出该表空间内所有表、索引、分区、物化视图、物化视图日志等的日志属性。LOGGING 要求把数据库对象的创建及操作日志写入重做日志文件中，这是默认设置。NOLOGGING 则要求对数据库对象的操作不写入重做日志文件，没有重做日志，也就不可能进行介质恢复，但这样可以改善性能。表空间一级的日志属性可以被数据库对象级的日志属性所改写。

⑤FORCE LOGGING：使表空间处于强制日志模式。这时 Oracle 数据库将忽略 LOGGING｜NOLOGGING 设置，而把该表空间内所有对象上的所有修改全部记录到重做日志文件中。

⑥ONLINE｜OFFLINE：指出表空间创建之后是处于 ONLINE（联机）状态还是 OFFLINE（脱机）状态。省略该选项时，创建的表空间将处于联机状态。

⑦区存储管理子句：指出怎样管理表空间内区（extent）的分配。

⑧段空间管理子句：指出怎样记录表空间中各个段内存储空间的使用情况。

CEATE TABLESPACE 语句内的以上各子句均为选项，所以可以全部省略。

下面回顾一下创建 USERS 表空间时所调用的 SQL 语句：

```
CREATE TABLESPACE USERS
DATAFILE ' D：\oracle\oradata\orcl\users01.dbf ' SIZE 5M REUSE
AUTOEXTEND ON NEXT 1280K MAXSIZE UNLIMITED；
```

该语句创建的 USERS 表空间是一个 SMALLFILE 类型的表空间，它由一个数据文件组成，文件的初始大小是 5 MB。其中的 REUSE 选项说明在创建表空间时，如果该文件已经存在，则覆盖它。如果该文件已经存在，但在 DATAFILE 子句中未使用 REUSE 选项，将导致语句执行失败。AUTOEXTEND ON 选项说明在数据文件存储空间用完时允许 Oracle 自动扩展数据文件的大小。NEXT 选项指出数据文件每次扩展 1 280 KB。MAXSIZE UNLIMITED 说明该数据文件大小扩展不受限制，但实际中数据文件的扩展受到磁盘空间和单个文件最大容量的限制。

6.1.3 区分自己管理

Oracle 数据库表空间内存储空间分配的最小单位是区，区是由连续数据块组成的。默认情况下，在创建数据段时 Oracle 数据库为它分配初始区（initial extent）。随着数据段内数据的填充，当分配的初始区空间用尽之后，Oracle 自动为该段分配增量区（incremental extent）。

Oracle 数据库可以采用以下两种方法管理表空间内区的分配情况。

①字典管理：字典管理是指把表空间内的区分配信息集中记录在数据库的数据字典中。

②本地管理：本地管理是指在各个表空间自身内用位图记录其中所有区的分配信息。

与字典管理表空间把区分配信息集中记录在 SYSTEM 表空间的数据字典内相比，本地管理表空间的区分配信息分散记录在各个表空间的位图内，这样可以降低对 SYSTEM 表空间的并发访问，减少 I/O 争用，提高性能，并且不需要合并空闲区碎片。所以 Oracle 建议用户创建的表空间应尽量采用本地管理表空间。

CREATE TABLESPACE 语句内区存储管理子句的语法格式如下：

EXTENT MANAGEMENT ｛DICTIONARY ｜

　　LOCAL ［AUTOALLOCATE ｜ UNIFORM ［SIZE n［K｜M｜G｜T｜P｜E］］］｝

DICTIONARY 指出创建字典管理表空间,而 LOCAL 则说明创建本地管理表空间。对于本地管理表空间,区的分配类型有以下两种。

①AUTOALLOCATE:自动分配,让 Oracle 数据库自动管理每次分配的区大小,这是默认设置。采用这种分配类型时,每次所分配区的最小尺寸是 64 KB。

②UNIFORM:每次所分配区的大小限制为 SIZE 子句指定的统一尺寸。如果省略 SIZE 子句,则其默认大小为 1 MB。

选择正确的区分配类型有利于提高表空间内空间的利用效率。如果需要准确控制未用空间,并且能够准确预测需要分配给对象的空间,以及区的大小和数量,则可使用 UNIFORM 选项,这样可以保证表空间内空间的利用效率。否则请使用 AUTOALLOCATE 选项简化表空间管理。

例如,下面语句分别创建 DEMOA 和 DEMOB 两个本地管理表空间,它们各包含一个数据文件,前者让系统自动选择所分配的区大小,后者将每次分配的区大小统一限制为 128 KB。

```
CREATE TABLESPACE DEMOA

DATAFILE ' D:\oracle\oradata\orcl\demoA01.dbf ' SIZE 20M

EXTENT MANAGEMENT LOCAL AUTOALLOCATE;


CREATE TABLESPACE DEMOB

DATAFILE ' D:\oracle\oradata\orcl\demoB01.dbf ' SIZE 20M

EXTENT MANAGEMENT LOCAL UNIFORM SIZE 128K;
```

Oracle 数据库内的所有表空间均可采用本地管理方式。但当 SYSTEM 表空间采用本地管理方式时,则不能在该数据库上创建字典管理表空间。然而,如果在调用 CREATE DATABASE 语句创建数据库时接收默认设置,没有指定 SYSTEM 表空间的区管理方式,那么它将采用字典管理方式,所以用户在调用 CREATE DATABASE 语句创建 orcl 数据库时,使用了 EXTENT MANAGEMENT LOCAL 子句,指出 SYSTEM 表空间采用本地管理方式。但在默认情况下,Oracle 数据库把新创建的所有用户表空间均设置为本地管理表空间。

6.1.4　段空间管理

在本地管理永久表空间中,可以采用自动和手工两种方式管理段空间,由 CREATE TABLESPACE 语句内的段空间管理子句设置,该子句的语法格式为

SEGMENT SPACE MANAGEMENT ｛AUTO ｜ MANUAL｝

采用 AUTO(自动)段空间管理方式时,Oracle 数据库用位图方式管理表空间段内的空闲空间,这是默认设置。而采用 MANUAL(手工)段空间管理方式时,数据库将用空闲列表方式管理表空间段内的空闲空间。

需要注意的是,只有在创建本地管理永久表空间时才能使用段空间管理子句,但创建

SYSTEM 表空间时不能使用该子句。

例如,下面语句分别创建两个本地管理表空间 DEMOC 和 DEMOD,前者采用自动段空间管理,后者采用手工段空间管理。

```
CREATE TABLESPACE DEMOC
DATAFILE 'D:\oracle\oradata\orcl\demoC01.dbf' SIZE 20M
EXTENT MANAGEMENT LOCAL AUTOALLOCATE
SEGMENT SPACE MANAGEMENT AUTO;



CREATE TABLESPACE DEMOD
DATAFILE 'D:\oracle\oradata\orcl\demoD01.dbf' SIZE 20M
EXTENT MANAGEMENT LOCAL AUTOALLOCATE
SEGMENT SPACE MANAGEMENT MANUAL;
```

6.1.5　改变表空间的可用性

(1)脱机表空间

在数据库打开状态下,可以改变表空间的可用性,也就是能够把表空间从联机状态转到脱机状态,也可以把它从脱机状态转为联机状态。在数据库运行过程中,常遇到一些情况需要脱机表空间,例如:

①重命名或者移动表空间的数据文件。

②执行脱机表空间备份。

③在升级或维护应用程序过程中临时关闭其对应的表空间。

脱机表空间只会使数据库的部分数据不可用,但不影响用户对数据库其余部分的访问。在一个数据库内,其 SYSTEM 表空间、临时表空间和还原表空间不能脱机。

ALTER TABLESPACE 语句用于脱机表空间,其语法格式为

　　ALTER TABLESPACE 表空间名 OFFLINE

　　　　　[NORMAL ∣ TEMPORARY ∣ IMMEDIATE];

该语句的 3 个选项说明如下。

①NORMAL:正常方式脱机,脱机前对表空间内的所有数据文件执行检查点,并检查所有数据文件成功写入后才能成功脱机。采用这种方法成功脱机后,表空间下次联机时不需要做介质恢复。该选项是默认设置。

②TEMPORARY:临时方式脱机。脱机前执行检查点,但不检查数据文件是否成功写入。采用这种方式脱机表空间时,如果所有数据文件成功写入,以后联机表空间时不需要做介质恢复,否则在联机表空间之前需要对写入失败而脱机的数据文件做介质恢复。

③IMMEDIATE:立即方式脱机。数据库不会在数据文件上执行检查点,更不检查数据文件。采用这种方式脱机的表空间在下次联机时需要对数据文件做介质恢复,所以,如果数据库运行在 NOARCHIVELOG 模式,就不能以这种方式脱机表空间。

在脱机表空间时应尽量采用 NORMAL 方式,只有当 NORMAL 方式无法"干净"脱机时再

以 TEMPORARY 方式脱机表空间。也只有当表空间无法以 NORMAL 和 TEMPORARY 方式脱机时,迫不得已才采用 IMMEDIATE 方式脱机。

例如,下面语句以 NORMAL 方式脱机表空间 DEMOA。

```
SQL > ALTER TABLESPACE DEMOA OFFLINE;
```

(2)联机表空间

联机表空间所使用的 SQL 语句也是 ALTER TABLESPACE,其语法格式为:

ALTER TABLESPACE 表空间名 ONLINE

例如,下面语句使上面脱机的表空间 DEMOA 重新联机。

```
SQL> ALTER TABLESPACE DEMOA ONLINE;
```

如果表空间"干净"脱机(也就是以 NORMAL 方式脱机),则在数据库打开状态下可以直接使其联机。否则需要对存在问题的数据文件先做介质恢复,之后才能联机表空间。

例如,下面语句采用 IMMEDIATE 方式再次脱机 DEMOA 表空间,由于在脱机时没有"干净"脱机,所以在其后如果不对该表空间的数据文件做介质恢复就无法使其联机。

```
SQL> ALTER TABLESPACE DEMOA OFFLINE IMMEDIATE;
表空间已更改。
SQL>　ALTER TABLESPACE DEMOA ONLINE;
ALTER TABLESPACE DEMOA ONLINE
*
第 1 行出现错误:
ORA-01113:文件 5 需要介质恢复
ORA-01110:数据文件 5:'D:\ORACLE\ORADATA\ORCL\DEMO01.DBF'
```

这时应首先对该表空间的数据文件做介质恢复,之后才能联机表空间。由于在上面的错误消息中给出了需要做介质恢复的数据文件名称,及其绝对文件号,所以用户在下面的语句中可以直接使用该编号指定需要恢复的文件,以简化书写。

```
SQL> RECOVER DATAFILE 6;
完成介质恢复。
SQL> ALTER TABLESPACE DEMOA ONLINE;
```

需要注意的是,在上面的 RECOVER DATAFILE 语句中,既可以使用数据文件编号,也可以使用数据文件名称指出需要恢复的数据文件。它与下面语句的效果完全一样:

```
RECOVER DATAFILE 'D:\ORACLE\ORADATA\ORCL\DEMOA01.DBF';
```

6.1.6　设置表空间的读写属性

数据库表空间通常处于读写状态,但使用只读表空间可以限制对表空间内数据文件的修改操作,有助于保护历史数据;同时还能够消除数据库操作过程中对大量静态数据的备份操作,减轻管理工作。

改变数据库表空间读写状态所使用的 SQL 语句也是 ALTER TABLESPACE,其语法格式为:

ALTER TABLESPACE 表空间名{READ ONLY| READ WRITE};

其中,READ ONLY 选项将表空间修改为只读表空间,READ WRITE 选项将只读表空间修改为可读写表空间。

例如,下面语句使表空间 DEMOA 设置为只读表空间。

```
SQL> ALTER TABLESPACE DEMOA READ ONLY;
```

调用 ALTER TABLESPACE …READ ONLY 语句后,表空间处于过渡只读状态。此之前在该表空间上已开始执行的事务仍可对该表空间做进一步的修改,等到这些事务结束(COMMIT 或 ROLLBACK),表空间就转为只读状态。但调用该语句之后将禁止所有新的事务在该表空间上做修改。

处于只读状态下的表空间不能在其中创建对象,也不能修改其中对象内的数据,但可以删除其中的对象,如表或索引等。因为删除操作修改的是这些对象的数据定义,所以只需修改 SYSTEM 表空间内的数据字典,而不会更改只读表空间内的数据文件。

调用 ALTER TABLESPACE …READ WRITE 语句,可将处于只读状态的表空间修改为读写状态。例如,下面语句把只读表空间 DEMOA 修改为读写状态。

```
SQL> ALTER TABLESPACE DEMOA READ WRITE;
```

6.1.7 重命名和删除表空间

(1)重命名表空间

表空间创建后,使用 ALTER TABLESPACE 语句的 RENAME TO 子句可以重命名表空间。例如,下面语句把前面创建的 DEMOA 表空间重命名为 DEMOTS。

```
SQL> ALTER TABLESPACE DEMOA RENAME TO DEMOTS;
```

重命名表空间时,Oracle 数据库会自动更新数据字典、控制文件和数据文件头部对该表空间名称的所有引用。重命名表空间只会改变表空间的名称,不会改变表空间的 ID(标识号),因此也不会改变用户默认表空间的设置。

调用以上语句重命名表空间需要注意的是:

①SYSTEM 和 SYSAUX 表空间不能重命名。

②如果表空间或者其中的任何一个数据文件已脱机,则不能重命名该表空间。

③重命名只读表空间时,由于数据文件头无法更新,所以只能更新数据字典和控制文件。这不会导致重命名语句执行失败,但 Oracle 会在数据库警告日志文件内写入一条警告消息,说明数据文件头没有更新。

例如,执行下面语句将 DEMOE 修改为只读表空间,之后将该只读表空间重命名为 DEMOETS:

```
SQL> ALTER TABLESPACE DEMOE READ ONLY;
SQL> ALTER TABLESPACE DEMOE RENAME TO DEMOETS;
```

执行第 2 条语句重命名表空间后会在数据库警告日志文件尾部添加以下信息:

ALTER TABLESPACE DEMOE RENAME TO DEMOETS

Tablespace ' DEMOE ' is renamed to ' DEMOETS '.

Tablespace name change is not propagated to file headers because the

Tablespace is read only.

Completed：ALTER TABLESPACE DEMOE RENAME TO DEMOETS

（2）删除表空间

不再需要表空间及其中的内容时，可以调用 DROP TABLESPACE 语句删除它们。删除表空间时，其在数据库控制文件内的文件指针被删除。删除之后，表空间内的数据不能再恢复。

DROP TABLESPACE 语句的语法格式为

DROP TABLESPACE 表空间名

　　［INCLUDING CONTENTS

　　　　［｛AND ｜ KEEP｝ DATAFILES］

　　　　［CASCADE CONSTRAINTS］］；

其中各子句的作用如下：

①INCLUDING CONTENTS：指出删除表空间内的所有内容。如果表空间不是空的（包含任何数据库对象），在删除表空间时必须包含该子句，否则会导致语句执行失败。

②AND DATAFILES：指出在删除表空间及其中内容时，同时从操作系统中删除与该表空间相关的所有数据文件。

③KEEP DATAFILES：指出在删除表空间及其中内容时，保留与该表空间相关的所有数据文件。

④CASCADE CONSTRAINTS：如果其他表空间引用了所删除表空间中表上的主键或者唯一键，选择此项可以删除其他表空间的所有参照完整性约束。如果存在这样的参照完整性约束，而又在调用 DROP TABLESPACE 语句时省略该子句，会导致其执行失败。

例如，下面语句删除表空间 DEMOTS 及其中的内容，并将其包含的数据文件从操作系统中删除：

SQL> DROP TABLESPACE DEMOETS
　　　INCLUDING CONTENTS AND DATAFILES；

6.1.8　设置数据库默认表空间

默认表空间分为用户的默认表空间和数据库的默认表空间两级。在创建数据库对象时，如果没有显示指定创建在哪个表空间上，该数据库对象将创建在用户的默认表空间内；如果没有定义用户的默认表空间，则将创建在数据库的默认表空间内；如果创建数据库后没有为其设置默认表空间，Oracle 将把系统表空间用作数据库的默认表空间。众所周知，由于系统表空间内存储着数据定义相关信息，所以 Oracle 建议不要把系统表空间用作默认表空间，而应该另行设置。

用户在创建 USERS 表空间后，使用下面语句将它设置为数据库的默认表空间。

ALTER DATABASE DEFAULT TABLESPACE USERS；

调用 ALTER USER 语句可以为各个用户指定默认表空间，其语法格式为：

ALTER USER 用户名 DEFAULT TABLESPACE 表空间名;

例如,下面语句将 DEMOTS 设置为 SCOTT 用户的默认表空间。

ALTER USER SCOTT DEFAULT TABLESPACE DEMOTS;

对于数据库的默认表空间,用户可以从数据字典 database_properties 中查询。例如:

```
SQL> SELECT property_name, property_value
  2    FROM database_properties
  3   WHERE property_name='DEFAULT_PERMANENT_TABLESPACE';
PROPERTY_NAME                          PROPERTY_VALUE
-----------------                      -----------------
DEFAULT_PERMANENT_TABLESPACE           USERS
```

从该数据字典中还可以进一步查询默认表空间的文件类型。例如,下面语句的查询结果说明当前数据库的默认表空间是 SMALLFILE 文件类型。

```
SQL> SELECT property_name, property_value
  2    FROM database_properties
  3   WHERE property_name='DEFAULT_TBS_TYPE';
PROPERTY_NAME                          PROPERTY_VALUE
-----------------                      -----------------
DEFAULT_TBS_TYPE                       SMALLFILE
```

而对于各个用户的默认表空间设置,则需要从数据字典 dba_users 查询。例如:

```
SQL> SELECT username, default_tablespace
  2    FROM dba_users
  3   WHERE username='SCOTT';
USERNAME                               DEFAULT_TABLESPACE
-----------------                      -----------------
SCOTT                                  DEMOTS
```

6.1.9 查询表空间相关的信息

Oracle 数据库的数据字典和动态性能视图为用户查询与表空间相关的信息提供了一个接口。与表空间相关的数据字典和动态性能视图见表 6.1。

表 6.1 与表空间相关的数据字典和动态性能视图

数据字典或视图	描 述
V$TABLESPACE	列出控制文件内记录的所有表空间的名称和编号
DBA_TABLESPACES USER_TABLESPACES	分别列出所有表空间和用户可访问表空间的信息
DBA_SEGMENTS USER_SEGMENTS	分别列出所有表空间和用户可访问表空间内的段信息

续表

数据字典或视图	描　述
DBA_EXTENTS USER_EXTENTS	分别列出所有表空间和用户可访问表空间内的区信息
V$DATAFILE	列出表空间所包含的数据文件信息
DBA_DATA_FILES	列出表空间所包含的数据文件信息
V$TEMPFILE	列出临时表空间所包含的临时文件信息
DBA_TEMP_FILES	列出临时表空间所包含的临时文件信息
DBA_USERS	列出所有用户的默认表空间和默认临时表空间
DBA_TS_QUOTAS	列出为所有用户分配的表空间存储空间限额

【例 6.1】　下面语句查询 V$TABLESPACE,查看数据库各个表空间及其相应的 ID。

```
SQL>   SELECT ts#, name FROM v$tablespace;
      TS# NAME
   -------- --------------------
        0 SYSTEM
        1 SYSAUX
        2 UNDOTBS1
        4 USERS
        3 TEMP
        6 EXAMPLE
已选择 6 行。
```

【例 6.2】　下面语句查询数据字典 dba_tablespaces,查看数据库内各个表空间及其类型,以及它们的区管理方式、分配类型和段空间管理方法。

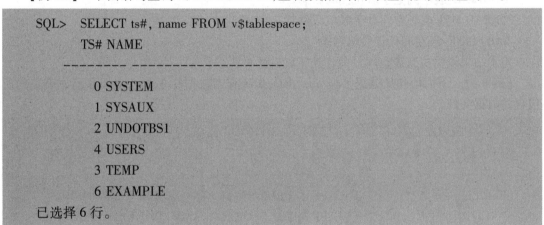

```
SQL> SELECT tablespace_name, contents, extent_management, allocation_type,
      segment_space_management FROM dba_tablespaces;
TABLESPACE_NAME       CONTENTS        EXTENT_MAN   ALLOCATIO  SEGMEN
--------------- ----- ----- ----- ----
SYSTEM                PERMANENT       LOCAL        SYSTEM     MANUAL
SYSAUX               PERMANENT       LOCAL        SYSTEM     AUTO
UNDOTBS1             UNDO            LOCAL        SYSTEM     MANUAL
TEMP                 TEMPORARY       LOCAL        UNIFORM    MANUAL
USERS                PERMANENT       LOCAL        SYSTEM     AUTO
EXAMPLE              PERMANENT       LOCAL        SYSTEM     AUTO
```

从查询结果可以看出,当前数据库内的所有表空间采用本地管理方式,除 TEMP 表空间采用统一分配类型外,其他表空间全部采用自动分配类型。SYSAUX、USERS 和 EXAMPLE 表空间的段空间管理方式为自动,其他表空间为手工管理方式。

【例6.3】 下面语句从数据字典 dba_tablespaces 查询各个表空间的状态。

```
SQL> SELECT tablespace_name, status FROM dba_tablespaces;
TABLESPACE_NAME                    STATUS
------------------- ----
SYSTEM                             ONLINE
SYSAUX                             ONLINE
UNDOTBS1                           ONLINE
TEMP                               ONLINE
USERS                              ONLINE
EXAMPLE                            ONLINE
```

dba_tablespaces 的 STATUS 列具有以下3种可能取值。

①ONLINE:表空间处于联机读写状态。

②READ ONLY:表空间处于联机只读状态。

③OFFLINE:表空间处于脱机状态。

检索结果说明所有表空间目前均处于联机读写状态。

【例6.4】 下面语句从数据字典 dba_data_files 查询数据库永久表空间和还原表空间所包含的数据文件。

```
SQL> SELECT tablespace_name, file_name FROM dba_data_files;
TABLESPACE_NAME      FILE_NAME
---------- --------------------------
USERS                E:\APP\LIZHEN\ORADATA\ORCL\USERS01.DBF
UNDOTBS1             E:\APP\LIZHEN\ORADATA\ORCL\UNDOTBS01.DBF
SYSAUX              E:\APP\LIZHEN\ORADATA\ORCL\SYSAUX01.DBF
SYSTEM              E:\APP\LIZHEN\ORADATA\ORCL\SYSTEM01.DBF
EXAMPLE             E:\APP\LIZHEN\ORADATA\ORCL\EXAMPLE01.DBF
```

查询数据字典 dba_data_files 只能查看数据库永久表空间和还原表空间的数据文件信息,临时表空间包含的临时文件信息存储在数据字典 dba_temp_files 内。

6.2 管理临时表空间

临时表空间主要用于存储以下数据,但用户不能要求在临时表空间内创建对象。

①排序中间结果。

②临时表和临时索引。

③临时 LOB。

④临时 B-树。

6.2.1　创建临时表空间

在默认情况下,每个数据库创建时会创建一个临时表空间 TEMP 并将它设置为数据库的默认临时表空间。例如,在调用 CREATE DATABASE 语句创建 orcl 数据库时,其中的下面子句用于创建和设置默认临时表空间 TEMP。

```
SMALLFILE DEFAULT TEMPORARY TABLESPACE TEMP
TEMPFILE 'D:\oracle\oradata\orcl\temp0l.dbf' SIZE 20M REUSE
AUTOEXTEND ON NEXT 640K MAXSIZE UNLIMITED
```

数据库创建之后,调用 CREATE TEMPORARY TABLESPACE 语句可创建其他临时表空间。该语句的语法格式与 CREATE TABLESPACE 类似,但其中的 DATAFILE 子句改为 TEMPFILE 子句。在创建本地管理临时表空间时区分配类型只能使用统一大小,并且不能指定段空间管理子句。

例如,下面语句创建临时表空间 USRTEMP,区的分配类型设置为统一大小 4 M。如果省略区管理子句,Oracle 数据库仍采用统一分配类型,但默认分配的区大小为 1 M。

```
SQL> CREATE TEMPORARY TABLESPACE USRTEMP
  2    TEMPFILE 'E:\oracle\oradata\usrtemp01.dbf' SIZE 100M REUSE
  3    EXTENT MANAGEMENT LOCAL UNIFORM SIZE 4M;
表空间已创建。
```

从动态性能视图 v$tempfile 和数据字典 dba_temp_files 中可以查询数据库临时表空间及其包含的临时文件信息。例如,下面语句查询当前数据库创建了哪些临时表空间,以及各个临时表空间包含的临时文件。

```
SQL> SELECT tablespace_name,file_name
  2    FROM dba_temp_files;
TABLESPACE_NAME          FILE_NAME
----------    ---------------------------
TEMP                     E:\APP\LIZHEN\ORADATA\ORCL\TEMP01.DBF
USRTEMP                  E:\ORACLE\ORADATA\USRTEMP01.DBF TABLESPACE
```

6.2.2　设置默认临时表空间

与设置默认永久表空间一样,默认临时表空间设置也分为数据库的默认临时表空间和用户的临时表空间。例如,下面语句将上面创建的临时表空间 usrtemp 设置为数据库的默认临时表空间。

```
SQL> ALTER DATABASE DEFAULT TEMPORARY TABLESPACE uflrtemp;
```

又如,下面语句将 temp 设置为 scott 用户的临时表空间。

```
SQL > ALTER USER scott TEMPORARY TABLESPACE temp;
```

设置默认临时表空间之后,对于数据库的默认表空间,用户可以从数据字典 database_properties 中查询。例如:

```
SQL> SELECT property_name,property_value
  2   FROM database_properties
  3   WHERE property_name='DEFAULT_TEMP_TABLESPACE';
PROPERTY_NAME                    PROPERTY_VALUE
---------------                  ---------------------------

DEFAULT_TEMP_TABLESPACE          TEMP
```

而对于各个用户的临时表空间设置,则需要从数据字典 dba_users 查询。例如:

```
SQL> SELECT username,temporary_tablespace
  2   FROM dba_users
  3   WHERE username='SCOTT';
USERNAME                         TEMPORARY_TABLESPACE
---------------                  ---------------------------

SCOTT                            TEMP
```

6.3 还原表空间

Oracle 数据库用户执行 DML 类 SQL 语句操作数据时,第一条成功执行的 DML 语句标志一个事务的开始,事务最终以提交或全部回滚作为结束。

事务处理开始时,Oracle 在 Undo 表空间内为其分配 Undo(还原)段,Oracle 为每个事务只分配一个 Undo 段,但为一个事务所分配的 Undo 段可以同时服务多个事务。

在整个事务处理期间更改数据时,原始(更改之前)数据被复制到还原段,这些就是 Undo(还原)数据。这样用户就可以在改变主意时调用 ROLLBACK 语句,利用 Undo 数据回滚事务(也就是还原对数据库所作的修改)。查询动态性能视图 v$transaction 可以查看 Oracle 为各个事务处理所分配 Undo 段信息。

Undo 段是为了支持事务处理,由实例在 Undo 表空间内自动创建的专用段。像所有段一样,Undo 段由区组成,区又由数据块组成。事务处理会填充其 Undo 段中的区,直至完成了事务处理或占用了所有空间为止。如果填充完区之后还需要更多的空间,事务处理则获取段中下一个区的空间。占用了所有区之后,事务处理会自动转回到第一个区或请求为还原段分配新区。

Undo 数据主要用于以下几个方面。

①回滚事务

用户执行 ROLLBACK 语句或者用户会话异常中止而回退事务时,Oracle 使用 Undo 数据恢复对数据库所作的修改。

②恢复事务

如果事务处理过程中实例崩溃,事务对数据库所作的修改可能已经写入数据库,但事务还没有提交,再次打开数据库时,未提交的事务必须回滚才能使数据库达到一致状态,这种回滚操作是实例恢复的一部分。要使事务恢复成为可能,Undo 数据必须受到 Redo 日志的保护。

③提供读一致性

Oracle 数据库中的查询能够从某个时间点返回一致的结果,即使在查询执行期间所读取数据块中的数据已经被修改或删除,查询使用的每个块中的数据仍全部是那个时间点开始之前的状态。

④闪回查询、闪回事务处理和闪回表

闪回查询是有目的地查找过去某个时间存在的某个版本的数据。只有过去那个时间的还原信息存在,才能成功完成闪回查询。闪回事务处理是用 Undo 信息来创建补偿事务处理,以便回退事务及相关事务处理。闪回表可将表恢复到特定的时间点。

(1)恢复事务

下面以一个例子演示 Oracle 数据库在实例恢复过程中利用 Undo 数据恢复事务。Oracle 数据库中的动态性能视图 v$fast_start_transactions 记录事务的恢复进度。下面使用该视图查看 Oracle 数据库打开过程中对未提交事务的恢复处理。v$fast_start_transactions 视图中的列比较多,在这里需要用到的列见表 6.2。

表 6.2　V$fast_start_transactions 部分列

列　名	描　述
USN	事务的 Undo 段号
STATE	事务的状态,取值可为 TO BE RECOVERED (待恢复)、RECOVERED(恢复完成)或 RECOVERING(恢复中)
UNDOBLOCKSDONE	实例恢复过程中已恢复完成的 Undo 块数
UNDOBLOCKSTOTAL	需要实例恢复的总 Undo 块数

这个例子的设计思想是:首先创建一个表,向其中插入大量的数据,然后在事务未提交的情况下异常关闭数据库。由于在这个事务中插入的数据量巨大,导致实例 SGA 中的数据缓冲区无法容纳它们而将其写入了数据文件。在下次实例启动时就需要回滚这些数据,才能把数据库恢复到一致状态。

这个例子需要打开两个 SQL＊Plus 窗口,第 1 个窗口(执行下面代码中背景为浅灰色部分)执行命令打开数据库过程中做实例恢复,第 2 个窗口(执行下面代码中背景为深灰色部分)在数据库做实例恢复期间查询事务恢复进度。

首先启动第一个 SQL＊Plus,并以 sysdba 身份连接 Oracle 数据库。打开时间显示,以帮助用户了解两个会话中 SQL 语句执行的先后顺序。之后创建表,执行 PL/SQL 语句块插入数据,再异常关闭数据库。

```
SQL> SET TIME ON
09:44:30 SQL> CREATE TABLE t (c INT);
表已创建。

09:47:00 SQL> BEGIN
09:47:37   2    FOR i IN 1..100000 LOOP
09:47:48   3      INSERT INTO t VALUES (i);
09:48:08   4    END LOOP;
09:48:17   5  END;
09:48:18   6  /
PL/SQL 过程已成功完成。
09:48:27 SQL> SHUTDOWN ABORT
ORACLE 例程已经关闭。
```

因为在数据库打开过程中,实例恢复是在从 MOUNT 到 OPEN 阶段实现的,所以先把数据库启动到 MOUNT 状态,等待打开第 2 个 SQL＊Plus 窗口,连接数据库,并输入查询命令:

```
09:50:27 SQL> startup mount
ORACLE 例程已经启动。
Total System Global Area 3390558208 bytes
Fixed Size                    2180464 bytes
Variable Size              2030045840 bytes
Database Buffers           1342177280 bytes
Redo Buffers                 16154624 bytes
数据库装载完毕。
```

```
SQL> set time on
10:01:44 SQL> conn / as sysdba
已连接。
10:01:52 SQL> SELECT usn,state,UNDOBLOCKSTOTAL,
10:02:21   2    ((UNDOBLOCKSDONE * 100)/UNDOBLOCKSTOTAL) AS "done(%)"
10:03:05   3  FROM v$fast_start_transactions
10:03:28   4  ;
```

回到第一个 SQL＊Plus 窗口,执行下面语句打开数据库:

```
10:04:12 SQL> ALTER DATABASE OPEN;
数据库已更改。
```

在第 2 个 SQL＊Plus 窗口内不断执行刚输入的查询语句,从其执行结果可以看出事务恢复的进展情况。

```
10:04:25 SQL> /
        USN   STATE           UNDOBLOCKSTOTAL    done(%)
------------ -------------- ---------------- ----------
          6 RECOVERING            814        7.98525799
10:04:27 SQL> /
        USN   STATE           UNDOBLOCKSTOTAL    done(%)
------------ -------------- ---------------- ----------
          6 RECOVERING            814        69 .8856417
10:04:29 SQL> /
        USN   STATE           UNDOBLOCKSTOTAL    done(%)
------------ -------------- ---------------- ----------
          6 RECOVERED             814          100
```

从上面两个窗口内语句执行的完成时间可以看出,当第二个窗口内事务恢复完成之后,第一个窗口内才显示"数据库已更改",这时数据库才成功打开。

这个例子说明了 Oracle 数据库是如何利用 Undo 数据恢复用户未提交事务的。

（2）读一致性

在 Oracle 数据库中,只要更改数据,就会产生该事务的 Undo 数据。这样 Oracle 数据库内的同一数据在不同时间点会有多个版本(称为多版本模型)。所以在执行查询时,Oracle 不需要对查询的表或数据加任何锁(即读不会阻塞写),它也不关心所要查询的数据当前是否被其他事务锁定(写不会阻塞读),它只看数据是否改变,如果改变,就利用 Undo 段中在不同时间点建立的数据快照实现查询的读一致性。

（3）Undo 与 Redo 的比较

每当更改 Oracle 数据库中的数据时,就会产生该事务的 Redo 数据和 Undo 数据。从字面看,Undo 和 Redo 很相似,但是二者的作用却截然不同。如果需要还原更改和实现读一致性,则需要 Undo 数据。如果由于某种原因而丢失了更改,需要再次执行更改,这时需要用到 Redo 数据。为了能够恢复失败的事务,Undo 数据必须受 Redo 日志的保护。表 6.3 从记录内容、作用等方面比较了 Undo 数据和 Redo 数据之间的异同。

表 6.3　Undo 与 Redo 的比较

比较项	Undo	Redo
记录内容	怎样还原更改	怎样重新创建更改
作用	支持回滚、读一致性、闪回	支持前滚
存储位置	Undo 表空间内的 Undo 段中	重做日志文件
避免	出现读不一致	数据丢失

6.4 数据文件管理

数据文件是物理操作系统文件,它们存储数据库内的所有逻辑结构数据。Oracle 数据库为每个数据文件分配以下两个文件号用于唯一地标识各个文件。

①绝对文件号:唯一标识数据库内的各个数据文件。动态性能视图 V＄DATAFILE 和 V＄TEMPFILE 中的 FILE#列,以及数据字典 DBA_DATA_FILES 和 DBA_TEMP_FILES 中的 FILE_ID 列给出了各个数据文件的绝对文件号。在有关数据文件操作的 SQL 语句中,可以直接使用绝对文件号代替文件名(如用户在前面执行 RECOVER DATAFILE 语句时就使用了绝对文件号)。

②相对文件号:唯一地标识表空间内的各个数据文件。对于中小规模数据库而言,相对文件号通常与绝对文件号相同。但当数据库内的数据文件数量超过一定的阈值(通常是 1 023)之后,相对文件号则与绝对文件号不同。在 BIGFILE 表空间内,相对文件号总是 1 024(OS/390 平台上是 4 096)。动态性能视图 V＄DATAFILE 和 V＄TEMPFILE 中的 RFILE#列,以及数据字典 DBA_DATA_FILES 和 DBA_TEMP_FILES 中的 RELATIVE_FNO 列给出了各个数据文件的相对文件号。

例如,下面语句从数据字典 dba_data_files 中检索数据库内各个表空间包含的数据文件,以及数据文件的绝对文件号和相对文件号,从检索结果可以看出,二者完全相同。

```
SQL>   SELECT tablespace_name,file_name,file_id, relative_fno
  2    FROM dba_data_files
  3    ORDER BY file_id;
TABLESPACE_NAME    FILE_NAME                                FILE_ID RELATIVE_FNO
---------- -------------------------- -------- ------

SYSTEM      E:\APP\LIZHEN\ORADATA\ORCL\SYSTEM01.DBF      1   1
SYSAUX      E:\APP\LIZHEN\ORADATA\ORCL\SYSAUX01.DBF      2   2
UNDOTBS1    E:\APP\LIZHEN\ORADATA\ORCL\UNDOTBS01.DBF     3   3
USERS       E:\APP\LIZHEN\ORADATA\ORCL\USERS01.DBF       4   4
EXAMPLE     E:\APP\LIZHEN\ORADATA\ORCL\EXAMPLE01.DBF     5   5
```

6.4.1 为表空间添加数据文件

在 Oracle 数据库中,可以调用多条 SQL 语句为表空间创建或添加数据文件,这些语句见表 6.4,其中包含前面使用过的 CREATE DATABASE 语句和 CREATE TABLESPACE 等语句。

表 6.4 创建和添加数据文件相关的 SQL 语句

SQL 语句	描 述
CREARE DATABASE	创建数据库时创建相关的数据文件
ALTER DATABASE… CREATE DATAFILE	在原来的数据文件丢失而又没有任何备份的情况下使用该语句在旧文件位置处创建一个新的空数据文件。创建之后必须在新文件上执行介质恢复，使其回到旧文件丢失时的状态
CREATE TABLESPACE	创建表空间时创建构成表空间的数据文件
ALTER TABLESPACE… ADD DATAFILE	向表空间添加数据文件
CREATE UNDO TABLESPACE	创建 UNDO 表空间时创建构成 UNDO 表空间的数据文件
CREATE TEMPORARY TABLESPACE	创建临时表空间时创建构成临时表空间的临时文件
ALTER TABLESPACE… ADD TEMPFILE	向临时表空间添加临时文件

【例 6.5】 下面语句为前面创建的永久表空间 DEMOTS 添加了一个数据文件。

```
SQL> ALTER TABLESPACE demots
  2        ADD DATAFILE 'D:\ORACLE\ORADATA\ORCL\DEMOA02.DBF'
  3        SIZE 10M REUSE
  4        AUTOEXTEND ON NEXT 2M MAXSIZE UNLIMITED;
```

【例 6.6】 下面语句为前面创建的 Undo 表空间 UNDOTBS2 添加一个数据文件，并禁止该数据文件自动扩展。

```
SQL> ALTER TABLESPACE undotbs2
  2        ADD DATAFILE 'D:\ORACLE\ORADATA\ORCL\UNDOTBS02.DBF'
  3        SIZE 10M REUSE
  4        AUTOEXTEND OFF;
```

【例 6.7】 下面语句为数据库的临时表空间 USRTEMP 添加一个临时文件，但应注意的是，虽然调用的仍是 ALTER TABLESPACE 语句，但使用的是 ADD TEMPFILE 子句，而不是 ADD DATAFILE 子句。

```
SQL> ALTER TABLESPACE USRTEMP
  2        ADD TEMPFILE 'D:\ORACLE\ORADATA\ORCL\USRTEMP02.DBF'
  3        SIZE 10M REUSE;
```

查询数据字典 dba_data_files 和 dba_temp_files，即可看到上面语句添加的数据文件和临时文件。

```
SQL> SELECT tablespace_name,file_name FROM dba_data_files
  2  UNION
  3  SELECT tablespace_name,file_name FROM dba_temp_files
  4  ORDER BY tablespace_name;
TABLESPACE_NAME   FILE_NAME
----------  --------------------------------
DEMOTS      D:\ORACLE\ORADATA\ORCL\DEMOA02.DBF
DEMOTS      D:\ORACLE\ORADATA\ORCL\DEMOA01.DBF
EXAMPLE     D:\ORACLE\ORADATA\ORCL\EXAMPLE01.DBF
SYSAUX      D:\ORACLE\ORADATA\ORCL\SYSAUX01.DBF
SYSTEM      D:\ORACLE\ORADATA\ORCL\SYSTEM01.DBF
TEMP        D:\ORACLE\ORADATA\ORCL\TEMP01.DBF
UNDOTBS1    D:\ORACLE\ORADATA\ORCL\UNDOTBS01.DBF
UNDOTBS2    D:\ORACLE\ORADATA\ORCL\UNDOTBS02.DBF
USERS       D:\ORACLE\ORADATA\ORCL\USERS01.DBF
USRTEMP     D:\ORACLE\ORADATA\ORCL\USRTEMP01.DBF
USRTEMP     D:\ORACLE\ORADATA\ORCL\USRTEMP02.DBF
```

6.4.2 调整数据文件的大小

需要调整 Oracle 数据库表空间的存储容量时,可以采用两种方法:手工调整数据文件的大小,或者打开表空间数据文件的自动扩展功能,使其自动扩展。

(1)手工调整数据文件大小

调用 SQL 语句 ALTER DATABASE,即可手工调整数据文件的大小。例如,下面语句将上面为 Undo 表空间 UNDOTBS2 创建的数据文件扩展到 20 MB。

```
SQL> ALTER DATABASE
  2  DATAFILE 'D:\ORACLE\ORADATA\ORCL\UNDOTBS22.DBF'
  3  RESIZE 20M;
```

执行 ALTER DATABASE 语句既可扩大数据文件,又能缩小数据文件。但在缩小数据文件时不能把它缩小到比其包含的数据量更小的尺寸,否则会导致该语句执行失败。

(2)启用或禁用数据文件自动扩展功能

对于固定大小表空间,Oracle 数据库需要更大的存储空间时,只能采用手工调整数据文件这一方法。这需要 DBA 经常监视数据库存储空间的使用情况,一旦空间不足要及时扩展数据文件的大小,否则会导致数据库挂起。为了避免出现这种错误,在 Oracle 数据库内常常采用自动扩展表空间。

在使用下面语句创建数据文件时,可以用 AUTOEXTEND ON 或 AUTOEXTEND OFF 子句指出启用还是禁用自动扩展功能:

①CREATE DATABASE。
②ALTER DATABASE。
③CREATE TABLESPACE。
④ALTER TABLESPACE。

而对于 SMALLFILE 表空间中的现有数据文件,要启用或禁用自动扩展功能,必须调用 ALTER DATABASE 语句;对于 BIGFILE 表空间,则需调用 ALTER TABLESPACE 语句实现这些操作。

例如,下面代码禁用前一小节中为 DEMOTS 表空间所添加数据文件的自动扩展功能,启用为 UNDOTBS2 表空间所添加数据文件的自动扩展功能。

```
SQL> ALTER DATABASE
  2    DATAFILE ' D:\ORACLE\ORADATA\ORCL\DEMOA02.DBF '
  3    AUTOEXTEND OFF;
数据库已更改。
SQL> ALTER DATABASE
  2    DATAFILE ' D:\ORACLE\ORADATA\ORCL\UNDOTBS02.DBF '
  3    AUTOEXTEND ON NEXT 2M MAXSIZE UNLIMITED;
数据库已更改。
```

数据字典 dba_data_files 和 dba_temp_files 中的 AUTOEXTENSIBLE 列说明数据文件和临时文件是否启用了自动扩展功能。例如,下面语句查询数据库中数据文件是否启用了自动扩展功能。

```
SQL> SELECT tablespace_name, file_name, autoextensible
  2    FROM dba_data_files
  3    ORDER BY tablespace_name;
TABLESPACE_NAME      FILE_NAME                                          AUT
----------  ------------------------------           ----------
DEMOTS      D:\ORACLE\ORADATA\ORCL\DEMOA02.DBF       NO
DEMOTS      D:\ORACLE\ORADATA\ORCL\DEMOA01.DBF       NO
EXAMPLE     D:\ORACLE\ORADATA\ORCL\EXAMPLE01.DBF     YES
SYSAUX      D:\ORACLE\ORADATA\ORCL\SYSAUX01.DBF      YES
SYSTEM      D:\ORACLE\ORADATA\ORCL\SYSTEM01.DBF      YES
UNDOTBS1    D:\ORACLE\ORADATA\ORCL\UNDOTBS01.DBF     YES
UNDOTBS2    D:\ORACLE\ORADATA\ORCL\UNDOTBS02.DBF     YES
USERS       D:\ORACLE\ORADATA\ORCL\USERS01.DBF       YES
```

6.4.3　改变数据文件的可用性

在 6.1.6 小节中介绍了怎样改变表空间的可用性。脱机表空间时,会使其中的所有数据文件脱机,这里介绍怎样改变单个数据文件的可用性。

在下面几种情况下,可能需要改变数据文件的可用性:

①重命名或者移动数据文件。

②需要执行数据文件的脱机备份。

③数据文件缺失或崩溃,这时必须脱机该数据文件才能打开数据库。

④数据文件出现写入错误而被系统自动脱机,解决问题之后,需要联机数据文件。

脱机和联机表空间时使用 ALTER TABLESPACE 语句,而脱机或联机数据文件则需调用 ALTER DATABASE 语句。

(1)非归档模式下脱机数据文件

在非归档模式下,数据文件脱机后不能再重新联机,所以调用 ALTER DATABASE 语句时必须指定 FOR DROP 子句:

ALTER DATABASE DATAFILE '数据文件名' OFFLINE FOR DROP;

但该语句并没有实际删除数据文件,数据文件仍保留在数据字典中。要删除它们,需要调用 ALTER TABLESPACE …DROP DATAFILE 语句或 DROP TABLESPACE …INCLUDING CONTENTS AND DATAFILES 语句。

(2)归档模式下脱机、联机数据文件

在归档模式下,调用 ALTER DATABASE 语句脱机、联机数据文件,其语法格式为

ALTER DATABASE DATAFILE 数据文件名称或文件号{OFFLINE | ONLINE};

例如,下面语句使 DEMOTS 表空间中的一个数据文件脱机。

```
SQL> ALTER DATABASE
  2   DATAFILE 'D:\ORACLE\ORADATA\ORCL\DEMOA02.DBF' OFFLINE;
```

此时用户从动态性能视图 v$datafile 可以查询到该数据文件的状态。例如:

```
SQL> SELECT status FROM v$datafile
  2   WHERE name = 'D:\ORACLE\ORADATA\ORCL \DEMOA02 .DBF';
    STATUS
    --------------
    RECOVER
```

这说明已脱机的数据文件重新联机时首先需要对该数据文件做介质恢复。例如:

```
SQL> RECOVER DATAFILE 'D:\ORACLE\ORADATA\ORCL\DEMOA02.DBF';
完成介质恢复。
```

介质恢复完成后,再执行查询语句,发现数据文件的状态变为 OFFLINE:

```
SQL> SELECT status FROM v$datafile
  2   WHERE name = 'D:\ORACLE\ORADATA\ORCL\DEMOA02.DBF';
    STATUS
    --------------
    OFFLINE
```

这说明完成介质恢复后,方可联机数据文件。例如:

```
SQL> ALTER DATABASE
  2    DATAFILE 'D:\ORACLE\ORADATA\ORCL\DEMOA02.DBF' ONLINE;
数据库已更改。
```

之后再执行上面的查询语句,得到下面结果,说明数据文件已经成功联机。

```
STATUS
--------------
ONLINE
```

6.4.4　重命名和移动数据文件

重命名和移动数据文件实际上是更改数据库控制文件内的文件指针,所以虽然这是两种不同的操作,但所执行的 SQL 语句完全相同。Oracle 数据库允许一次重命名或移动一个或多个数据文件,这些数据文件可以属于同一个表空间,也可以属于不同的表空间。

(1) 重命名和移动单个表空间内的数据文件

重命名或移动单个表空间内的数据文件,首先必须打开数据库,之后执行以下步骤重命名或移动数据文件(以重命名 demots 表空间内的数据文件为例)。

①脱机数据文件所属表空间。

```
SQL> ALTER TABLESPACE demots OFFLINE NORMAL;
```

②使用操作系统命令或工具重命名或者移动数据文件。这里把 demots 表空间包含的两个数据文件 D:\ORACLE\ORADATA\ORCL\DEMOA01.DBF、D:\ORACLE\ORADATA\ORCL\DEMOA02.DBF 分别重命名为 DEMOTS01.DBF 和 DEMOTS02.DBF。

③执行 ALTERTABLESPACE 命令重命名数据文件,更改数据库控制文件中的文件指针:

```
SQL> ALTER TABLESPACE demots
  2    RENAME DATAFILE 'D:\ORACLE\ORADATA\ORCL\DEMOA01.DBF',
  3              'D:\ORACLE\ORADATA\ORCL\DEMOA02.DBF'
  4          TO  'D:\ORACLE\ORADATA\ORCL\DEMOTS01.DBF',
  5              'D:\ORACLE\ORADATA\ORCL\DEMOTS02.DBF';
```

④联机表空间:

```
SQL> ALTER TABLESPACE demots ONLINE;
```

从下面查询结果可以看出已成功重命名 demots 表空间的两个数据文件:

```
SQL> SELECT tablespace_name,file_name
  2    FROM dba_data_files
  3    WHERE tablespace_name='DEMOTS';
TABLESPACE_NAME    FILE_NAME
------------------    ---------------------------------------
```

| DEMOTS | D:\ORACLE\ORADATA\ORCL\DEMOTS01.DBF |
| DEMOTS | D:\ORACLE\ORADATA\ORCL\DEMOTS02.DBF |

（2）重命名和移动多个表空间内的数据文件

如果需要重命名或者移动的多个数据文件分属于不同的表空间,则需按照以下步骤进行操作(这里以重命名表空间 undotbsl 和 undotbs2 的数据文件为例)。

①首先必须把数据库启动到 MOUNT 状态。

②使用操作系统命令或工具重命名或者移动数据文件。这里将 undotbs1 和 undotbs2 表空间包含的数据文件分别重命名为 UNDOTBS1A.DBF、UNDOTBS2A.DBF 和 UNDOTBS2B.DBF。

③执行 ALTER DATABASE 命令重命名数据文件,更改数据库控制文件中的文件指针:

```
SQL> ALTER DATABASE
  2   RENAME FILE 'D:\ORACLE\ORADATA\ORCL\UNDOTBS01.DBF ',
  3            'D:\ORACLE\ORADATA\ORCL\UNDOTBS02.DBF ',
  4            'D:\RACLE\ORADATA\ORCL\UNDOTBS22.DBF '
  5       TO 'D:\ORACLE\ORADATA\ORCL\UNDOTBS1A.DBF ',
  6            'D:\ORACLE\ORADATA\ORCL\UNDOTBS2A.DBF ',
  7            'D:\ORACLE\ORADATA\ORCL\UNDOTBS2B.DBF ';
```
数据库已更改。

④打开数据库,供用户访问:

```
SQL > ALTER DATABASE OPEN;
```
表空间已更改。

从下面查询结果可以看出,上面语句已成功重命名数据库两个 Undo 表空间内的 3 个数据文件。

```
SQL>  SELECT tablespace_name,file_name
  2   FROM dba_data_files
  3   WHERE tablespace_name LIKE ' UNDOTBS%';
TABLESPACE_NAME FILE_NAME
------- -----------------------------
UNDOTBS1        E:\APP\LIZHEN\ORADATA\ORCL\UNDOTBS1A.DBF
UNDOTBS1        E:\APP\LIZHEN\ORADATA\ORCL\UNDOTBS2A.DBF
UNDOTBS1        E:\APP\LIZHEN\ORADATA\ORCL\UNDOTBS2B.DBF
```

6.4.5 删除数据文件

调用 DROP TABLESPACE 语句删除表空间时可以删除表空间内的所有数据文件,如果只需删除单个数据文件或者临时文件,则需调用 ALTER TABLESPACE 语句,其语法格式为:

ALTER TABLESPACE 表空间 DROP DATAFILE '数据文件名';

ALTER TABLESPACE 临时表空间 DROP TEMPFILE '临时文件名';

例如,下面语句分别删除永久表空间 demots 和临时表空间 usrtemp 内的一个数据文件:

```
SQL> ALTER TABLESPACE demots
  2    DROP DATAFILE 'D:\ORACLE\ORADATA\ORCL\DEMOTS02.DBF';
表空间已更改。
SQL> ALTER TABLESPACE usrtemp
  2    DROP TEMPFILE 'D:\ORACLE\ORADATA\ORCL\USRTEMP02.DBF';
表空间已更改。
```

调用 ALTER DATABASE 语句也可以删除临时文件。例如,下面语句和前一条语句的作用相当。

```
ALTER DATABASE
TEMPFILE 'D:\ORACLE\ORADATA\ORCL\USRTEMP02.DBF'
DROP INCLUDING DATAFILES;
```

调用 ALTER TABLESPACE 语句删除数据文件或临时文件时,Oracle 不仅删除数据字典和控制文件内对这些文件的引用,而且还从文件系统中物理删除这些文件。

ALTER TABLESPACE 语句删除数据文件时,要注意下面一些限制:

①数据库必须处于 OPEN 状态。

②所要删除的数据文件必须为空,即其中没有分配任何区。

③不能删除表空间内的第一个数据文件或唯一的数据文件。

④不能删除只读表空间和 SYSTEM 表空间内的数据文件。

⑤不能删除本地管理表空间内已脱机的数据文件。

本章小结

本章介绍了 Oracle 数据库表空间和数据文件管理。Oracle 数据库表空间分为永久表空间、Undo 表空间和临时表空间 3 种。

永久表空间用于存储系统和用户数据,如有关数据库内对象定义的数据字典数据,以及用户表中的数据和索引数据等;Undo 表空间专门由于存储 Undo 数据,这些数据用于执行回滚操作、支持读一致性和 Oracle 数据库的闪回功能;临时表空间用于存储查询排序的中间结果、临时表等数据。

在创建表空间时,可以指定表空间中存储空间的分配方式以及段存储空间管理方式。Oracle Database 强烈建议使用本地管理表空间和自动段空间管理,以简化 DBA 的管理操作。

表空间的存储空间由数据文件提供。每个表空间由一个或多个数据文件组成,当表空间的存储空间用尽之后,可以通过扩展数据文件的大小,或者添加更多数据文件方法来增加表空间的存储空间。

总 结

一、填空题

1.Oracle 数据库表空间分为＿＿＿＿＿＿、＿＿＿＿＿＿和＿＿＿＿＿＿ 3 种。

2.Oracle 数据库段空间管理方式分为＿＿＿＿＿＿和＿＿＿＿＿＿两种。

3.Oracle 数据库中的段分为＿＿＿＿＿＿、＿＿＿＿＿＿、＿＿＿＿＿＿和 4 种。

4.Oracle 数据库表空间内区分配管理方式包括＿＿＿＿＿＿和＿＿＿＿＿＿两种,Oracle 建议采用＿＿＿＿＿＿方式。

二、简答题

1.简述 Oracle 数据库的表空间的分类,以及各种表空间的作用。

2.简述 Oracle 数据库的逻辑存储结构包含哪些内容,以及各部分的作用。

三、实训题

1.请创建一个表空间 test,其中包含一个数据文件,数据文件初始大小为 5 MB,不允许自动扩展。之后修改表空间,为其添加一个数据文件,该文件初始大小为 3 MB,并且允许自动扩展。

2.请创建一个名为 try 的临时表空间。

3.请创建一个名为 BIGSPACE 的大文件表空间。

第 7 章
安全管理

数据库中保存了大量的数据,有些数据对企业是极其重要的。因此,数据库系统必须具备完善、方便的安全管理机制。本章包括以下知识点:

- 掌握如何创建与管理用户。
- 掌握如何进行用户权限分配。
- 掌握角色的创建与权限分配。

7.1　用户管理

对于数据库系统而言,保障数据安全至关重要。Oracle 数据库系统提供了以下几方面基本安全控制措施。

（1）用户身份认证

对连接系统的用户进行身份识别,限制只有系统合法用户才能与数据库建立连接。

（2）数据库操作授权

连接到数据库管理系统的用户只有通过严格授权,才能执行相应的操作。

除了以上措施之外,Oracle 数据库还提供网络加密、透明数据加密、标签安全、审计等安全措施,限于篇幅,本书只介绍基本的安全管理措施。

7.1.1　数据库系统用户及身份验证

数据库管理员和最终用户是配置、管理和使用数据库系统的主要人员。不同人员群组的工作范围和职责有所不同。

（1）系统管理员（DBA）

数据库的系统管理员（DBA）是一个非常重要的角色,数据库系统的正常和高效率运行,很大程度上依赖于系统管理员所做的工作。系统管理员可以是一个或多个人,且具有较高的权限,全面管理、监督和配置数据库系统,其具体的工作主要包括下述几个方面。

1）参与确定数据库中的信息内容和结构

DBA 要参与数据库设计的全部过程,并和系统分析员、应用程序员、最终用户密切合作,确定数据库中要存放哪些信息,结构如何设计。

2)参与确定数据库存储结构和存取策略

DBA 要根据最终用户的要求和具体情况,决定数据库中数据的存储结构和存取策略等,以便最大限度地提高系统的性能和存储空间的利用率。

3)定义数据的安全性要求和完整性约束

DBA 负责建立数据库系统的用户,以及为不同的用户设定详细的存取权限、数据的保密级别和完整性约束条件,保证数据库的安全。

4)监控数据库的使用和运行

在数据库系统运行过程中,DBA 要随时监控系统的运行情况,及时处理运行过程中出现的各种问题。如果系统发生软、硬件故障,DBA 要在最短的时间内进行分析、排查,保证系统的畅通。另外,DBA 要采用一定的备份策略,定期进行数据转储,并及时跟踪和维护系统日志等。如果数据库遭到损坏,DBA 必须尽快将数据库恢复到正确状态,使前台的日常业务逻辑不致受到大的影响。

5)负责数据库的结构重组和性能改进

数据库系统在运行一段时间后,随着数据量的不断增加,系统的效率会有所降低。DBA 要在系统运行期间及时跟踪系统的处理效率、空间利用率等指标,并进行记录和分析,根据系统的软硬件环境以及个人的工作经验,对数据库进行整理和重组,以提高系统的性能。但需注意:整理和重组的过程不能影响最终用户对系统的正常使用。

(2)最终用户

最终用户即最终使用数据库系统的人员。最终用户不直接操作数据库,但可以通过应用程序的界面与数据库进行交互,间接存取数据。

最终用户一般分为下述 3 类。

1)偶然用户

偶然用户不经常访问数据库,每次访问可能只着重于某些特定的数据库信息。这些用户一般是企业或单位的中高级管理人员。

2)简单用户

数据库中的绝大多数最终用户都是简单用户,这些用户通过使用应用程序的界面存取数据库,可能的操作是查询、插入或修改数据库记录。例如,ERP 系统中的仓库管理员就属于此类用户。

3)复杂用户

复杂用户包括一些具有特殊技术背景最终用户。这些用户一般都比较熟悉数据库管理系统的功能和结构,也比较熟悉具体的需求,可以直接使用数据库语言访问数据库,利用数据库接口编写自定义的应用程序等。

(3)Oracle 用户身份验证

Oracle 用户要连接到数据库管理系统中,主要通过下述 3 种方式进行身份认证方式。

①数据库身份认证:数据库用户口令以加密方式保存在数据库内部。

②外部身份认证:用户的账户由 Oracle 数据库管理,但口令管理和身份验证由外部服务(操作系统或网络服务)完成。登录时,不输入用户名和口令,而直接从外部服务中获取当前用户的登录信息。

③全局身份认证：使用网络中的安全管理服务器（Oracle Enterprise Security Manager，全局范围管理用户的组件）对用户进行身份认证。

细心的读者会发现，在连接到 Oracle 数据库管理系统的 sqlplus 时，通常可以采用以下 3 种方式登录：

sqlplus / as sysdba	操作系统认证—外部身份认证
Sqlplus sys/system as sysdba	密码文件认证—数据库身份认证
Sqlplus sys/system@ orcl as sysdba	密码文件网络认证—全局身份认证

这 3 种登录方式刚好验证了 3 种身份认证方式。从数据库系统和操作系统原理来看，既然数据库管理系统可以通过不同的方式进行身份认证，那么就存在着相应的文件来告诉数据库管理系统应该采取哪种方式来进行认证，因此关键是需要知道 Oracle 数据库采用操作系统 OS 认证还是采用密码文件认证，或者两种都支持，这时需要通过 sqlnet.ora 这个文件来配置网络连接时所使用的连接方式，sqlnet.ora 文件在 $Oracle_home\NETWORK\ADMIN 下。

在网络配置文件 sqlnet.ora 文件中对参数" SQLNET.AUTHENTICATION_SERVICES ="进行设置，主要有以下 3 个值进行选择：

①all ：对 Linux 系统，支持 OS 认证和密码文件认证。对 Windows 系统，实际实验是不支持此参数，验证失败。

②nts ：用于 Windows 平台，此设置表示支持 OS 认证。

③None：此设置值在 Windows 和 Linux 的作用是一样的，指定 Oracle 只使用密码文件认证。

在 Windows 下，SQLNET.AUTHENTICATION_SERVICES 必须设置为 NTS 才能使用 OS 认证；不设置或者设置为其他任何值都不能使用 OS 认证。

SQLNET.AUTHENTICATION_SERVICES =（NTS）　　基于操作系统验证；
SQLNET.AUTHENTICATION_SERVICES =（NONE）　基于 Oracle 密码文件验证
SQLNET.AUTHENTICATION_SERVICES =（NONE,NTS）　二者并存，注意是半角，否则不识别

在 sqlnet.ora 中配置了参数是操作系统 OS 认证方式就可以对 Oracle 用户属于 DBA 组不使用密码登录，比如 sys 和 system 用户就可以免密码登录。

如果要采用密码文件认证，这时还需要考虑 spfile 参数文件中 remote_login_passwordfile 参数设置，该参数有以下 3 种值：

①none ：不使用密码文件认证。

②exclusive ：要密码文件认证，自己独占使用（默认值）。

③shared ：要密码文件认证，不同实例 dba 用户可以共享密码文件。

要使用密码文件设置，该参数就不能使用 none。

在 Windows 操作系统下，密码（口令）文件默认的位置是 $Oracle_HOME\database 目录，默认的文件名是 pwd<Oracle_SID>.ora；在 Unix/linux 操作系统下，密码文件默认的位置是 $Oracle_HOME/dbs 目录，默认的文件名是 orapw<Oracle_SID>。

Oracle 身份认证的基本顺序为：先由 sqlnet.ora 中 SQLNET.AUTHENTICATION_SERVICES 的设置值来决定是使用 OS 认证还是密码文件认证；如果使用密码文件认证的话就要看后面

两个条件了:设置 pfile 文件中的 REMOTE_LOGIN_PASSWORDFILE 参数设置为非 NONE 而且密码文件 orapw$SID(Linux) ｜ PWD$SID.ora(Windows)存在的话就能正常使用密码文件认证,否则将会失败。

如果密码文件丢失或损坏,则可以通过 OS 方式登录之后,重新创建密码文件,命令如下:

Orapwd　file =<> password =<> entries =<max_users>［force =y/n］［ignorecase = y/n］
File =文件名
Password =XXX　（不加引号）
Entries =5　　文件中最多记录的账户数量
Force =y　　如果已有这个文件,可以覆盖
Ignorecase 11g 新增属性,可以忽略密码的大小写
如:orapwd file =orapworcl password =Oracle force =y

7.1.2　Oracle 用户管理

数据库应用程序要访问 Oracle 数据库,首先必须使用数据库内定义的有效用户名建立与 Oracle 数据库实例的连接。Oracle 数据库的有效用户包括两种:一种是系统预定义用户,如 sys 和 system 等;另一种是根据需要而建立的数据库用户。常见的 Oracle 初始用户有以下几个:

①SYS:是数据库中具有最高权限的数据库管理员,可以启动、修改和关闭数据库,拥有数据字典。

②SYSTEM:是一个辅助的数据库管理员,不能启动和关闭数据库,但可以进行其他一些管理工作,如创建用户、删除用户等。

③SCOTT:是一个用于测试网络连接的用户,其口令为 TIGER。

④PUBLIC:实质上是一个用户组,数据库中任何一个用户都属于该组成员。要为数据库中每个用户都授予某个权限,只需把权限授予 PUBLIC 就可以了。

sys 和 system 这两个用户默认被授予了 DBA 权限。sys 用户是一个特殊的用户,它只能以 SYSDBA 身份登录,而不能像其他用户那样以普通用户身份登录。任何用户被授予 SYSDBA 权限后,在以 SYSDBA 身份登录 Oracle 数据库实例后,均连接到 SYS 模式,而不是自己原来的模式。

(1)创建用户

CREATE USER 用户名
IDENTIFIED ｛ BY 口令｜ EXTERNALLY ｜ GLOBALL ｝
［PASSWORD EXPIRE］
［ACCOUNT ｛LOCK ｜ UNLOCKl｝］
［TEMPORARY TABLESPACE 表空间］
［DEFAULT TABLES PACE 表空间］
［ QUOTA ｛ 整数［ K ｜ M］｜ UNLIMITED ｝ ON 表空间
［QUOTA ｛ 整数［ K ｜ M］｜ UNLIMITED ｝ ON 表空间]...］
［PROFILE 概要文件］;

在 CREATE USER 语句中：

①首先必须为每个数据库用户指定一个唯一的用户名，用户名不能超过 30 个字节，不能包含特殊字符，而且必须以字母开头。

②IDENTIFIED 子句是 CREATE USER 语句中唯一一个必须输入的子句，它指出对该用户所使用的验证方法，可以使用的验证方法包括数据库口令验证、外部验证和全局验证 3 种。

③PASSWORD EXPIRE 子句指出用户在首次登录后口令立即失效，强制要求用户必须立即修改口令才能执行后续操作。

④ACCOUNT 子句指出所创建用户的账户状态是锁定（ACCOUNT LOCK）还是开放（ACCOUNT UNLOCK），默认时，所创建的用户处于开放状态，用户账户被锁定后无法再连接数据库。

⑤TEMPORARY TABLE SPACE 子句为用户指定临时表空间，用户可以在其上创建临时对象，临时表空间没有限额设置。

⑥DEFAULT TABLE SPACE 子句为用户指定默认表空间，但要注意，具有默认表空间并不意味着用户在该表空间上具有创建对象的权限，也不意味着用户在该表空间上具有用于创建对象的空间限额，这两项需要另外单独授权和设置。

⑦QUOTA 子句指出在指定表空间上可为用户分配的存储空间限额。

⑧PROFILE 子句为用户指定概要文件，以限制分配给用户的数据库资源量。

【例 7.1】 以管理员登录，创建用户 zhang，该用户采用数据库口令认证方式，强制要求首次登录时必须修改口令，将其默认表空间和临时表空间分别设置为 USERS 和 TEMP，并在 USERS 表空间上为其分配 10 M 空间限额。

```
SQL > CREATE USER zhang
2          IDENTIFIED BY Zhang123
3          PASSWORD EXPIRE
4          DEFAULT TABLESPACE users
5          QUOTA 10M ON users
6          TEMPORARY TABLESPACE temp;
```

（2）查看用户

数据库管理员要清楚 Oracle 数据库中到底有哪些用户，用户创建好了，就需要查看这些用户的基本情况，因此要熟悉存储用户相关信息的数据字典，如下所示：

①ALL_USERS：包含数据库所有用户的用户名、用户 ID 和用户创建时间。

②DBA_USERS：包含数据库所有用户的详细信息。

③USER_USERS：包含当前用户的详细信息。

④DBA_TS_QUOTAS：包含所有用户的表空间配额信息。

⑤USER_TS_QUOTAS：包含当前用户的表空间配额信息。

⑥V$SESSION：包含用户会话信息。

⑦V$OPEN_CURSOR：包含用户执行的 SQL 语句信息。

查看数据库所有用户名及其默认表空间。

```
SQL> select username,default_tablespace from dba_users;


USERNAME                        DEFAULT_TABLESPACE
----------------------- ---------------------
RMAN_USER                       RMAN_TBS
ZHANG                            USERS
DBSNMP                          SYSAUX
SYSMAN                          SYSAUX

.......
已选择 41 行。
```

查看数据库中各用户的登录时间、会话号。

```
SQL>   SELECT   SID,SERIAL#,LOGON_TIME,USERNAME FROM V$SESSION;


       SID     SERIAL# LOGON_TIME        USERNAME
------ ------ --------- ---------------------
        1          1 14-3 月 -19
        2          1 14-3 月 -19
        3       2776 29-3 月 -19
        4          4 14-3 月 -19

......
已选择 29 行。
```

(3)修改用户

创建用户后,可以调用 ALTER USER 语句修改用户。ALTER USER 语句的各子句与 CREATEUSER 语句相同,这里不再重复列出。例如,下面语句重新设置刚创建的 zhang 用户的口令,并把其在 USERS 表空间上的限额调整为 5 MB 。

```
SQL > ALTER USER zhang
2            IDENTIFIED BY Oracle123
3            QUOTA 5M ON users;
用户已更改。
```

在 Oracle 11g 中可以使用两种方式修改用户口令,使用 ALTER USER 语句修改当前用户和其他用户的口令:

```
alter user user_name// 将要修改口令的用户名称
identified by new password://是该用户修改后的新口令
```

使用 password 命令修改用户口令,不跟 user 则修改当前用户。

> Password　user　旧密码 新密码

如果临时禁止某个用户访问 Oracle 11g 系统,最好的方式是锁定用户而不是删除用户。锁定被解除之后,该用户就可以正常地访问系统,语法如下:

> alter user user_name account [lock|unlock];
> Lock 表示锁定用户
> Unlock 表示解除用户锁定

如果要删除的用户已经创建了表,需要带参数 cascade:

> drop user user_name[cascade];

7.2　权限管理

权限是执行一种特殊类型的 SQL 语句或存取另一用户的对象的权力。有两类权限:系统权限和对象权限。

(1)系统权限

系统权限是指允许用户在数据库中执行的某些操作,包括创建表、视图、序列、过程、函数或包等,可以在 system_privilege_map 查看所有的系统权限。系统权限可授权给用户或角色。一般来说,系统权限只授予管理人员和应用开发人员,终端用户不需要这些相关功能。

(2)对象权限

对象权限允许用户在特定对象如表、视图、序列、过程、函数或包上执行操作的权利。

用户具有相应的权限后,才能执行对应的操作。用户获得授权的途径有下述 3 种方式。

①自动获得:如用户创建模式对象后自然获得对象上的所有权限。

②直接授权:调用 GRANT 语句把系统权限或对象权限直接授权给用户。

③间接授权:先创建角色,之后把权限授予角色,再让用户加入角色,这样用户通过角色间接获得相应的权限。

7.2.1　系统权限

(1)为用户授予系统权限

使用 grant 语句执行授予系统权限:

> grant system_privilege[,system_privilege]//表示将要授予的系统权限,多个系统权限之间用逗号分开。
> to user_name|public//表示将要授予系统权限的用户
> [with admin option]//选项表示该用户可以将这种系统权限转授权于其他用户

Public:给 PUBLIC 用户组授权,即对数据库中所有用户授权。例如,给系统中所有的用户授予连接权限的代码如下:

> grant create session to public;

利用 system_privilege_map 可以查询到 Oracle 11g 中有 208 个系统权限,在这里列举一些常用系统权限,见表 7.1。

表 7.1　常用系统权限

操　作	数据库对象	说　明
Create	Database, SESSION, procedure, profile, role, sequence,synonym,table,tablespace,user,view	在自己的模式中创建数据库对象
Create any	Index,procedure,sequence,table	在任何用户模式中创建数据库对象
alter	Database, procedure, profile, role, sequence, synonym,table,tablespace,user,view	在自己的模式中修改数据库对象
Alter any	Index,procedure,sequence,table	在任何用户模式中修改数据库对象
drop	Database, procedure, profile, role, sequence, synonym,table,tablespace,user,view,index	在自己的模式中删除数据库对象
Drop any	Index,procedure,sequence,table	在任何用户模式中修改数据库对象
execute	function,package ,procedure	在自己的模式中执行数据库对象
execute any	procedure	执行任何模式的存储过程

例如:利用下面的语句可将相关权限授予用户 zhang:

```
SQL> grant create user,alter user,drop user,create session,create any table to zhang
  2    with admin option;
授权成功。
```

(2)查看系统权限

作为 DBA,需要了解与系统权限相关的数据字典,主要有下述几个。

①dba_sys_privs:列出所有用户和角色的系统权限。

②user_sys_privs:列出当前用户拥有的系统权限。

③session_privs:列出会话当前可以使用的系统权限。

例如,下面语句查询到用户 zhang 当前可以使用的权限有哪些。

```
ZHANG@ orcl > SELECT  *  FROM session_privs;


PRIVILEGE
------------------------
CREATE SESSION
CREATE USER
ALTER USER
DROP USER
```

CREATE ANY TABLE

(3)收回授予的系统权限

使用 revoke 语句收回为用户授予的权限。

revoke system_privilege[，system_privilege] //表示将要收回的系统权限

from user_name　　　　　　　　　//将要收回的系统权限

注意:收回系统权限不会传递。

例如,下面语句撤销 zhang 用户的 execute procedure 权限。

SYS@ orcl > REVOKE create user FROM zhang;

撤销成功。

7.2.2　对象权限

对象权限指访问其他方案对象的权力,用户可以直接访问自己方案的对象,当时如果要访问别的方案的对象,则必须具有对象权限。比如 zhang 用户要访问 HR.COUNTRIES 表(HR方案,COUNTRIES 表),则必须在 COUNTRIES 表上具有对象的权限。

(1)为用户授予对象权限

使用 grant 语句执行授予对象权限:

grant object_privilege[(column_name)]//表示对象权限

on object_name//表示指定的对象名称

to user_name

[with grant option]//表示允许该用户将当前的对象权限转授予其他用户

with admin option// 表示允许该用户将当前的系统权限转授其他用户

dba 用户(sys,system)可以将任何对象上的对象授予其他用户。对象权限可以授予用户、角色和 public。在授予权限时,如果带有 with grant option 选项,则可以将该权限转授予给其他用户。但是要注意,with grant option 选项不能授予给角色。

Oracle 数据库中的对象权限有 20 多种,从数据字典 table_privilege map 中可以查询Oracle 数据库的所有对象权限。常用的对象权限见表 7.2。

表 7.2　常用的对象权限

对象权限 对象	Alter 更改	Delete 删除	Execute 运行	Index 索引	Insert 插入	Read 读	Reference 引用	Select 查询	Update 更新
Directory 目录									
Function 函数			√						
Procedure 子程序			√						
Package 包			√						
DB Object 对象			√						

续表

对象权限 对象	Alter 更改	Delete 删除	Execute 运行	Index 索引	Insert 插入	Read 读	Reference 引用	Select 查询	Update 更新
Library 库			√						
Operator 操作符			√						
Sequence 序列	√							√	
Table 表	√	√		√	√		√	√	√
Type 类型			√						
View 视图	√				√			√	√

例如,以 system 登录,授予用户 tmpuser 对 HR 用户下的 DEPARTMENTS(部门表)的查询权限,然后以用户 zhang 登录对表进行查询。

> SYS@ orcl > grant select on HR.DEPARTMENTS to zhang; //如果登录到 HR 授权,表名就可以省略方案名 HR
> SYS@ orcl > connect zhang/Oracle123;
> zhang@ orcl > Select * from HR.DEP ARTMENTS; //这里的方案名 HR 不能省略

这时就可以成功查询 DEPARTMENTS 表的信息。

特殊权限 all 代表所有的对象权限,可以被授予或撤销。如 table 的 all 权限包括 select、insert、update 和 delete,还有 index、alter 和 reference。

在对象权限的授权过程中,为了对 COUNTRIES 访问权限进行更加精细地控制,可以授予列权限的 select、update 和 delete 权限。

例如,希望 zhang 可以修改 HR.COUNTRIES 表的 COUNTRY_NAME 字段,怎样操作?

> SYS@ orcl > grant update(COUNTRY_NAME) on HR.COUNTRIES to zhang;
> 授权成功。

例如,希望 zhang 可以查询 HR.COUNTRIES 表的 COUNTRY_ID,COUNTRY_NAME 字段,怎样操作?

> SYS@ orcl > grant select on HR.COUNTRIES to zhang;
> 授权成功。

(2)查看对象权限
作为 DBA,需要了解与对象权限相关的数据字典,主要有下述几个。

①dba_tab_privs:列出所有用户的对象权限。

②user_tab_privs:列出当前用户拥有的对象权限。

③dba_col_privs:列出所有用户所有列上的对象权限信息。

④user_col_privs:列出当前用户是对象所有者、授权者或被授权者的列对象权限信息。

在 Oracle 11g 系统中,可以使用 user_tab_privs, user_col_privs 等数据字典视图查看有关

用户和对象权限的信息。

```
SYS@ orcl > desc user_tab_privs
名称
Grantee      //接受权限的用户
Owner        //对象的所有者
Table_name   //对象权限的目标对象
Grantor      //授予权限的用户
Privilege    //对象权限
Grantable
hierarchy
```

(3)收回授予的对象权限

使用 revoke 语句收回已经授予某个用户的对象权限,使用 revoke 语句收回对象权限的语法:

```
revoke object_privilege   //表示对象权限
on object_name            //表示指定的对象名称
from user_name            //表示将要授权限的目标用户名称
```

收回对象权限可以由对象的所有者来完成,也可以由 dba 用户(sys、system)来完成。

例如,以 system 登录,收回用户 zhang 对 HR.COUNTRIES 表的查询权限。当然,也可以登录到 HR 用户,让它来进行收回对象权限。

```
SYS@ orcl >revoke select on HR.COUNTRIES from zhang;
撤销成功。


SYS@ orcl >connect zhang/Oracle123;


zhang@ orcl >Select * from hr.countries;
Select * from hr.countries
                    *
第 1 行出现错误:
ORA-01031:权限不足
```

这时,查询语句就会报错,提示没有权限,说明撤销成功。

撤销对象权限时应注意下述几点。

①用户具有的对象权限只能由授予者或 dba 收回。

②当多个用户向用户 A 授予相同的对象权限后,如果只是其中一个或部分用户从 A 收回了该对象权限,那么 A 用户仍然具有这个对象权限。只有当授予该对象权限的所有用户撤销用户 A 的这一对象权限后,A 才失去该权限。这一点与撤销系统权限不同:只要有一个用户撤销了用户的系统权限,他就不再具有该权限。

③如果只是想收回 WITH GRANT OPTION 子句授予的管理对象权限的权力,而保留执行对象权限的能力,则只能先调用 revoke 语句撤销该对象权限,然后再使用不带 WITH GRANT OPTION 子句的 GRANT 语句授予用户该项对象权限的执行权力。

④如果使用 WITH GRANT OPTION 子句向用户 A 授予了某项对象权限,A 又将该项权限授予了用户 B,当收回用户 A 的这项对象权限时,用户 B 的该对象权限也一并被收回。

7.3 角色管理

角色是一组相关权限的集合。DBA 可以使用角色为用户授权,也可以从用户收回角色。由于一个角色可以具有多种权限,因此在授权时可以一次授予用户多种权限,同时,还可以将同一个角色授予不同的用户。与 7.3 节介绍的直接授权相比,使用角色间接授权可以大大简化 DBA 对权限的控制与管理。在实际应用中 DBA 并不是一次一个地将权限直接授予一个用户,而是先创建角色,给该角色授予一些系统和对象权限,然后在将该角色授予多个用户,如图 7.1 所示。

Oracle 数据库角色包含下述特点。

①一个角色可拥有多种系统权限和对象权限,一个角色也可以授权给其他角色,但不能授予它自己,即使间接授予也不行。例如,角色 r1 不能授予 r1,如果角色 rl 已经授予了了角色 r2,这时就不能再把 r2 授予 r1,否则会间接把角色 rl 授予自身。

②角色授予 grant 与收回 revoke 语句同系统权限的授予与收回命令相同。角色可

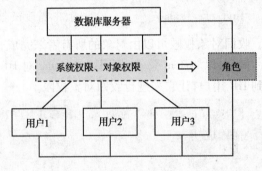

图 7.1 角色管理

以授权给任何数据库用户,授权给用户的每一角色可以被激活或禁止,还可以设置密码。只有当角色被激活以后,该角色的权限才包含在激活它的用户的权限域中,这样可以让用户选择要使用的权限。

③角色不是模式对象,它不包含在任何模式中,角色在数据字典中有各自的描述。

7.3.1 常见预定义角色

预定义角色是在数据库安装后,系统自动创建的一些常用的角色。角色所包含的权限可以用以下语句查询:

```
SYS@ orcl >select * from dba_roles;
ROLE                          PASSWORD AUTHENTICAT
------------------  ------  -------
CONNECT                       NO      NONE
RESOURCE                      NO      NONE
DBA                           NO      NONE
```

SELECT_CATALOG_ROLE	NO	NONE

……

已选择 55 行。

在实际应用中,建议尽量不要使用预定义角色,而通过直接授权或自定义角色方式为用户授权,因为 Oracle 数据库在未来版本中可能更改或删除为预定义角色定义的权限。例如,CONNECT 角色在前期版本中有多种权限,而在 Oracle Database 11g 中只剩下 CREATE SESSION 权限。下面简单介绍一下 Oracle 11g 中常见的预定角色所包含的权限,见表 7.3。

表 7.3　常见预定义角色

角色名称	所包含的权限
CONNECT	CREATE SESSION//建立会话
RESOURCE	主要是授予开发人员的 8 个创建权限,包括以下系统权限: CREATE CLUSTER//建立聚簇 　CREATE PROCEDURE//建立过程 　CREATE SEQUENCE//建立序列 　CREATE TABLE//建立表 　CREATE TRIGGER//建立触发器 　CREATE TYPE//建立类型 CREATE INDEXTYPE//创建索引类型 CREATE OPERATOR//创建操作符
DBA	dba 角色具有所有的系统权限,及 with admin option 选项,默认的 dba 用户为 sys 和 system,它们可以将任何系统权限授予其他用户。但要注意的是:dba 角色不具备 sysdba 和 sysoper 的特权(启动和关闭数据库)
IMP_FULL_DATABASE 角色	具有数据库逻辑备份时的数据导出权限,包括: 　EXECUTE ANY PROCEDURE//执行任何操作 　SELECT ANY TABLE//查询任何表
EXP_FULL_DATABASE 角色	具有数据库逻辑备份时的数据导入权限,包括: 　BACKUP ANY TABLE//备份任何表 　SELECT ANY TABLE//查询任何表
DELETE _ CATALOG _ ROLE 角色	具有删除和重建数据字典所需的权限
SELECT _ CATALOG _ ROLE 角色	具有从数据字典查询的权利
EXECUTE _ CATALOG _ ROLE 角色	具有从数据字典中执行部分过程和函数的权利

例如,下面语句查询到预定义角色 resource 具有创建 8 种对象的系统权限。

```
SYS@ orcl > SELECT role , privilege FROM role_sys_privs WHERE role = ' RESOURCE ' ;
ROLE                              PRIVILEGE
---------------- ---------------------------
RESOURCE                          CREATE SEQUENCE

RESOURCE                          CREATE TRIGGER
RESOURCE                          CREATE CLUSTER
RESOURCE                          CREATE PROCEDURE
RESOURCE                          CREATE TYPE
RESOURCE                          CREATE OPERATOR
RESOURCE                          CREATE TABLE
RESOURCE                          CREATE INDEXTYPE
已选择 8 行。
```

执行类似的语句,用户可以查询 dba 角色具有的系统权限,从下面语句的执行结果可以看出 Oracle Database 11g 中定义的 dba 角色具有 202 项系统权限。

```
SYS@ orcl > SELECT role , privilege FROM role_sys_privs WHERE role = ' DBA ' ;
ROLE                              PRIVILEGE
---------------- ---------------------------
DBA                               CREATE SESSION
DBA                               ALTER SESSION
DBA                               DROP TABLESPACE
......
DBA                               CREATE CUBE BUILD PROCESS
DBA                               FLASHBACK ARCHIVE ADMINISTER
已选择 202 行。
```

还可以从 role_tab_privs 和 role_role_privs 中进一步查询 dba 角色所具有的对象权限和其他角色。

7.3.2 用户自定义角色

(1)创建角色
创建角色的用户应该具有 create role 系统权限,调用 SQL 语句 CREATEROLE 创建角色,其语法格式为:

```
Create role role_name
[ NOT IDENTIFIED |
IDENTIFIED {BY 口令| EXTERNALLY

|
```

其中:

①role_name:指出所创建的角色名称,在一个数据库中,每一个角色名不能与所有数据库用户名相同,也不能与其他角色名相同。

②NOT IDENTIFIED:说明该角色使用数据库认证方式,但是在启用(调用 SET ROLE 语句)时不需要口令。

③IDENTIFIED:说明调用 SET ROLE 语句激活角色时,用户必须按指定的方法提供验证。角色验证方法与用户验证一样,可以采用数据库口令验证(使用 BY 子句提供口令)、外部认证和全局认证。

例如,下面创建两个角色 sr_admin、sr_query,它们均采用数据库口令认证方式。

```
SYS@ orcl > CREATE ROLE sr_admin IDENTIFIED BY admin;
角色已创建。


SYS@ orcl > CREATE ROLE sr_query   IDENTIFIED BY query ;
角色已创建。
```

(2)给角色授权

为角色添加权限非常简单,调用 GRANT 语句可以把系统权限、对象权限以及其他角色授予角色。语法格式如下:

```
GRANT [ 系统权限|对象权限] | 角色[ ,...]
    TO  [ 角色 ] | [ PUBLIC] | [ , ]
    [ WITH ADMIN OPTION ];
```

如果将角色授予 PUBLIC,Oracle 数据库将使所有用户可以使用该角色。

上面语句中的 WITH ADMIN OPTION 子句与系统权限授权中的作用一样,它要求把角色的管理权限授予指定的用户或角色。

例如,下面语句分别把系统权限(CREATE SESSION)、对象权限和角色(自定义角色 sr_query 和系统预定义角色 connect) 授予前面创建的两个角色。

```
SYS@ orcl > GRANT CREATE SESSION TO sr_admin; //授予系统权限
授权成功。
SYS@ orcl > GRANT INSERT ,UPDATE ,DELETE ON HR.DEPARTMENTS to sr_admin;
//授予对象权限
授权成功。
SYS@ orcl > GRANT SELECT ON HR.DEPARTMENTS TO sr_query ; //授予系统对象权限
授权成功。
SYS@ orcl > GRANT sr_query TO sr_admin ;   //授予自定义角色
授权成功。
SYS@ orcl > GRANT CONNECT TO sr_query ;   //系统预定义角色
授权成功。
```

(3)管理用户角色

1)向用户授予角色

角色创建和授权之后,要把角色授予用户,才能实现向用户间接授权的目的。向用户授予角色操作与向用户授予系统权限一样,需要调用 GRANT 语句,其语法格式为

```
GRANT 角色 1[ ,角色 2…]
TO {用户 1| 角色 1 | PUBLIC}
[ , {用户 2 | 角色 2}…]
```

```
[WITH ADMIN OPTION];
```

如果将角色授予 PUBLIC,Oracle 数据库将使所有用户可以使用该角色。

上面语句中的 WITH ADMIN OPTION 子句与系统权限授权中的作用一样,它要求把角色的管理权限授予指定的用户或角色。

例如,下面语句把前面创建的 sr_admin 角色授权给用户 zhang。

```
SYS@ orcl> GRANT sr_admin TO zhang;
授权成功。
```

又如,下面语句把前面创建的 sr_query 角色授权给用户 zhang,并同时向其授予该角色的管理权限。

```
SYS@ orcl > GRANT sr_query TO zhang WITH ADMIN OPTION;
授权成功。
```

查询数据字典 user_role_privs 可以了解用户自己目前已加入了哪些角色。例如,用户 zhang 在连接之后执行下面语句,查询到授予自己的两个角色,它们都不是该用户的默认角色。

```
ZHANG@ orcl >   SELECT granted_role,default_role FROM user_role_privs;
GRANTED_ROLE                    DEF
----------------  ---
SR_ADMIN                        NO
SR_QUERY                        NO
```

2)撤销用户角色

角色授予用户或其他角色之后,可调用 REVOKE 语句撤销。例如,下面语句将撤销授予用户 zhang 的角色 sr_query:

```
SYS@ orcl > REVOKE sr_query FROM zhang;
撤销成功。
```

撤销用户角色对已经启用该角色的用户会话没有影响,所以这些用户会话仍可使用被撤销角色的权限进行操作,但该用户之后不能再启用该角色。

3)启用和禁用角色

角色授予用户之后,其默认为禁用状态,这时用户连接之后,还没有获得角色所具有的权

限。用户要想获得授权给角色的权限,需要调用 SET ROLE 语句启用角色。SET ROLE 语句同时还可以禁用角色,其语法格式为:

SET ROLE ｛角色 1［ IDENTIFIED BY 口令］

［,角色 2［ IDENTIFIED BY 口令］］...

｜ ALL ［ EXCEPT 角色 a［,角色 b］...］

｜ NONE ｝;

其中:

①角色 1、角色 2 等指出需要启用的角色,角色使用数据库口令认证时,需要在 IDENTIFIEDBY 子句中提供相应的口令,如果没有为角色设置口令,则无须提供 IDENTIFIEDBY 子句。

②ALL 指出为当前会话启用用户已加入的所有角色,而 ALL EXCEPT 子句指出启用用户已加入角色中除角色 a、角色 b 等之外的所有角色;使用 ALL 或 ALL EXCEPT 子句时要确保所启用的所有角色均没有设置口令,否则将导致该语句执行失败。

③NONE 指出禁用当前会话的所有角色,其中包括用户的默认角色。

例如,用户 zhang 在启用角色之前执行下面语句失败,说明他没有获得角色 sr_query 所具有的权限。

```
ZHANG@ orcl >select  *  from hr.departments;
select  *  from hr.departments
                    *
第 1 行出现错误:
ORA-01031: 权限不足
```

在执行下面语句激活角色 sr_query 之后,通过该角色获得了对 hr.departments 表的查询权限,因此可以执行查询。

```
ZHANG@ orcl > SET ROLE sr_query IDENTIFIED BY query;
角色集
ZHANG@ orcl >SELECT  *  FROM hr.departments;
DEPARTMENT_ID DEPARTMENT_NAME              MANAGER_ID LOCATION_ID
_____ _____ _____ _____

10      Administration                    200        1700
20      Marketing                         201        1800
……
```

这里需要注意的是,我们前面已经撤销了用户 zhang 的 sr_query 角色,为什么还能启用它,并通过它获得对 hr.departments 表的查询权限? 这是因为管理员通过 sr_admin 角色间接把角色 sr_query 授予了用户 zhang。所谓间接角色是指通过授予用户的另一个角色授权给用户的角色。例如,用户把角色 sr_admin 直接授权给用户 zhang,而前面已经把角色 sr_query 授权给了 sr_admin,所以 sr_admin 是用户 zhang 的直接角色,而 sr_query 成为其间接角色。用户在启用直接角色时,会自动随之启用间接角色,这时不需要为间接角色提供认证口令。用户会话不再需要角色所提供的权限时,应该禁用角色。禁用角色不需要再提供口令,如下面语句禁用用户 zhang 当前会话中已启用的所有角色：

```
ZHANG@ orcl > SET ROLE NONE;
角色集
```

4）设置用户默认角色

用户默认角色在用户连接后被自动激活，所以用户不用显式启用角色就可以立即获得它们所具有的权限。使用 ALTER USER 语句设置用户的默认角色，其语法格式为：

ALTER USER 用户 DEFAULT ROLE

{角色1[,角色2...]

| ALL [EXCEPT 角色 a[,角色 b]...]

| NONE}；

上面语句说明把角色 1、角色 2 等设置为用户的默认角色，或者把用户已加入角色中除角色 a、角色 b 等之外的所有角色设置为默认角色。

NONE 选项指出把用户已加入的所有角色设置为非默认角色。

```
SYS@ orcl > ALTER USER zhang DEFAULT ROLE sr_admin;
用户已更改。
```

从下面查询中可以看出上面语句的设置结果：

```
ZHANG@ orcl >SELECT granted_role,default_role FROM user_role_privs;
GRANTED_ROLE                        DEF
------------------------------ ---
SR_ADMIN                            YES
```

这样用户 zhang 在下次连接后将自动激活角色 sr_admin，同样也将自动激活与 sr_admin 相关的间接角色 sr_query。直接获得它具有的权限。

```
ZHANG@ orcl > SELECT * FROM hr.departments;
DEPARTMENT_ID DEPARTMENT_NAME          MANAGER_ID LOCATION_ID
---------- ---------------- -------- ------
    10       Administration               200       1700
    20       Marketing                    201       1800
    ......
```

调用 SET ROLE NONE 语句也可以禁用隐含激活的默认角色。例如：

```
ZHANG@ orcl > SET ROLE NONE;
角色集
```

之后用户 zhang 失去从默认角色继承的对 hr.departments 的查询权限，因此导致下面查询语句失败：

```
ZHANG@ orcl> SELECT * FROM hr.departments;
SELECT * FROM hr.departments
```

```
                          *
第 1 行出现错误：
ORA-00942：表或视图不存在
```

需要注意的是,虽然执行 SET ROLE 语句可以启用和禁用直接角色和间接角色,但调用 ALTER USER 语句设置用户默认角色时,只能把直接角色设置为用户的默认角色,而不能把间接角色设置为用户的默认角色。因此,在执行下面语句时就会产生错误：

```
SYS@ orcl> ALTER USER zhang DEFAULT ROLE sr_query；
ALTER USER zhang DEFAULT ROLE sr_query
  *
第 1 行出现错误：
ORA-01955：DEFAULT ROLE 'SR_QUERY' 未授予用户
```

(4)查询角色信息

Oracle 数据库内所创建的角色,以及与角色授权相关的信息均存储在数据字典内,与角色相关的数据字典见表 7.4。

表 7.4　与角色相关的数据字典

数据字典	描　　述
DBA_ROLES	列出数据库内的所有角色
USER_ROLE_PRIVS	列出授予当前用户的角色
DBA_ROLE_PRIVS	列出数据库内授予所有用户和角色的角色
SESSION_ROLES	列出会话当前已经启用的角色
DBA_CONNECT_ROLE_GRANTEES	列出被授予 CONNECT 权限用户
ROLE_ROLE_PRIVS	列出授予其他角色的角色信息
ROLE_SYS_PRIVS	列出授予角色的系统权限信息
ROLE_TAB_PRIVS	列出授予角色的表权限信息

例如,执行下面语句可以分别查询授予角色 sr_admin 的角色、系统权限和对象权限信息。

```
SELECT * FROM ROLE_ROLE_PRIVS WHERE ROLE='SR_ADMIN'；
SELECT * FROM ROLE_SYS_PRIVS WEHRE ROLE='SR_ADMIN'；
SELECT * FROM ROLE_TAB_PRIVS WHERE ROLE='SR_ADMIN'；
```

又如,下面语句从数据字典 dba_role_privs 查询授予用户 zhang 的角色信息,该字典内各列的作用如下所述。

①GRANTEE:被授予角色的用户或角色名称。

②GRANTED_ROLE:授予的角色名称。

③ADMIN_OPTION：说明授予角色时是否带有 ADMIN OPTION。

④DEFAULT_ROLE：指出该角色是否被指定为用户的默认角色。

```
SYS@ orcl > SELECT  *  FROM dba_role_privs WHERE grantee='ZHANG';

GRANTEE                     GRANTED_ROLE                    ADM    DEF
_____    _____    ___    ___
ZHANG                        SR_ADMIN                          NO      YES
```

(5) 修改和删除角色

创建角色后，调用 ALTER ROLE 语句可以修改角色。ALTER ROLE 语句中的各子句与 CREATE ROLE 语句的相同，这里不再重复列出。例如，下面语句把前面创建的 sr_query 角色从口令认证方式修改为无须口令认证。

```
SYS@ orcl > ALTER ROLE sr_query NOT IDENTIFIED;
角色已丢弃。
```

修改角色对已经启用该角色的用户会话没有影响，它只影响之后所建立的用户会话。调用 SQL 语句 DROP ROLE 可以删除数据库内的角色，其语法格式非常简单：

```
DROP ROLE 角色;
```

在删除角色时，Oracle 将把它从被授予到的所有用户和角色中撤销，并从数据库中删除。删除角色不仅会影响之后所建立的用户会话，还会对已经启用该角色的用户会话立即产生影响。OracleDatabase SQL Language Reference 11g Release 2（11.2）文档中 DROP ROLE 语句说明部分指出删除角色对已经启用该角色的用户会话不会产生影响，而从下面实际操作看，这一说明与事实不符。

```
16:38:09 ZHANG@ orcl > SELECT  *  FROM hr.departments;
DEPARTMENT_ID  DEPARTMENT_NAME                    MANAGER_ID  LOCATION_ID
_____  _____  _____  _____
        10    Administration                        200        1700
        20    Marketing                             201        1800
        30    Purchasing                            200        1700
......
16:38:23 ZHANG@ orcl> DELETE FROM hr.departments where department_id=290;
已删除 1 行。
```

以上语句能够成功执行说明用户 zhang 已经获得了角色 sr_admin 和 sr_query 的权限。接下来，DBA 删除角色 sr_admin。

```
16:43:38 SQL> DROP ROLE sr_admin;
角色已删除。
```

此后，用户 zhang 在不重新登录的情况下执行下面语句失败，说明删除角色 sr_admin 影响到已经启用该角色的用户会话。

```
16:44:44 SQL> DELETE FROM hr.departments where department_id=280;
DELETE FROM hr.departments where department_id=280
                 *
第 1 行出现错误:
ORA-01031: 权限不足
```

但此时,用户 zhang 仍能执行下面查询,这说明虽然删除了角色 sr_admin,但已经建立的
用户会话通过间接角色 sr_query 得到的权限不受 sr_adrnin 删除的影响。

```
16:45:06 SQL> SELECT * FROM hr.departments;
DEPARTMENT_ID DEPARTMENT_NAME                MANAGER_ID LOCATION_ID
------------- ------------------             ---------- -----------
           10 Administration                        200        1700
           20 Marketing                             201        1800
           30 Purchasing                            200        1700
```

接下来,DBA 删除角色 sr_query:

```
16:46:30 SQL> drop role sr_query;
角色已删除。
```

此后,用户 zhang 无法成功执行下面语句,这说明无论角色是用户的直接角色还是间接角
色,只要删除它们,就会对用户立即产生影响(包括已经建立的会话)。

```
16:47:07 SQL> SELECT * FROM hr.departments;
SELECT * FROM hr.departments
               *
第 1 行出现错误:
ORA-01031: 权限不足
```

本章小结

　　本章对数据库安全性控制和措施进行了介绍,Oracle 数据库安全性的含义主要包括两个方
面:一是防止非法用户对数据库的访问(登录);二是限制用户的操作权限(操作)。围绕安全性
的基本措施,本章详细介绍了用户管理、权限管理和角色管理所涉及的命令、数据字典等操作。
通过本章的学习,读者了解了计算机安全性、数据库安全性的概念及安全控制的机制,初步认识
了 Oracle 11g 的安全机制,学会使用常见的命令实现用户管理、权限管理和角色管理。

习　题

一、填空题

1.Oracle 数据库用户口令认证可以采用＿＿＿＿＿＿＿、＿＿＿＿＿＿＿、＿＿＿＿＿＿＿认证等几种方式。

2.Oracle 数据库概要文件主要用于＿＿＿＿＿＿＿、＿＿＿＿＿＿＿等。

3.用户只有拥有＿＿＿＿＿＿＿权限才可能与数据库建立连接。

4.Oracle 数据库中的权限分为＿＿＿＿＿＿＿和＿＿＿＿＿＿＿两种类型,向用户直接授权需调用＿＿＿＿＿＿＿ SQL 语句。

二、实训题

1.某同学在安装 Oracle 服务器时,忘记了密码,应如何登录并设置新密码?

2.以 system 身份登录,创建一个用户名为自己姓名的拼音,口令为学号。默认表空间为example,临时表空间为 temp 的锁定用户。

3.创建一个角色,把创建常用数据库对象(如表、索引、视图、同义词、序列)的权限授予角色。之后,把第二题创建的用户加入该角色,并设置为其默认角色。

4.将 testuser 用户的密码修改为 123456,解锁该用户并删除用户。

5.以 word 的身份登录并创建用户 test,密码为 test,并授权创建会话和创建任何表的权限给 test,可以将系统权限授予其他用户,查看 test 的系统权限。

6.以 system 身份登录,收回 word 的查询 scott 用户的 dept 表的对象权限,查看 test 的对象权限是否被收回。

7.查看 scott 用户有哪些角色,并查询每个角色所拥有的系统权限和对象权限。

8.创建一个角色 myrole,密码为 myrolepwd,将角色 myrole 授予 connect, resource 和unlimited tablespace 权限。将用户 test 指定为角色 myrole。

9.删除角色 myrole 后,查看 test 拥有的系统权限和对象权限。

第 **8** 章
备份与恢复

数据库的备份和恢复是学习数据库的基本功能,备份是保存数据库的副本,恢复就是把以前从数据库中备份的文件还原到数据库中。本章将学习如何备份与恢复 Oracle 数据库,包括以下知识点:

- 了解关于备份与恢复的概述。
- 掌握如何使用 RMAN 工具进行备份。
- 掌握如何使用 RMAN 工具进行完全恢复和部分恢复。

本章内容基本涵盖了备份和恢复数据库的操作方法。通过本章的学习,读者可以熟练地进行备份和恢复数据库操作。

8.1 数据库备份和恢复概述

为了保证数据库的高可用性,Oracle 数据库提供了备份与恢复机制,以便在数据库发生故障时完成对数据库的恢复操作,避免损失重要的数据资源。

丢失数据可以分为物理丢失和逻辑丢失。物理丢失是指操作系统的数据库主键(如数据文件、控制文件、重做日志文件及归档日志文件等)丢失。引起物理丢失的原因可能是磁盘驱动器损毁,也可能是有人意外删除了一个数据文件或者修改了关键数据库文件而造成配置变化。逻辑丢失是指例如表、索引和表记录等数据库主键的丢失。引起逻辑数据丢失的原因可能是有人意外删除了不该删除的表、应用程序出错或者在 DELETE 语句中使用了不适当的 WHERE 子句等。

针对上面分析的两种情况,Oracle 系统能够实现物理数据备份与逻辑数据备份。虽然这两种备份模式可以相互替代,但是在备份计划内应有必要包含两种模式,以避免数据丢失。物理数据备份主要针对如下文件备份。

①数据文件。

②控制文件。

③归档重做日志。

物理备份通常按照预定的时间间隔运行以防止数据库的物理丢失。当然,如果想保证把系统恢复到最后一次提交时的状态,必须以物理备份为基础,同时还必须有自上次物理备份以来累积的归档日志与重做日志。

备份一个 Oracle 数据库有 3 种标准方式,即导出、脱机备份和联机备份。导出方式是数据库的逻辑备份,常用的工具有 EXP 和 EXPDP;其他两种备份方式都是物理文件备份,常用的工具有 RMAN。

物理备份只是复制数据库中的文件,而不管其逻辑内容如何。由于使用操作系统的备份命令,所以这些备份也称为文件系统备份。Oracle 支持两种不同类型的物理文件备份:脱机备份和联机备份。

当数据库正常关闭时,对数据库的备份称为脱机备份。关闭数据库后,可以对如下文件进行脱机备份。

①所有数据文件。

②所有控制文件。

③所有联机重做日志文件。

④参数文件(可选择)。

当数据库关闭时,对所有上述文件进行备份可以得到一个数据库关闭时的完整镜像。以便以后可以从备份中获取整个文件集,并使用该文件集恢复数据库。除非执行一个联机备份,否则当打开数据库时,不允许对数据库执行文件系统备份。

当数据库处于 ARCHIVELOG 模式时,可以对数据库执行联机备份。联机备份时需要先将表空间设置为备份状态,然后备份其他数据文件,最后将表空间恢复为正常状态。数据库可以从一个联机备份中完全恢复,并且可以通过归档的重做日志恢复到任意时刻。数据库打开时,可以联机备份如下文件。

①所有数据文件。

②归档的重做日志文件。

③控制文件。

联机备份具有两个优点:第一,提供了完全的时间点恢复;第二,在文件系统备份时允许数据库保持打开状态。因此即使在用户要求数据库不能关闭时也能备份文件系统。保持数据库打开状态,还可以避免数据库的 SGA 区被重新设置。避免内存重新设置可以减少数据库对物理 I/O 数量的要求,从而改善数据库性能。

为了简化数据库的备份与恢复,Oracle 提供了恢复数据管理器执行备份和恢复。

8.2 RMAN 备份恢复工具

导出是数据库的逻辑备份,导入是数据库的逻辑恢复。在 Oracle 11g 中,既可以使用 Import 和 Export 实用程序进行导入/导出,也可以使用新的数据泵技术进行导入/导出。本节介绍如何使用 Import 和 Export 实用程序实现导入/导出功能。

8.2.1 RMAN 的好处

相对于用户管理备份的方法,RMAN 具有下述优点。

①RMAN 可进行增量备份。备份的大小不取决于数据库的大小,而取决于数据库内的活动程度,因为增量备份将跳过未改动的块。用其他办法不能进行增量备份。RMAN 可进行增量导出,但并不认为它是数据库的实际备份。

②RMAN 可联机修补数据文件的部分讹误数据块,不需要从备份复原文件。这称为块介质恢复。

③RMAN 可使人为错误最小化,因为 RMAN(而不是 DBA)记住了所有文件名和位置。掌握了 RMAN 实用程序的使用后,从其他 DBA 那里接受数据库的备份与恢复非常容易。

④RMAN 使用一条简单的命令(如 BACKUP DATABASE)就可以备份整个数据库,而不需要复杂的脚本。

⑤RMAN 的新的块比较特性允许在备份中跳过数据文件中从未使用的数据块备份,从而节省了存储空间和备份时间。

⑥通过 RMAN 可以容易地进行自动化备份和恢复过程。RMAN 还可以自动使备份和恢复会话同时进行。

⑦RMAN 可在备份和恢复中进行错误检查,从而保证备份文件不出现讹误。RMAN 具有在不用使数据文件联机的条件下恢复任意讹误数据块的能力。

⑧与使用操作系统实用应用程序联机备份不一样,RMAN 在联机备份中不生成重做信息,从而降低了联机备份的开销。

⑨RMAN 的二进制压缩特性降低了保存在磁盘上的备份大小。

⑩如果使用恢复目录(CALALOG),可直接在其中存储备份和恢复脚本。

⑪RMAN 可执行模拟备份和恢复。

⑫RMAN 允许进行映像复制,这类似于基于操作系统的文件备份。

⑬RMAN 可方便地与第三方介质管理产品集成,使磁带备份极为容易。

⑭RMAN 与 OEM 备份功能集成得很好,因此可利用一个普通的管理框架对大量数据库方便地安排备份作业。

⑮可利用 RMAN 的功能方便地克隆数据库和维护备用数据库。

这个列表清楚地说明,在面对是使用基于操作系统的备份和恢复技术(用户管理的备份和恢复),还是使用 RMAN 进行备份和恢复时,选择是不言而喻的。因此,本章将对 RMAN 进行大量的讨论。虽然 Oracle 继续让 RMAN 和传统的用户管理备份和恢复方法都合法有效,但建议使用 RMAN。

8.2.2 RMAN 组件基础

RMAN 是执行备份和恢复操作的客户端应用程序。最简单的 RMAN 只包括两个组件:RMAN 命令执行器与目标数据库。DBA 就是在 RMAN 命令执行器中执行备份与恢复操作,然后由 RMAN 命令执行器对目标数据库进行相应的操作。在比较复杂的 RMAN 中会涉及更多的组件,图 8.1 显示了一个典型的 RMAN 运行时所使用的各个组件。

(1)RMAN 命令执行器

RMAN 命令执行器提供了对 RMAN 实用程序的访问,它允许 DBA 输入执行备份和恢复操作所需的命令,DBA 可以使用命令行或图形用户界面(GUI)与 RMAN 进行交互。当开始一个 RMAN 会话时,系统将为 RMAN 创建一个用户进程,并在 Oracle 服务器上启动两个默认进程,分别用于连接目标数据库和监视远程调用。除此之外,根据会话期间执行的操作命令,系统还会启动其他进程。

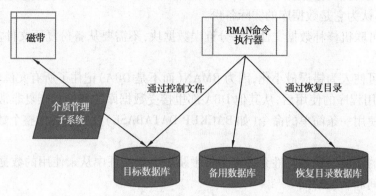

图 8.1 典型的 RMAN 运行时所使用的各个组件

自动启动 RMAN 最简单的方法是从操作系统中运行 RMAN,不为其提供连接请求参数。在运行 RMAN 之后,再设置连接的目标数据库等参数。不指定参数启动 RMAN 的具体步骤如下。

①首先在操作系统上选择"开始"/"运行"命令,当"运行"对话框出现时,在图 8.2 所示的对话框中输入"rman target system/nocatalog"命令,指定当前默认数据库为 RMAN 的目标数据库,然后单击"确定"按钮。

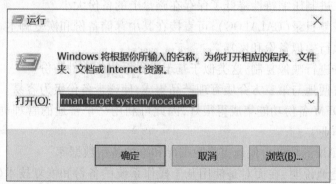

图 8.2 启动 RMAN 工具

②然后在出现"RMAN"提示符窗口后,输入"SHOW ALL"命令,由于 RMAN 连接到了一个目标数据库,所以该命令执行后,可以查看当前 RMAN 的配置,显示信息如图 8.3 所示。

```
RMAN> SHOW ALL;

db_unique_name 为 ORCL 的数据库的 RMAN 配置参数为:
CONFIGURE RETENTION POLICY TO REDUNDANCY 1; # default
CONFIGURE BACKUP OPTIMIZATION OFF; # default
CONFIGURE DEFAULT DEVICE TYPE TO DISK; # default
CONFIGURE CONTROLFILE AUTOBACKUP OFF; # default
CONFIGURE CONTROLFILE AUTOBACKUP FORMAT FOR DEVICE TYPE DISK TO '%F'; # default
CONFIGURE DEVICE TYPE DISK PARALLELISM 1 BACKUP TYPE TO BACKUPSET; # default
CONFIGURE DATAFILE BACKUP COPIES FOR DEVICE TYPE DISK TO 1; # default
CONFIGURE ARCHIVELOG BACKUP COPIES FOR DEVICE TYPE DISK TO 1; # default
CONFIGURE MAXSETSIZE TO UNLIMITED; # default
CONFIGURE ENCRYPTION FOR DATABASE OFF; # default
CONFIGURE ENCRYPTION ALGORITHM 'AES128'; # default
CONFIGURE COMPRESSION ALGORITHM 'BASIC' AS OF RELEASE 'DEFAULT' OPTIMIZE FOR LOAD TRUE ; # default
CONFIGURE ARCHIVELOG DELETION POLICY TO NONE; # default
CONFIGURE SNAPSHOT CONTROLFILE NAME TO 'E:\APP\LIZHEN\PRODUCT\11.2.0\DBHOME_1\DATABASE\SNCFORCL.ORA'; # default
```

图 8.3 查看当前 RMAN 的配置

（2）目标数据库

目标数据库即要执行备份、转储和恢复的数据库。RMAN 将用目标数据库的控制文件收集关于数据库的相关操作,并使用控制文件存储相关的 RMAN 操作信息。另外,实际的备份和恢复操作是由目标数据库执行的。

（3）恢复目录

恢复目录是 RMAN 在数据库上建立的一种存储对象,它由 RMAN 自动维护。当使用 RMAN 执行备份和恢复操作时,RMAN 将从目标数据库的控制文件中自动获取信息,包括数据库结构、归档日志、数据文件备份信息等,这些信息都将被存储到恢复目录中。

（4）介质管理子系统

介质管理子系统主要由第三方提供的介质管理软件和存储设备组成,RMAN 可以利用介质管理软件将数据库备份到类似磁带的存储设备中。

（5）备份数据库

备份数据库是对目标数据库的精确复制,通过不断地由目标数据库生成归档重做日志,可以保持它与目标数据库的同步。RMAN 可以利用备份来创建一个备用数据库。

（6）恢复目录数据库

恢复目录数据库用来保存 RMAN 恢复目录的数据库,它是一个独立于目标数据库的 Oracle 数据库。

8.2.3 分配 RMAN 通道

RMAN 具有一套配置参数,这类似于操作系统中的环境变量,这些默认配置将被自动应用于所有的 RMAN 对话,通过 SHOW ALL 命令可以查看当前所有的默认配置。DBA 可以根据自己的需求,使用 CONFIGURE 命令对 RMAN 进行配置。与此相反,如果要将某项配置设置为默认值,则可以在 CONFIGURE 命令中指定 CLEAR 关键字。

对 RMAN 的配置主要针对其通道进行。RMAN 在执行数据库备份与恢复操作时,都要使用服务器进程,启动服务端进程是通过分配通道来实现的。当服务器进程执行备份和恢复操作时,只有一个 RMAN 会话与分配的服务器进程进行通信,如图 8.4 所示。

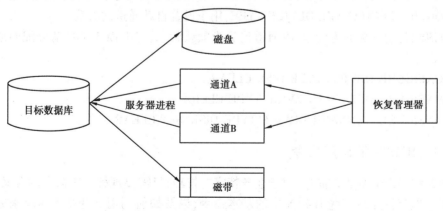

图 8.4 RMAN 通道

一个通道是与一个设备相关联的,RMAN 可以使用的通道设备包括磁盘（DISK）和磁带（TYPE）。通道的分配方法可以分为自动分配通道和手动分配通道。通常情况下,RMAN 在执行 BACKUP、RESTORE 等命令时,DBA 将其配置为自动分配通道。但是,在更改通道设备时,大多数 DBA 都会手动分配需要更改的通道。实际上,如果没有指定通道,那么将使用 RMAN 存储的自动分配通道。

(1)手动分配通道

手动分配通道时,必须使用 RUN 命令。在 RMAN 中,RUN 命令会被优先执行,也就是说,如果 DBA 手动分配了通道,那么 RMAN 将不再使用任何向动分配通道,RUN 命令格式加下。

RUN|命令|

当在 RMAN 命令执行器中执行类似于 BACKUP、RESTORE 或 DELETE 等需要进行磁盘 I/O 操作的命令时,可以将这些命令与 ALLOCATE CHANNEL 命令包含在一个 RUN 命令块内部,利用 ALLOCATE CHANNEL 命令为其手动分配通道。

在 RMAN 中执行 BACKUP、COPY、RESTORE、DELETE 或 RECOVER 命令时,要求每一条命令至少使用一个通道。

(2)自动分配通道

在下面两种情况下,由于没有手动为 RMAN 命令分配通道,RMAN 将利用预定义的设置来为命令自动分配通道。

①在 RUN 命令块外部使用 BACKUP、RESTORE、DELETE 命令。

②在 RUN 命令块内部执行 BACKUP 等命令之前,未使用 ALLOCATE CHANNEL 命令手动分配通道。

举例如下。

RMAN> backup tablespace users;

2>run|restore tablespace examples;|

在使用自动分配通道时,RMAN 将根据下面这些命令的设置向动分配通道。

①CONFIGURE DEVICE TYPE SBT/DISK PARALLELISMN:用于定义 RMAN 使用的通道数量。

②CONFIGURE DEFAULT DEVICE TYPE TO DISK/SBT:用于指定自动通道的默认设备。

③CONFIGURECHANNEL DEVICE TYPE:用于设置自动通道的参数。

可以清除自动分配通道设置,将通道消除为默认状态,与上面 3 个自动分配通道命令对应的清除命令如下。

①CONFIGURE DEVICE TYPE DISK CLEAR。

②CONFIGURE DEFAULT DEVICE TYPE CLERA。

③CONFIGURE CHANNER DEVICE TYPE DISK/SBT CLEAR。

8.2.4　RMAN 的常用命令

RMAN 的操作命令非常简单,对于业务特定的技巧,只需要理解各个命令的含义,就可以灵活使用。本节将介绍一些 RMAN 中的基本命令,以及如何利用这些基本命令来完成各种操作。

(1)连接到目标数据库

在使用 RMAN 时,首先需要连接到数据库。如果 RMAN 未使用恢复目录,则可以使用下述命令形式之一连接到目标数据库。

```
$rman nocatalog
$rman target sys/nocatalog
$rman target /
connect target sys/password@ 网络连接串
```

注：如果目标数据库与 RMAN 不在同一台服务器上时，必须使用"@ 网络连接串"的方法。如果为 RMAN 创建了恢复目录，则可以按如下几种方法之一连接到目标数据库。如果目标数据库与 RMAN 不在同一个服务器上，则需要添加网络连接。

```
$rman target /catalog rman/rman@ man
$rman target sys/change_on_install catalog rman/rman
connect catalog sys/password@ 网络连接串
```

在 RMAN 连接到数据库后，还需要注册数据库。注册数据库就是将目标数据库的控制文件存储到恢复目录，同一个恢复目录只能注册一个目标数据库。注册目标数据库所使用的语句为 REGISTER DATABASE，下面来看一个例子。

【例 8.1】　首先创建恢复目录，然后使用 RMAN 工具连接到数据库，最后注册数据库，代码及操作步骤如下：

①在 SQL＊Plus 环境下，使用 SYSTEM 模式登录，并创建恢复目录所使用的表空间，代码及运行结果如下。

```
SQL> conn system/system
已连接。
SQL> create tablespace rman_tbs
  2    datafile 'E:\app\lizhen\flash_recovery_area\orcl\AUTOBACKUP\rman_tbs.dbf'
  3    size 50M;
表空间已创建。
```

②在 SQL＊Plus 环境下，创建 RMAN 用户并授权，代码及运行结果如下。

```
SQL> create user rman_user identified by mrsoft default tablespace rman_tbs temporary
tablespace temp;
用户已创建。



SQL> grant connect, recovery_catalog_owner, resource to rman_user;
授权成功。
```

③在 CMD 命令行模式下，打开恢复管理器，代码如下。

```
C:\Windows\system32>rman catalog rman_user/mrsoft target orcl;
或
C:\Windows\system32>rman target system/system catalog rman_user/mrsoft;
```

输入上面代码后,要求输入"目标数据库口令:",本例为 system,将显示如图 8.5 所示的运行结果。

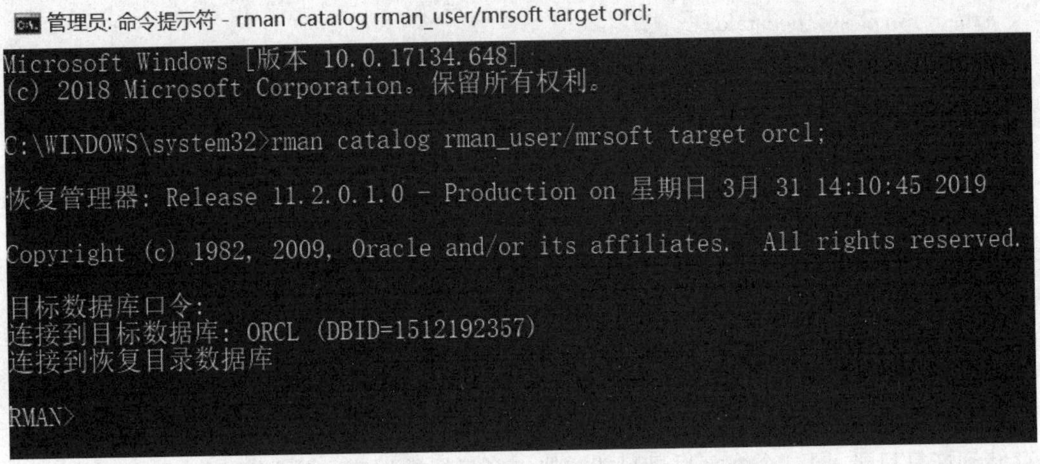

图 8.5　打开恢复管理器

④在 RMAN 模式下,创建恢复目录,代码及运行结果如下。

```
RMAN> create catalog tablespace rman_tbs;
恢复目录已创建。
```

⑤在 RMAN 模式下,使用 REGISTER 命令注册数据库,代码及运行结果如下。

```
RMAN> register database;
注册在恢复目录中的数据库
正在启动全部恢复目录的 resync
完成全部 resync
```

到这里为止,RMAN 恢复目录与目标数据库已经连接成功。如果要取消已注册的数据库信息,可以连接到 RMAN 恢复目录数据库,查询数据库字典 DB,获取 DB_KEY 与 DB_ID,再执行 DBMS_RCVCAT.UNREGISTERDATABASE 命令注销数据库。

（2）启动与关闭目标数据库

在 RMAN 中对数据库进行备份与恢复,经常需要启动和关闭目标数据库。因此,RMAN 也提供了一些与 SQL 语句完全相同的命令,利用这些命令可以在 RMAN 中直接启动或关闭数据库。启动和关闭数据库的命令包括以下几条。

```
RMAN> shutdown immediate;
RMAN> starrup;
RMAN> starrup mount;
RMAN> startup pfile = ' E:\app\lizhen\admin\orcl\pfile\init.ora ';
RMAN>alter database open;
```

8.3 使用 RMAN 工具实现数据备份

使用 RMAN 备份为数据库管理员提供了更灵活的备份选项。在使用 RMAN 进行备份时,DBA 可根据需要进行完全备份与增量备份,也可以进行联机备份和脱机备份。

8.3.1 RMAN 备份策略

RMAN 可以进行两种类型的备份,即完全备份(FULL BACKUP)和增量备份(INCREMENTAL BACKP)。在进行完全备份时,RMAN 会将数据文件中除空白数据之外的所有数据块都复制到备份集中。需要注意,在 RMAN 中可以对数据文件进行完全备份或者增量备份,但是对控制文件和日志文件只能进行完全备份。

在进行增量备份时,RMAN 也会读取整个数据文件,但是只会备份与上一次备份相比发生了变化的数据块。RMAN 可以对单独的数据文件、表空间或者整个数据库进行增量备份。在使用 RMAN 进行数据恢复时,既可以利用归档重做日志文件,也可以使用合适的增量备份。

使用 RMAN 进行增量备份可以获得如下好处。

在不降低备份频率的基础上能够缩小备份的大小,从而节省磁盘或磁带的存储空间。

当数据库运行在非归档模式时,定时的增量备份可以提供类似于归档重做日志文件的功能。如果数据库处于 NOARCHIVELOG 模式,则只能执行一致的增量备份,因此数据库必须是关闭的;而在 ARCHIVELOG 模式中,数据库可以是打开的,也可以是关闭的。

在 RMAN 中建立的增量备份可以具有不同的级别,每个级别都用一个不小于 0 的整数来标识,例如级别 0、级别 1 等。

级别 0 的增量备份是所有增量备份的基础,因为在进行级别为 0 的备份时,RMAN 会将数据文件中所有已使用的数据块都复制到备份集中,类似于建立完全备份。级别大于 0 的增量备份将只包含与前一次备份相比发生了变化的数据块。

增量备份有两种方式:差异备份与累积备份。差异备份是默认的增量备份类型,它会备份上一次同级或者低级备份以来所有变化的数据块。而累积备份则备份上次低级备份以来所有的数据块。例如周一进行了一次 2 级增量备份,周二进行了一次 3 级增量备份,如果在周四进行了 3 级差异增量备份,那么就只备份周二进行的 3 级增量备份以后发生变化的数据块;如果进行 3 级累积备份,那么就会备份上次 2 级备份以来变化的数据块。

8.3.2 使用 RMAN 备份数据库文件和归档日志

当数据库处于打开状态时,可以使用 RMAN BACKUP 命令备份如下对象。

①归档重做日志。

②数据库。

③表空间。

④数据文件。

⑤控制文件。

在使用 BACKUP 命令备份数据文件时,可以为其设置参数定义备份段的文件名、文件数和每个文件的通道。

（1）备份数据库

如果备份操作是在数据库被安全关闭之后进行的,那么对整个数据库的备份是一致的;与之相对应,如果备份是在整个数据库被打开之后进行的,则该备份是非一致的。下面通过两个实例分别来讲解如何进行非一致性和一致性数据库备份。

【例 8.2】 实现非一致性备份整个数据库,代码及操作步骤如下。

①启动 RMAN 并连接到目标数据库,输入 BACKUP DATABASE 命令备份数据库。在 BACKUP DATABASE 命令中可以指定 FORMAT 参数,为 RMAN 生成的每个备份片段指定一个唯一的名称以及存储位置,代码如下。

```
C:\WINDOWS\system32>rman target system/system catalog rman_user/mrsoft;
RMAN> backup database format 'D:\OracleFiles\Backup\oradb_%Y_%M_%D_%U.bak'
    maxselsize 2G;
```

②如果建立的是非一致性备份,那么必须在完成备份后对当前的联机重做日志进行归档,因为在使用备份数据库时,需要使用当前重做日志中的重做记录,代码如下。

```
RMAN> sql 'alter system archive log current';
SQL 语句:alter system archive log current
```

③在 RMAN 中执行 LIST BACKUP OF DATABASE 命令,查看建立的备份集与备份片段的信息,代码如下。

```
RMAN> list backup of database;
```

如果想要对整个数据库进行一致性备份,则需要首先关闭数据库,并启动数据库实例到 MOUNT 状态,来看下面的例子。

例如,实现一致性备份整个数据库,代码如下。

```
RMAN> shutdown immediate
RMAN> startup mount
RMAN> backup database formal 'D:\OracleFiles\Backup\oradb_%d_%s.bak';
RMAN> alter database open;
```

（2）备份表空间

当数据库被打开或关闭时,RMAN 还可以对表空间进行备份。但是,所有打开的数据库备份都是非一致的。如果在 RMAN 中对联机表空间进行备份,则不需要在备份前执行 ALTER TABLESPACE…BEGIN BACKUP 语句将表空间设置为备份模式,来看下面的例子。

【例 8.3】 实现备份 tbs_1 和 ts_1 表空间,代码及操作步骤如下。

①启动 RMAN 并连接到目标数据库,代码如下。

```
C:\windows\system32>rman target system/system nocalalog;
```

②在 RMAN 中执行 backup tablespace 命令,将使用受到分配的通道 ch_l 对两个表空间进行备份,代码如下。

```
RMAN>run{
allocate channel ch_1 type disk;
backup tablespace tbs_1,ts_1
format 'D:\OracleFiles\Backup\%d_%p_%t_%c.dbf';
}
```

③执行 list backup of tablespace 命令查看建立的表空间备份信息,代码如下。

```
RMAN> list backup of tablespace tbs_1, ts_1;
```

(3)备份数据文件

在 RMAN 中可以使用 BACKUP DATAFILE 命令对单独的数据文件进行备份。备份数据文件时,既可以使用其名称指定数据文件,也可以使用其在数据库中的编号指定数据文件,下面来看一个例子。

【例 8.4】 实现备份指定的数据文件,代码及操作步骤如下。

①在 RMAN 中执行 BACKUP DATAFILE 命令备份指定的数据文件,代码如下。

```
RMAN> backup datafile 1,2,3 filesperset 3;
```

②使用命令查看备份结果,代码如下。

```
RMAN> list backup of datafile 1,2,3;
```

(4)备份控制文件

在 RMAN 中对控制文件进行备份的方法有很多种,最简单的方法是设置 CONFIGURE CONTROLFILE AUTOBACKUP 为 ON,这样将启动 RMAN 的自动备份功能。启动控制文件的自动备份功能后,当在 RMAN 中执行 BACKUP 或 COPY 命令时,RMAN 都会对控制文件进行一次自动备份。如果没有启动自动备份功能,那么必须利用手动方式对控制文件进行备份。手动备份控制文件通常有两种方法,分别是使用 backup current controlfile 命令或者 backup tablespace…include current controlfile 命令对控制文件进行备份,下面来看一个例子。

【例 8.5】 实现备份指定的控制文件,代码及操作步骤如下。

①指定 BACKUP CURRENT CONTROLFILE 命令或 BACKUP TABLESPACE…INCLUDE CURRENT CONTROLFILE 命令备份控制文件,代码如下。

```
RMAN> backup current controlfile;
```
或者如下。
```
RMAN> backup tablespace tbs_1 include current controlfile;
```

②利用 LIST BACKUP OF CONTROLFILE 命令来查看包含控制文件的备份集与备份段的信息,代码如下。

```
RMAN> list backup of controlfile;
```

(5)备份归档重做日志

归档重做日志是成功进行介质恢复的关键,因此需要周期性地进行备份。在 RMAN 中,可以使用 BACKUP ARCHIVELOG 命令对归档重做日志文件进行备份,或者使用 BACKUP

PLUS ARCHIVELOG 命令,在对数据文件、控制文件进行备份的同时备份归档重做日志文件。

当使用 BACKUP ARCHIVELOG 命令对归档重做日志文件进行备份时,备份的结果为一个归档重做日志备份集。如果将重做日志文件同时归档到这个归档目标中,RMAN 不会在同一个备份集中包含具有相同日志序列号的归档重做日志文件。一般情况下,BACKUP ARCHIVELOG 命令会对不同日志序列号备份一个附件。下面来看一个使用 BACKUP ARCHIVELOG 命令备份归档重做日志文件的例子。

【例 8.6】 实现备份归档重做日志文件,代码及操作步骤如下。

①启动 RMAN 后,在 RMAN 中运行 backup archivelog all 命令,使用配置的通道备份归档日志文件到磁带上,并删除磁盘上的所有拷贝,代码如下。

```
RMAN> backup archivelog all delete all input;
```

说明:在对数据库、控制文件或其他数据库对象进行备份时,如果在 BACKUP 命令中指定了 PLUS ARCHIVELOG 参数,也可以同时对归档重做日志文件进行备份。

②使用 list backup of archivelog all 命令,查看包含归档重做日志文件的备份集与备份片段信息,代码如下。

```
RMAN> list backup of archivelog all;
```

8.3.3 增量备份

在 RMAN 中可以通过增量备份的方式对整个数据库、单独的表空间或单独的数据文件进行备份。如果数据库运行在归档模式下时,既可以在数据库关闭状态下进行增量备份,也可以在数据库打开状态下进行增量备份。而当数据库运行在非归档模式下时,则只能在关闭数据库后进行增量备份,因为增量备份需要使用 SCN 来识别已经更改的数据块。下面来看几个增量备份的例子。

(1)0 级差异增量备份

【例 8.7】 对 system、sysaux 和 users 表空间进行了一次 0 级差异增量备份,代码如下。

```
RMAN> run{
2    allocate channel ch_l type disk;
3    backup incremental level=0
4    format 'D:\OracleFiles\Backup\oacl11g_%m_%d_%c.bak'
5    tablespace system,sysaux,users;
6    }
```

(2)1 级差异增量备份

【例 8.8】 将对 system 表空间进行 1 级增量备份,代码如下。

```
RMAN> backup incremental level=1
2    Format 'D:\OracleFiles\Backup\oacl11g_%Y_%M_%D_%u.bakf'
3    tablespace system;
```

(3) 2 级差异增量备份

如果仅在 BACKUP 命令中指定 INCREMENTAL 参数,那么默认创建的增量备份为差异增

量备份。如果想要建立累积增量备份,那么还需要在 BACKUP 命令中指定 CUMULATIVE
选项。

【例 8.9】　对空间 example 进行 2 级累积增量备份,代码如下。

```
RMAN>backup incremental level＝2 cumulative tablespace example
2    format 'D:\OracleFiles\Backup\oacl11g_%m_%t_%c.bak';
```

8.4　使用 RMAN 工具实现数据恢复

8.4.1　数据的完全恢复

RMAN 作为一个管理备份和恢复备份的 Oracle 实用程序,在使用它对数据库执行备份
后,如果数据库发生故障,则可以通过 RMAN 使用备份对数据库进行恢复。在使用 RMAN
进行数据恢复时,它可以自动确定最合适的一组备份文件,并使用该备份文件对数据库进
行恢复。根据数据库在恢复后运行状态的不同,Oracle 数据库恢复可以分为完全数据库恢
复和不完全数据库恢复。完全数据库恢复使数据库恢复到出现故障的时刻,即当前状态;
不完全数据库恢复则使数据库恢复到出现故障的前一时刻,即过去某一时刻的数据库同步
状态。

(1) 恢复处于 NOARCHIVELOG 模式的数据库

当数据库处于 NOARCHIVELOG 模式时,如果出现介质故障,则在最后一次备份之后对
数据库所做的任何操作都将丢失。通过 RMAN 执行恢复时,只需要执行 RESTORE 命令将数
据库文件修复到正确的位置,然后就可以打开数据库。也就是说,对于处于 NOARCHIVELOG
模式下的数据库,管理员不需要执行 RECOVER 命令。

另外,在备份 NOARCHIVELOG 数据库时,数据库必须处于一致的状态,这样才能保证使
用备份信息恢复数据后,各个数据文件是一致的。下面通过一个实例来讲解在
NOARCHIVELOG 模式下备份和恢复数据库所需要的完整操作步骤。

【例 8.10】　在 NOARCHIVELOG 模式下备份和恢复数据库,代码和操作步骤如下。

①使用具有 SYSDBA 特权的账号登录到 SQL＊Plus.并确认数据库处于 NOARCHIVELOG
模式,代码如下。

```
SQL> connect system/system as sysdba;
已连接。
SQL> select log_mode from v$database;
LOG_MODE
------------
ARCHIVELOG
```

②输入 EXIT 命令,退出 SQLPlus。
③运行 RMAN,并连接到目标数据库,代码如下。

```
C:\WINDOWS\system32>rman target system/system nocatalog;
```

④在 RMAN 中关闭数据库,然后启动数据库到 MOUNT 状态,代码如下。

```
RMAN> shutdown immediate
RMAN> startup mount
```

⑤在 RMAN 中输入下面的命令,以备份整个数据库,代码如下。

```
RMAN> run{
2    allocate channel ch_l type disk;
3    backup database
4    format 'D:\OracleFiles\Backup\orcl_%t_%u.bak';
5    }
```

⑥备份完成后,打开数据库。

⑦在有了一份数据库的一致性备份后,为了模拟一个介质故障,将关闭数据库并删除 USERS01.DBF 文件。需要注意,介质故障通常是在打开数据库时发生的。如果想要通过删除数据文件来模拟介质故障,则必须关闭数据库,因为操作系统不能删除目前正在使用的文件。

⑧删除数据文件 USERS01.DBF 后启动数据库,因为 Oracle 无法找到数据文件 USERS01. DBF,所以会出现错误信息。

⑨当 RMAN 使用备份、恢复数据库时,必须使目标数据库处于 MOUNT 状态才能访问控制文件。当设置数据库到 MOUNT 状态后,就可以执行 RESTORE 命令了,让 RMAN 决定最新的有效备份集,并使用备份集修复损坏的数据库文件,代码如下。

```
RMAN> startup mount
RMAN> run{
2    allocate channel ch_l type disk;
3    restore database;
4    }
```

⑩恢复数据库后,执行 ALTER DATABASE OPEN 命令打开数据库,代码如下。

```
RMAN>alter database open;
```

(2)恢复处于 ARCHIVELOG 模式的数据库

恢复处于 ARCHIVELOG 模式的数据库,与恢复 NOARCHIVELOG 模式的数据库相比,基本的区别是恢复处于 ARCHIVELOG 模式的数据库时,管理员还需要将归档重做日志文件的内容应用到数据文件上。在恢复过程中,RMAN 会自动确定恢复数据库所需要的归档重做日志文件。下面通过一个实例来讲解如何恢复处于 ARCHIVELOG 模式下的数据库。

【例 8.11】 恢复处于 ARCHIVELOG 模式下的数据库,代码和操作步骤如下。

①确认数据库处于 ARCHIVELOG 模式下,可以通过 V$DATABASE 视图查看 LOG_MODE 列来确认。

②启动 RMAN,并连接到目标数据库。

③在 RMAN 中输入如下命令,对表空间 users 进行备份,代码如下。

```
RMAN> run{
2    allocate channel ch_l type disk;
3    allocate channel ch_2 type disk;
4    backup tablespace users

5    format 'D:\OracleFiles\Backup\users_tablespace.bak';
6    }
```

④模拟介质故障,关闭目标数据库,并通过系统删除表空间 users 对应的数据文件。

⑤启动数据库到 MOUNT 状态。

⑥运行下面的命令恢复表空间 users,代码如下。

```
RMAN> run{
2    allocate channel ch_1type disk;
3    restore tablespace users;
4    recover tablespace users;
5    }
```

⑦恢复完成后打开数据库,可以使用 ALTER DATABASE OPEN 命令进行。

另外,在恢复 ARCHIVELOG 模式的数据库时,可以使用如下形式的 RESTORE 命令修复数据库。

①RESTORE TABLESPACE:修复一个表空间。

②RESTORE DATABASE:修复整个数据库中的文件。

③RESTORE DATAFILE:修复数据文件。

④RESTORE CONTROLFILE TO:将控制文件的备份修复到指定的目录。

⑤RESTORE ARCHIVELOG ALL:将全部的归档日志复制到指定的目录,以便后续的 RECOVER 命令对数据库实施修复。

使用 RECOVER 命令恢复数据库的语法形式如下。

①RECOVER DATABASE:恢复整个数据库。

②RECOVER DATAFILE :恢复数据文件。

③RECOVER TABLESPACE:恢复表空间。

8.4.2 数据的不完全恢复

如果需要将数据库恢复到引入错误之前的某个状态时,DBA 就可以执行不完全恢复。完全恢复 ARCHIVELOG 模式的数据库时,对于还没有更新到数据文件和控制文件的任何事务,RMAN 会将归档日志或联机日志全部应用到数据库。而在不完全恢复数据库的过程中,DBA 决定了整个更新过程的终止时刻。RMAN 执行的不完全恢复通常分为基于时间的不完全恢复和基于更改(SCN 号)的不完全恢复。

（1）基于时间的不完全恢复

对于基于时间的不完全恢复，由 DBA 指定存在问题的事务时间。这也就意味着如果知道存在问题的事务的确切发生时间，执行基于时间的不完全恢复是非常适合的。例如假设用户在上午 10：05 将大量的数据库加载到一个错误的表中，如果没有一种合适的方法从表中删除这些数据，那么 DBA 可以执行基于时间的恢复，即将数据库恢复到上午 10：04 时的状态。当然，这基于用户知道将事务提交到数据库的确切时间。

基于时间的不完全恢复有许多不确定因素。例如根据将数据库加载到表中所使用的方法，可能会涉及多个事务，而用户只注意到了最后一个事务的提交时间。此外，事务的提交时间是由 Oracle 服务器上的时间决定的，而不是由单个用户的计算机时间决定的。这些因素都可能会导致数据库恢复不到正确的加载数据之前的状态。

在对数据库执行不完全恢复后，必须使用 RESETLOGS 选项打开数据库，这将导致以前的任何重做日志文件都变得无效。如果恢复不成功，那么将不能再次尝试恢复，因为重做日志文件是无效的。这就需要在不完全恢复之前从备份中恢复控制文件、数据文件以及重做日志文件，以便再次尝试恢复过程。

在 RMAN 中执行基于时间的不完全恢复的命令为 SET UNTIL TIME。对于用户管理的基于时间的恢复，时间参数作为 RECOVER 命令的一部分被指定，但是在 RMAN 中执行恢复时，对于恢复时间的指定则在 RECOVER 命令之前进行设置。下面通过一个实例来演示基于时间的不完全恢复。

【例 8.12】 实现基于时间的不完全恢复，代码和操作步骤如下。

①启动 RMAN，并连接到目标数据库。

②关闭数据库，并重新启动数据库到 MOUNT 状态。

③在 RMAN 中输入如下命令，创建数据库的一个备份，代码如下。

```
RMAN>run{
2    allocate channel ch_1 type disk;
3    allocate channel ch_2 type disk;
4    Backup archivelog all format 'D:\OracleFiles\Backup\database_%t_%u_%c.bak';
5    Backup archivelog all format 'D:\OracleFiles\Backup\archive_%t_%u_%c.bak';
6    }
```

④在数据库完成备份后，打开数据库。

⑤接下来就需要模拟一个错误，以便确认不完全恢复。首先启动 SQL＊Plus，查看 Oracle 服务器的当前时间，代码及运行结果如下。

```
SQL> select to_char(sysdate,'hh24:mi:ss') from dual;
TO_CHAR(
---------
17:03:28
```

⑥在 SQL＊Plus 中向 HR.EMPLOYEES 表添加几行数据，代码如下。

```
SQL>alter session set nls_date_format=' yyyy-mm-dd ';
SQL> insert into hr.employees( employee_id,first_name,last_name,hire_date,salary)
2   values( 1234,' leader ',' manager ',' 1975-01-12 ', 5000) ;
SQL> insert into hr.employees( employee_id,first_name,last_name,hire_date,salary)
2   values( 6789,' employee ',' salesman ',' 1980-12-12 ' ,3000) ;
```

说明:现在假设上述操作是错误操作,DBA 需要执行基于时间的不完全恢复,将数据库恢复到发生错误之前的状态。

⑦在 RMAN 中关闭目标数据库。

⑧使用操作系统创建数据库的一个脱机备份,包括控制文件的所有副本、数据文件和归档的重做日志文件,以防止不完全恢复失败。

⑨启动数据库到 MOUNT 状态。

⑩在 RMAN 中输入如下命令,执行基于时间的不完全恢复,代码如下。

```
RMAN> run{
2 sql ' alter session set nls_dale_format=" YYYY-MM-DD HH24:Ml:SS ";
3 allocate channel ch_l type disk;
4 allocate channel ch_2 type disk;
5 set until time ' 2019-03-31 17:37:35 ';
6 restore database;
7 recover database;
8 sql ' alter database open resetlogs';
```

⑪在 SQL＊Plus 环境中查询 HR.EMPLOYEES 表,用于确认该表中不再包含错误的记录。

(2)基于更改的不完全恢复

对于基于更改的不完全恢复,则用存在问题的事务的 SCN 号来终止恢复过程。在恢复数据库之后,将包含低于指定 SCN 号的所有事务。在 RMAN 中执行基于更改的不完全恢复时,可以使用 SET UNTIL SCN 命令来指定恢复过程的终止 SCN 号。其他的操作步骤与执行基于时间的不完全恢复完全相同。执行基于更改的不完全恢复时,DBA 唯一需要考虑的是确定适当的 SCN 号。LogMiner 是确认事务 SCN 号的常用工具,下面来看一个例子。

【例 8.13】 假设某个用户不小心删除了 hr.employees 表中的所有记录,DBA 需要查看删除数据的事务 SCN 号,以执行基于更改的不完全恢复,恢复被用户误删除的数据。

①在 SQL＊Plus 中连接到数据库,并删除 hr.employees 表中的所有数据。

```
SQL> delete from hr.employees;
SQL> commit;
SQL> alter system switch logfile;
```

②使用 dbms_logmnr_d.duild( )过程提取数据字典信息,代码如下。

```
SQL> exec dbms_logmnr _d.build(' e:\orcldata\logminer\director.ora ', ' e:\orcldata\
logminer ') ;
```

③使用 dbms_logmnr.add_log file( ) 过程添加分析的日志文件。如果不能确定哪一个日志文件包含了删除 hr.employees 表中数据的事务,则必须对每一个重做日志文件进行分析,代码如下。

```
SQL> exec dbms_logmnr.add_logfile('f:\app\Administrator\oradata\orcl\redo01a.log',
dbms_logmnr.new);
SQL> exec dbms_logmnr.add_logfile('f:\app\Administrator\oradata\orcl\redo02a.log',
dbms_logmnr.new);
SQL> exec dbms_logmnr.add_logfile('f:\app\Administrator\oradata\orcl\redo03a.log',
dbms_logmnr.new);
```

④启动 LogMiner 开始分析日志,代码如下。

```
SQL> exec dbms_logmnr.start_logmnr(dictfilename=>'e:\orcldata\logminer\director.ora');
```

⑤查询 v$logmnr_contents 图,查看为 delete hr.employees 语句分配的 SCN 号。为了减少搜索范围,可以限制只返回那些引用了名为 EMP 的段的记录,代码如下。

```
SQL> select scn,sql_redo
2 from v$logmnr_contents
3 where seg_name='EMP';
```

⑥结束 LogMiner 会话并释放为其分配的所有资源,代码如下。

```
SQL> exec dbms_logmnr.end_logmnr;
```

⑦关闭数据库,并创建数据库的脱机备份以防止不完全恢复失败。
⑧使用 RMAN 连接到目标数据库。
⑨在 RMAN 中启动数据库到 MOUNT 状态。
⑩输入如下命令恢复数据库。

```
RMAN> run {
2   allocate channel ch_1 type disk;
3   allocate channel ch_2 type disk;
4   5et until scn 6501278;
5   restore database;
6   recover database;
7   sql 'alter database open resetlogs';
8   }
```

恢复数据库之后,可以通过 SQL * Plus 查看 HR.EMPLOYEES 表的内容,确认是否成功地恢复了数据库。在恢复数据库后,应该立即创建数据库的一个备份,以防止随后出现错误。

本章小结

通过本章的学习,可以了解到恢复目录的创建、通过的自动分配、备份集的概念以及 RMAN 中常用的命令 RUN、BACKUP、RESTORE、RECOVER 等的使用。在了解这些命令的基础上,要熟练掌握使用 RUN 命令分配通道和使用 BACKUP 命令备份数据库等常用的操作。读者可以根据 RMAN 的备份与恢复知识自行备份和恢复自己的数据库。

习 题

简答题

1.没有备份文件只有归档日志时,应如何恢复数据文件?

2.何时可以删除归档日志?

3.全备份时一定要备份所有数据文件吗?

4.联机日志需要备份吗?

5.使用 BACKUP 命令能够备份哪些数据库对象?

6.使用 RESTORE 和 RECOVER 命令还原与恢复数据库。

第**2**篇
Oracle 数据库开发篇

第**9**章

表

Oracle 数据库系统存在众多对象,包括表、索引、序列、视图等,这些数据库对象以一种逻辑关系组织在一起,这就是模式(schema)。

在 Oracle 数据库系统中,每个数据库对象都属于某个用户,一个用户所拥有的所有数据库对象的集合就是一个模式,模式的名称与用户名相同。当创建用户时,就同时产生一个模式,在默认的情况下,用户在自己的模式中拥有所有权限。

表是最基本的数据库对象,用于存储系统或用户的数据。本章着重讲解表的创建、删除、修改等管理操作。

9.1 创建表

9.1.1 基本语法

Oracle 数据库中使用 CREATE TABLE 语句创建表。创建表时要确定表的结构,即确定表中各列的名字和类型。创建表的基本命令格式如下:

CREATE TABLE [模式名.]表名(

    列名数据类型 [DEFAULT 默认值],

    列名数据类型 [DEFAULT 默认值],

    …

);

其中:

①模式名缺省时为当前用户。

②表名在当前模式中必须唯一,长度不能超过 30 字节,以字母开头,可以包含字母、数字、下画线、"$"和"#",不能使用 Oracle 的保留字。

③定义多个列时,各列之间用逗号(,)分隔,在同一个表中不能有同名的列。

④DEFAULT 指定当前列的默认值。

⑤Oracle Database 11g 中提供的系统预定义的数据类型见表 9.1。

表 9.1 Oracle Database 11g 中常用数据类型

数据类型	描 述
CHAR[(n [BYTE ∣ CHAR])]	固定长度的字符串。n 设置字符串的最大长度,单位是 BYTE(字节)或 CHAR(字符),默认是 BYTE。可以设置的最小长度为 1 BYTE,最大为 2 000 BYTE。如果实际保存的字符串的长度大于 n,Oracle 会产生错误信息
VARCHAR2(n [BYTE ∣ CHAR])	可变长度的字符串。参数的含义与 CHAR 一样,不过,n 的最大值可以达到 4 000 BYTE。存储空间的分配依赖于实际保存的字符串的长度
NUMBER[(m[,n])]	十进制整数或实数。m 设置数据的最大位数,范围为 1~38;n 设置数据的小数位数,范围为−84~127。如果不指定 m 和 n,则表示小数点前后共 38 位的数字
DATE	日期和时间。包括世纪、4 位年份、月、日、小时、分和秒。可以存储公元前 4712 年 1 月 1 日—公元 9999 年 12 月 31 日之间的日期和时间。默认的格式由 NLS_DATE_FORMAT 参数指定。该数据类型不包括小数秒或时区
CLOB	可变长度的字符数据。该类型支持定长和变长字符集,也可用于数据库字符集。最大存储 128 TB

续表

数据类型	描述
NCLOB	可变长度的 Unicode 字符数据。该类型支持定长和变长字符集,也可用于数据库字符集。最大存储 128 TB
LONG	可变长度字符串,最大长度为 2 GB。在 Oracle Database 11g 中该类型已经被 CLOB 和 NCLOB 替代,仍然提供该类型是为了向后兼容
BLOB	二进制的对象类型。最大存储 128 TB
RAW(size)	可变长度的二进制数据,最大长度为 2 000 字节
LONGRAW	可变长度的二进制数据,最大长度为 2 GB。在 Oracle Database 11g 中该类型已经被 BLOB 替代,仍然提供该类型是为了向后兼容

例如,在 scott 用户中,按照表 9.2 中给出的结构创建表 books。

表 9.2 图书信息表 books

序 号	字段名	类 型	描 述
1	bookid	NUMBER(6)	图书 id
2	booknum	VARCHAR2(10)	图书编号
3	bookname	VARCHAR2(60)	图书名称
4	category	VARCHAR2(20)	图书类别
5	bookprice	NUMBER(8,2)	图书价格

创建表 books 的 SQL 语句如下:

```
SQL>CREATE TABLE books(
    bookid NUMBER(6),
    booknum VARCHAR2(10),
    bookname VARCHAR2(60),
    category VARCHAR2(20),
    bookprice NUMBER(8,2)
);
```

在表创建之后可以通过 DESC 命令查看表中各列的列名、数据类型以及是否为空等属性,用于验证表的结构是否与期望的结果一致。命令格式为:

DESC 表名

在创建表时,还可以以另一个表为模板,复制其结构,从而快速创建一个表。复制表的结构是通过在 CREATE 语句中嵌套 SELECT 子查询语句来实现的,语句格式如下:

CREATE TABLE 表名 AS SELECT 语句

例如,现在要根据雇员表 emp 的结构创建表 emp_1,仅复制表 emp 中的 empno、deptno、sal

3 个列,同时复制部门编号为 30 的员工数据。

```
SQL>CREATE TABLE emp_1
    AS SELECT empno, deptno, sal
    FROM emp
    WHERE deptno=30;
```

一般情况下,在通过这种方式创建的表中,列名和列的定义与原来的表一致。如果希望在创建一个新表时指定与原来的表不同的列名,可以在 CREATE 语句中的表名之后指定新的列名。如果只希望复制表的结构,而不复制表中的数据,可以将 SELECT 子句中的条件指定为一个永远为假的条件。

例如,现在希望根据表 emp 创建表 emp_2,为复制的 3 个列指定新的列名,并且不复制表 emp 中的数据,相应的 CREATE 语句为:

```
SQL>CREATE TABLE emp_2 (empno_2, deptno_2, sal_2)
    AS SELECT empno, deptno, sal
    FROM emp
    WHERE 1<0;
```

9.1.2　表的特性

实际上,创建表的语句还可以定义约束、存储参数等属性。

在 Oracle 数据库系统的逻辑结构上,当创建一个表时,将同时创建一个表段,用于存放表中的数据,该表段位于某个表空间。在物理结构上,表中的数据都存放在数据块中,因而在数据块中存放的是一行行的数据。

在创建表时,通过添加表的特性子句可以决定怎样创建表、怎样在磁盘上存储表,以及当表生成和应用中最终执行的方式。主要的特性子句包括下述几个。

(1)PCTFREE 和 PCTUSED 子句

这两个参数的作用是用来控制数据块的空间使用情况。为了减少数据块间的迁移,在创建表时可以通过 PCTFREE 和 PCTUSED 子句指定数据块空间的使用情况。例如:

```
SQL>CREATE TABLE T1(
    id number(6),
    name varchar2(10)
    )
    PCTFREE 20
    PCTUSED 40;
```

在表 T1 中,每个数据块都有 20% 的保留空间。当可用空间使用完后,新的数据将被写入另一个数据块。当从表中删除数据时,数据块中已用空间不断减少,当减少到 40% 时,可再次向该数据块中插入数据。

在使用 PCTFREE 和 PCTUSED 子句时,可以参考以下原则:

①PCTFREE 和 PCTFUSED 的值必须小于或等于 100%。

②如果在一个表上很少执行 UPDATE 操作,可以将 PCTFREE 设置得尽量小。

③PCTFREE 与 PCTUSED 之和越接近 100%,数据块的空间利用率越高。

(2) INITRANS 和 MAXTRANS 子句

数据库中的数据存储在数据块中,用户的事务是最终要修改数据块中的数据。Oracle 允许多个并发的事务同时修改一个数据块中的数据。每当用户的事务开始作用于一个数据块时,数据库服务器将在该数据块的头部为该事务分配一个事务项,以记录事务的相关信息。事务结束时,对应的事务项将被删除。

INITRANS 和 MAXTRANS 参数用于控制一个数据块上的并发事务数量,其中 INITRANS 用于指定初始的事务数量,MAXTRANS 用于指定最大的并发事务数量。

当创建一个表时,数据库服务器按照 INITRANS 的值为每个数据块分配一定的事务项,这些事务项将一直保留到该表被删除。当一个事务访问数据块时,将占用其中的一个事务项,事务结束时,将释放事务项。当这些预先创建的事务项全部被占用后,如果又有新的并发事务发生,数据库服务器将在数据块的可用空间中为事务创建一个新的事务项。在任一时刻,数据块中的事务项不会超过 MAXTRANS 参数值。

例如,在利用以下语句创建表时,指定初始的事务项为 10,最大的并发事务数量为 200。

```
SQL>CREATE TABLE T2(
    id number(6),
    name varchar2(10)
    )
INITRANS 10
MAXTRANS 200;
```

INITRANS 和 MAXTRANS 参数的值可以根据用户对表的访问情况进行设置。如果参数值过大,事务项将占用更多的数据块空间,那么数据可以利用的空间将减少。如果参数设置过小,有些事务将因为无法分配到事务项而等待,从而降低了数据库的性能。一般情况下,如果多个用户同时访问表的情况很少发生,可以为这两个参数设置较小的参数值,反之要为这两个参数指定较大的参数值。

(3) STORAGE 子句

STORAGE 子句多数是在创建表空间时用来设置表空间的存储属性的。在默认情况下,创建在该表空间中的数据库对象,都会继承表空间的存储属性。用户可以在创建表时使用 STORAGE 子句来另外设置表的存储属性,在 Oracle Database 11g 数据库中,用户可以使用以下这些参数。

①INITIAL:指出为对象分配的第一个区的大小。

②NEXT:指出为对象分配的下一个区的字节长度。

③PCTINCREASE:在本地管理表空间内,Oracle 数据库在创建段时使用该参数的值确定初始段的大小,而在后续空间分配中将忽略该参数的值。在字典管理表空间内,该参数的值指出第三个及其后续区比前一个区增长的百分比。

④MINEXTENTS:在本地管理表空间内,它与前面 3 个参数一起决定初始段的大小。在字典管理表空间内,其值指出对象创建时分配的区的总数。

⑤MAXEXTENTS：该参数只用于字典管理表空间，它指出 Oracle 可分配给对象的总区数。

例如，

```
SQL>CREATE TABLE T3(
    id number(6),
    name varchar2(10)
    )
    STORAGE (INITIAL 200K NEXT 200K PCTINCREASE 20 MAXEXTENTS 15);
```

（4）TABLESPACE **子句**

TABLESPACE 子句用来指定将表创建在哪个表空间上。如果不指定 TABLESPACE 子句，用户创建的表位于默认表空间上（USERS 表空间）。

为了能够在指定的表空间上创建表，当前用户必须在该表空间上有足够的空间配额或在数据库中具有 UNLIMITED TABLESPACE 权限。

例如，

```
SQL>CREATE TABLE T4(
    id number(6),
    name varchar2(10)
    )
    TABLESPACE users;
```

（5）LOGGING **和** NOLOGGING

在创建表时，使用 LOGGING 或 NOLOGGING 子句指定表是否是日志记录表。在默认情况下，用户在表上执行 DDL（数据定义语言，如 CREATE、ALTER、DROP）和 DML（数据操纵语言，如 INSERT、DELETE、UPDATE）命令时，服务器进程都会产生重做日志。如果不希望产生重做日志，在创建表时需要指定 NOLOGGING 子句。使用 NOLOGGING 子句有下述好处。

①由于不写重做日志，因而节约了重做日志文件的存储空间。

②减少了处理时间。

③在以并行方式向表中写入大量数据时提高了效率。

但是，使用 NOLOGGING 子句也存在缺点，当表被破坏时，将无法进行恢复，所以在表创建后应及时对其进行备份。

例如，

```
SQL>CREATE TABLE T5(
    id number(6),
    name varchar2(10)
    )
    NOLOGGING;
```

9.2　序列和同义词

9.2.1　序列

序列(sequence)是一种共享式的数据库对象,用来自动产生一组多个用户都可以使用的整数序号。一般序列应用于表的主键列,可以在插入语句中引用,也可以通过查询检查当前值,或使序列增至下一个值实现。

(1)创建序列

创建序列的命令为 CREATE SEQUENCE,其完整语法格式为:

CREATE SEQUENCE [模式名.]序列名

[INCREMENT BY {1 | n}]

[START WITH n]

[MAXVALUE n | NOMAXVALUE]

[MINVALUE n | NOMINVALUE]

[CYCLE | NOCYCLE]

[CACHE n | NOCACHE]

[ORDER | NOORDER];

其中:

①INCREMENT BY 定义序列递增的步长,默认为 1。如果 n 是正值,则代表序列值是按照步长 n 递增;如果 n 是负值,则代表序列值是按照步长 n 递减。

②STARTWITH 指定序列的起始值,默认为 1。

③MAXVALUE 指定序列的最大值,选项 NOMAXVALUE 是默认选项,代表没有最大值限制。

④MINVALUE 指定序列的最小值,选项 NOMINVALUE 是默认选项,代表没有最小值限制。

⑤CYCLE 和 NOCYCLE 指定该序列在达到最大值或最小值后是否循环,CYCLE 代表循环,NOCYCLE 代表不循环;如果循环,则当递增序列达到最大值时,循环到最小值;当递减序列达到最小值时,循环到最大值;如果不循环,达到限制值后,继续产生新值就会发生错误。

⑥CACHE 和 NOCACHE 指出数据库是否在内存中预分配一定数量的序列值进行缓存。用户每使用序列一次,都要对序列进行一次查询,因此预分配序列值可以加快访问速度,提高性能;参数 n 的最小值是 2,其默认值是 20;对于循环序列,缓存的序列值数量一定要小于该序列循环的值数量,因此可以缓存的序列值个数最多为:

$$CELL(MAXVALUE - MINVALUE)/ABS(INCREMENT)$$

⑦ORDER 和 NOORDER 指出是否确保按照请求顺序生成序列号,默认为 NOORDER。

例如,以 scott 用户连接到数据库后,创建序列 books_seq,初始值为 10,递增步长为 1,最大值是 999 999。

```
SQL>CREATE SEQUENCE books_seq
    START WITH 10
    INCREMENT BY 1
    MAXVALUE 999999
    CACHE 10
    NOCYCLE;
```

又如,下面语句创建序列 orders_seq,它从 100 000 开始计数,增量为-5。

```
SQL>CREATE SEQUENCE orders_seq
    START WITH 100000
    INCREMENT BY -5
    MINVALUE 1
    MAXVALUE 100000
    NOCYCLE
    CACHE 5;
```

(2)查看序列

序列的信息可以从数据字典 user_sequences 中获得。

例如,下面的 SELECT 语句用于查询序列 books_seq 的最小值、最大值、增幅、下一个可用序号、是否循环等信息。

```
SQL>SELECT min_value, max_value, increment_by, last_number, cycle_flag
    FROM user_sequences WHERE sequence_name = 'BOOKS_SEQ';
```

(3)使用序列

序列创建成功之后,可以通过序列的两个属性——currval 和 nextval 来引用序列的值,它们分别用来获取序列的当前值和下一个值。调用方式为:

序列名.nextval/currval

在首次查询序列的当前值之前,必须通过查询序列的下一个值对序列进行初始化。

例如,首次使用下面语句查询 books_seq.nextval 时,该序列被初始化。

```
SQL>SELECT books_seq.nextval FROM dual;
```

如果未初始化,则不能使用 currval 来获取该序列的当前值。经过上述初始化之后,就可以使用 currval 来获取该序列的当前值。

```
SQL>SELECT books_seq.currval FROM dual;
```

在 Oracle 数据库内,序列常常被用于为表的主键列提供列值。

例如,9.1 节中创建了 books 表。下面,向 books 表中插入数据时,即可使用前面创建的 books_seq 序列来为 bookid 赋值。

```
SQL>INSERT INTO books (bookid, booknum, bookname, category, bookprice) VALUES
(books_seq.currval, 'DB1001', 'Oracle 数据库管理', '计算机', 32.8);
```

上面语句向表 books 中插入第 1 条数据时,使用的是 books_seq.currval 对 bookid 列进行赋值。如果继续向表 books 中插入数据,则应该使用 books_seq.nextval 让序列产生下一个序列值,对 bookid 列赋值,保证主键列值的唯一性。

```
SQL>INSERT INTO books (bookid, booknum, bookname, category, bookprice) VALUES
(books_seq.nextval,'DB1021','Oracle 数据库管理与开发','计算机',49.8);
SQL>INSERT INTO books (bookid, booknum, bookname, category, bookprice) VALUES
(books_seq.nextval,'DB3101','Oracle 数据库管理从入门到精通','计算机',73);
```

经过上面的插入操作,表 books 中已经有 3 条记录,下面查询该表的数据,即可看到序列产生的主键值。

```
SQL>SELECT bookid, booknum, bookname, category, bookprice FROM books;
```

用序列值作为主键值时,不允许重复。因此,前面创建序列 books_seq 时采用 NOCYCLE 方式。

(4)修改序列

序列建立后,可以使用 ALTER SEQUENCE 语句进行修改,该语句的语法格式与 CREATE SEQUENCE 基本一致,这里不再重复列出。

例如,下面语句把上面创建的序列 orders_seq 修改为递增序列。

```
SQL>ALTER SEQUENCE orders_seq INCREMENT BY 10;
```

但在调用 ALTER SEQUENCE 语句修改序列时应注意,序列的起始值不能修改。

(5)删除序列

删除序列的命令是 DROP SEQUENCE 语句。例如,下面语句删除前面创建的序列 orders_seq。

```
SQL>DROP SEQUENCE orders_seq;
```

9.2.2 同义词

同义词是数据库模式对象的一个别名,它可以使用户在访问其他用户对象时不用在对象名称前添加模式(schema)前缀,从而简化语句的书写。同义词不占用任何实际的存储空间,只是在 Oracle 的数据字典中保存其定义描述。Oracle 同义词有公有和私有两种。

(1)公有同义词和私有同义词

公有同义词为一个特殊的用户组 Public 所拥有,数据库中所有用户都可以使用公有同义词。公有同义词一般用来标识一些比较普通的数据库对象,往往大家都需要引用这些对象。私有同义词,由创建它的用户拥有,创建者可以通过授权控制其他用户是否有权使用该同义词。

(2)创建同义词

创建同义词的 SQL 语句为:

CREATE [PUBLIC] SYNONYM 同义词名 FOR [模式.]对象名[@数据库链接];

例如,

> SQL>CREATE PUBLIC SYNONYM pub_books FOR scott.books；

（3）删除同义词

删除同义词的 SQL 语句为：

DROP［PUBLIC］SYNONYM 同义词名；

例如，在 system 用户登录下，调用下列语句可以删除同义词 pub_books。

> SQL>DROP PUBLIC SYNONYM pub_books；

9.3 修改表

修改表的命令是 ALTER TABLE 语句，其实现的修改包括列的添加、删除、修改，重命名表，修改表的特性、添加注释等。

9.3.1 列的添加、删除和修改

（1）添加列

使用 ALTER TABLE …ADD …向表中添加列，其语法为：

ALTER TABLE［模式名.］表名

ADD（列名 1 数据类型［DEFAULT 默认值］，

　　　列名 2 数据类型［DEFAULT 默认值］，

　　　…）；

其中的列定义与 CREATE TABLE 语句中相同，这里不再介绍。

例如，下面代码向表 books 添加两列（销售数量和出版日期）：

> SQL>ALTER TABLE books ADD（salescount INTEGER，booktime DATE）；

（2）添加虚拟列

在 Oracle Database 11g 中增加了一个新的特性——虚拟列，虚拟列通过引用表中的其他列来计算结果，而其中的数据却没有真正地被保存在数据文件中。

例如，在 scott 用户中，按照表 9.3 的结构创建订单信息表 orders。

表 9.3　订单信息表 orders

序　　号	字段名	类　　型	描　　述
1	orderid	NUMBER(6)	订单 id
2	ordernum	VARCHAR2(10)	订单编号
3	orderdate	DATE	订单日期，默认值系统时间
4	qty	INTEGER	数量，默认值 0
5	payterms	VARCHAR2(12)	付款方式
6	bookid	NUMBER(6)	图书 id

创建表 orders 的 SQL 语句如下:

```
SQL>CREATE TABLE orders(
    orderid NUMBER(6),
    ordernum VARCHAR2(10),
    orderdate DATE DEFAULT SYSDATE,
    qty INTEGER DEFAULT 0,
    payterms VARCHAR2(24),
    bookid NUMBER(6)
    );
```

在 orders 表中插入数据:

```
SQL>INSERT INTO orders(orderid, ordernum, payterms, bookid) VALUES(1001,
'D10001','货到付款',11);
SQL> INSERT INTO orders(orderid, ordernum, orderdate, qty, payterms, bookid)
VALUES(1002,'D10005', to_date('2019-03-15 10:05:30', 'YYYY-MM-DD HH24:MI:SS'),
130,'支付宝', 10);
```

此时,如果用户希望用 orders 表中的 qty 列值将一个订单的销量情况分为高、中、低 3 档。此时,只需为 orders 表添加一个虚拟列,就可以实现这样的操作。

```
SQL>ALTER TABLE orders
    ADD (qty_category CHAR(4) AS (
    CASE
    WHEN qty>= 1000 THEN '高'
    WHEN qty>= 500 THEN '中'
    ELSE '低'
    END
    ));
```

下面向 orders 表中插入数据并查询,即可看到新增加的虚拟列 qty_category 及其列值。

```
SQL>INSERT INTO orders(orderid, ordernum, qty, payterms, bookid) VALUES(1005,
'D10015', 530, '手机银行', 11);
SQL> INSERT INTO orders(orderid, ordernum, payterms, bookid) VALUES(1006,
'D10107','微信', 12);
SQL>SELECT * FROM orders;
```

使用虚拟列时应该注意:
①虚拟列可以用在 UPDATE 和 DELETE 的 WHERE 语句中,但不能被 DML 语句修改。
②可对虚拟列进行统计。
③可以对虚拟列创建索引。
④可以对虚拟列创建主键约束。

⑤虚拟列计算公式不能参考其他的虚拟列。

(3)修改列的类型及长度

可以使用 ALTER TABLE … MODIFY … 语句对列的类型或长度进行修改,其语法为:

ALTER TABLE [模式名.]表名 MODIFY 列名数据类型;

例如,下面代码把 books 表中 booknum 列的数据长度修改为 15 个字节。

SQL>ALTER TABLE books MODIFY booknum VARCHAR2(15);

修改列数据类型及长度时应该注意:

①可以增大字符类型列的长度和数值类型列的精度。

②只有在表中没有任何数据时才可以减小列的长度和降低数值类型列的精度。

③把列数据类型更改为另一种不同系列的类型时,则列中数据必须为空。

④不能修改虚拟列的数据类型。

(4)修改列名

使用 ALTER TABLE …RENAME …语句修改列的名称,其语法格式为:

ALTER TABLE [模式名.]表名 RENAME COLUMN 原列名 TO 新列名;

例如,下面代码把 orders 表中虚拟列 qty_category 的名称修改为 qty_cat。

SQL>ALTER TABLE orders RENAME COLUMN qty_category TO qty_cat;

修改列名时应该注意:如果表中的列已被虚拟列表达式使用,则不能再重命名该列。例如,orders 表中的虚拟列表达式中引用了 qty 列,所以不能再重命名 qty 列。

(5)删除列

当不再需要某些列时,可以使用 ALTER TABLE … DROP …语句将其删除。具体删除的方法有两种,一种是直接删除,另一种是将待删除的列先标记为 UNUSED,然后再删除。

1)直接删除列

使用 ALTER TABLE … DROP COLUMN …语句删除,其语法为:

ALTER TABLE [模式名.]表名

DROP COLUMN 列名 | (列名 1,列名 2,…)

[CASCADE CONSTRAINTS | INVALIDATE];

其中:

①CASCADE CONSTRAINTS 子句说明在删除列的同时,删除与这些列相关的约束,如果被删除的列是多列约束的组成部分,则必须使用该子句。

②INVALIDATE 子句说明在删除列的同时,将与该列有约束关系的列置为不可用状态。

例如,下面代码删除 orders 表中的 qty_cat 列。

SQL> ALTER TABLE orders DROP COLUMN qty_cat;

2)将待删除的列先标记为 UNUSED,然后再删除

对于比较大的表,直接删除其中的列时,由于需要对每个记录进行处理,并写入重做日志文件,这样需要较长的处理时间。为了避免占用过多的系统资源,可以先将待删除的列标记为 UNUSED,等到空闲时再使用 ALTER TABLE …DROP UNUSED COLUMNS 语句来删除列。

使用 ALTER TABLE 设置 UNUSED 列的语法格式为:

ALTER TABLE ［模式名.］表名

SET UNUSED COLUMN 列名 ｜（列名 1，列名 2，...）

［CASCADE CONSTRAINTS ｜ INVALIDATE］；

例如,下面代码将表 books 中 booktime、bookprice 列设置为 UNUSED 状态,然后再删除。

```
SQL> ALTER TABLE books SET UNUSED (booktime, bookprice);
SQL> ALTER TABLE books DROP UNUSED COLUMNS;
```

需要注意的是,标记为 UNUSED 的列依然存在,并占用存储空间,但是用户不能查询该列。

9.3.2 重命名表

使用 RENAME 语句,或者 ALTER TABLE ...RENAME TO ...语句可以对表进行重命名。例如,下面代码分别调用 RENAME 和 ALTER TABLE 语句重命名前面创建的表 t1 和 t2。

```
SQL> RENAME emp_1 TO emp1;
SQL> ALTER TABLE emp_2 RENAME TO emp2;
```

9.3.3 修改表的特性

表的特性包括存储表空间、CACHE/NOCACHE、LOGGING/NOLOGGING 等,调用 ALTER TABLE 语句可以修改这些特性。

ALTER TABLE 语句的语法格式为:

ALTER TABLE ［模式名.］表名

［CACHE ｜ NOCACHE］

［LOGGING ｜ NOLOGGING］

［MOVE TABLESPACE 表空间名］；

其中,CACHE、NOCACHE、LOGGING、NOLOGGING 的作用与 CREATE TABLE 语句中的相同。而 MOVE TABLESPACE 选项用于修改存储表的表空间。

例如,下面代码分别对表 books 进行结构重组,以及将它从当前表空间迁移到了另一个表空间 demots。

```
SQL> ALTER TABLE books MOVE;
SQL> ALTER TABLE books MOVE TABLESPACE demots;
```

9.3.4 添加注释

向表中添加注释有助于记住表或列的用途,可以使用 COMMENT ON 语句为表或列添加注释。其语法为:

COMMENT ON TALBE 表名 IS ...;

COMMENT ON COLUMN 表名.列名 IS ...;

例如,下面代码为表 books 以及其中的 bookname 列和 booknum 列添加注释。

```
SQL> COMMENT ON TABLE books IS '图书信息表';
SQL> COMMENT ON COLUMN books.bookname IS '图书名称';
SQL> COMMENT ON COLUMN books.booknum IS '图书编号';
```

为表或列添加了注释后,可以通过查询数据字典视图 USER_TAB_COMMENTS 以及 USER_COL_COMMECTS 来获取注释信息。例如,下面语句查询 books 表中列上的注释信息。

```
SQL>SELECT * FROM USER_COL_COMMENTS
    WHERE table_name = 'BOOKS' AND comments IS NOT NULL;
```

9.4 删除和查看表

9.4.1 删除表

对于不再需要的表,可以调用 DROP TABLE 语句将其删除,其语法为:

DROP TABLE〔模式名.〕表名
〔CASCADE CONSTRAINTS〕
〔PURGE〕;

其中:

①CASCADE CONSTRAINTS 指出在删除表时首先删除基于该表主键或唯一键所建立的所有参照完整性约束(具体内容见 9.5 节),如果省略该子句,而又存在这样的参照完整性约束,将导致该语句执行失败。

②PURGE 指定删除表的同时,回收该表的存储空间。

例如,下面语句删除表 emp1。

```
SQL> DROP TABLE emp1;
```

该例中,删除表 emp1 时,没有使用 PURGE 子句,则该表不会被 Oracle 系统立即从数据库中删除,而是将该表保存到 Oracle 数据库回收站中,以便可以利用闪回技术将表还原。因此,该例中的删除操作执行完后,表 orders 的存储空间并没有被释放掉。

9.4.2 查看表

通过查询数据字典,或执行 SQL＊Plus 命令 DESCRIBE,可以获得有关表的定义信息。例如,下面用 SQL＊Plus 命令查看表 books 的结构。

```
SQL> DESCRIBE books
```

数据字典 DBA_TAB_COLUMNS 记录 Oracle 数据库内所有表、视图的列定义信息,USER_TAB_COLUMNS 则记录当前用户的所有表、视图的列定义信息。查询这些视图也可了解表的结构。

例如,下面语句实现与上面 SQL＊Plus 命令 DESCRIBE 类似的功能,得到相同的输出结果。

```
SQL>SELECT column_name 名称,
    (CASE nullable WHEN ' N ' THEN ' NOT NULL ' END) 是否为空,
    (data_type ||
    CASE
    WHEN data_scale > 0
    THEN '(' || data_precision || ',' || data_scale || ')'
    ELSE '(' || data_length || ')'
    END
    ) 类型
    FROM user_tab_columns
    WHERE table_name = ' BOOKS ';
```

9.5　数据完整性约束

在 Oracle 数据库系统中,用数据完整性约束防止在执行 DML 操作时,将不符合要求的数据插入表中,从而确保数据的约束完整性。所谓约束,就是在表中定义的用于维护数据库完整性的一些规则。下面详细介绍约束的类别、定义以及修改等。

9.5.1　约束的类别

依据约束的作用范围,可以将 Oracle 数据库中的约束分为列级约束和表级约束。

依据约束的用途,Oracle 数据库中的常用约束主要有 5 种类型。

(1)主键约束(PRIMARY KEY)

主键可以确保在一个表中没有重复主键值的数据行。作为主键的列或列的组合,其值必须唯一,且不能为 NULL。一个表只能定义一个主键约束,同时,Oracle 数据库会自动为主键列建立一个唯一性索引,用户可以为该索引指定存储位置和存储参数。主键约束可以定义在列级,也可以定义在表级。

由多列组成的主键称为复合主键,一个复合主键中列的数量不能超过 32 个。

(2)唯一性约束(UNIQUE)

唯一性约束确保表中值为非 NULL 的某列或列的组合具有唯一值。如果唯一性约束的列或列的组合没有定义非空约束,则该列或列的组合可以取 NULL。与主键约束一样,Oracle 数据库自动为唯一性列建立一个唯一性索引,用户可为该索引指定存储位置和存储参数。唯一性约束可以定义在列级或表级。

(3)检查约束(CHECK)

检查约束限制列的取值范围,利用该约束可以实现对数据的启动检查。一个列可以定义多个检查约束,其表达式中必须引用相应的列,且表达式中不能包含子查询、SYSDATE、USER 等 SQL 函数和 ROWID、ROWNUM 等伪列。检查约束可以定义在列级或表级。

（4）外键约束（FOREIGN KEY）

外键约束的定义使得数据库中表和表之间建立了父子关系。外键约束用来定义子表中列的取值只能是父表中参照列的值，或者为空。父表中被参照的列必须有唯一性约束或主键约束，外键约束既可以定义在一列或多列组合上，又可以定义在列级或表级。

外键可以是自参照约束，即外键可以指向同一个表。

（5）非空约束（NOT NULL）

非空约束限制列的取值不能为 NULL，一个表中可以定义多个非空约束。非空约束只能定义在列级。

9.5.2 定义约束

约束可以在创建表的同时指定，也可以在表创建之后再指定。如果与表同时创建，那么在创建表的 CREATE 语句中通过 CONSTRAINT 关键字指定约束的名称和约束类型。在 CREATE TABLE 语句中可以定义列级和表级两种约束。

（1）列级约束

列级约束是针对某一个特定列，它的定义在列的定义之后。CREATE TABLE 语句中定义列级约束的语法为：

CREATE TABLE 表名（

    列名1 数据类型 CONSTRAINT 约束名1 约束类型，

    列名2 数据类型 CONSTRAINT 约束名2 约束类型，

    …

）；

其中约束名是为约束指定的唯一的名称。约束名可以由用户自己指定，也可以自动产生。如果省略关键字 CONSTRAINT 和约束名称，那么约束名称将自动产生。如果约束名称是自动产生的，那么根据这样的名称无法判断约束所在的表以及约束类型。如果用户自己指定约束名称，则可以在名称中包含表名、约束类型等有用信息。

例如，下面的 CREATE 语句用来创建一个表 orders1，并在部分列上指定约束。

```
SQL>CREATE TABLE orders1(
    orderid NUMBER(6) CONSTRAINT pk_orderid PRIMARY KEY,
    ordernum VARCHAR2(10) CONSTRAINT nn_ordernum NOT NULL,
    qty INTEGER DEFAULT 0,
    payterms VARCHAR2(12) CONSTRAINT ck_payterms CHECK(payterms in ('货到
付款','在线付款')),
    bookid NUMBER(6)
    );
```

在创建表 orders1 时指定了3个约束，第一个约束指定 orderid 列为主键，第二个约束指定订单编号 ordernum 列不为空，第三个约束指定付款方式 payterms 列的值只能是"在线付款"或"货到付款"，这些约束都是列级约束，并且都指定了名字。也可以简化，不指定名称，系统将自动为它们指定各自的名字，如下面的 CREATE 语句。

```
SQL>CREATE TABLE orders2(
    orderid NUMBER(6) PRIMARY KEY,
    ordernum VARCHAR2(10) NOT NULL,
    qty INTEGER DEFAULT 0,
    payterms VARCHAR2(12) CHECK(payterms in ('货到付款', '在线付款')),
    bookid NUMBER(6) CONSTRAINT fk_bookid REFERENCES books(bookid)
    );
```

外键约束的定义形式比较复杂,因为外键要与另一个表的主键进行关联,所以不仅要指定约束的类型和有关的列,还要指定与哪个表的哪个列进行关联。

如果在列级定义外键约束,定义的格式为:

CONSTRAINT 约束名 FOREIGN KEY REFERENCES 表名(列名);

其中,约束名是为这个外键约束起的名字。FOREIGN KEY 为约束类型,即外键约束。REFERENCES 关键字指定与哪个表的哪个列进行关联。定义外键约束时,如果是列级约束,则可以省略 FOREIGN KEY,定义格式则简化为:

CONSTRAINT 约束名 REFERENCES 表名(列名);

例如,在上面创建表 orders2 的语句中,在外键列为 bookid 上定义了名为 fk_bookid 的外键约束,它与表 books 的 bookid 列进行关联。这个外键的定义语句即为最后一行:

CONSTRAINT fk_bookid REFERENCES books(bookid)

(2)表级约束

表级约束的定义在所有列的定义之后,用逗号(,)与列的定义分隔,独立于列的定义。定义表级约束的 CREATE 语句格式为:

CREATE TABLE 表名(

列 1 数据类型,

列 2 数据类型,

…

CONSTRAINT 约束名 1 约束类型(列名),

CONSTRAINT 约束名 2 约束类型(列名),

…

);

在 5 种约束中,NOT NULL 约束只能以列级约束的形式定义,其余 4 种既可以列级约束的形式定义,也可以表级约束的形式定义。因为表级约束是在所有列之后定义的,而不是在某个具体的列之后定义,所以在表级约束中要指定相关的列名。

例如,上面的创建表的 CREATE 语句也可以改为下面的形式:

```
SQL>CREATE TABLE orders3(
    orderid NUMBER(6),
    ordernum VARCHAR2(10) NOT NULL,
    qty INTEGER DEFAULT 0,
    payterms VARCHAR2(12),
```

```
    bookid NUMBER(6),
    CONSTRAINT pk_bookid PRIMARY KEY(bookid),
    CONSTRAINT ck_pt CHECK( payterms in ('货到付款', '在线付款'))
    );
```

如果外键约束定义在表级,那么外键的定义代码放置在所有列的定义之后,它的格式为:
CONSTRAINT 约束名 FOREIGN KEY(外键列) REFERENCES 表名(列名)

例如,在表 orders 中的 bookid 列上施加的外键约束也可以通过下面的形式定义:
CONSTRAINT fk_bookid FOREIGN KEY(bookid) REFERENCES books(bookid)

如果一个约束涉及多个列的组合,那么就不能在每个列之后指定约束,而只能定义为表级约束。

```
SQL>CREATE TABLE orders4(
    ordernum VARCHAR2(10) NOT NULL,
    payterms VARCHAR2(12),
    bookid NUMBER(6),
    CONSTRAINT fk_bkid FOREIGN KEY(bookid) REFERENCES books(bookid),
    CONSTRAINT orders_pk PRIMARY KEY(ordernum, bookid)
    );
```

9.5.3 添加约束

约束既可以在创建表的同时定义,也可以在表创建之后再添加。不过在表创建之后再添加约束可能会带来这样的问题,如果表中已有数据,而这样的数据不满足将要添加的约束,那么约束是无法添加的。例如要为表的某个列指定 NOT NULL 约束,但是这个表中的这个列本来就有很多空值,这种情况导致这个约束无法添加。因此最好的做法是在创建表之前充分考虑需要什么样的约束,在创建表的同时定义约束。但是,如果表已经创建,只能添加约束,则必须保证数据满足约束的要求。

添加约束实际上也是对表结构的修改,因此添加约束也是通过执行 ALTER 语句完成的。因为表的结构已经确定,所以用户无法采用列级约束的形式在某个列名之后指定约束,而只能采用表级约束的形式。添加约束的 ALTER 语句格式为:

ALTER TABLE 表名 ADD (CONSTRAINT 约束名约束类型(列名))

其中,CONSTRAINT 关键字和约束名是可省的,如果没有为约束指定名称,那么名称将自动产生。如果要添加多个约束,在 ADD 子句的括号中指定多个用逗号分隔的约束即可。现在假设表 books 和 orders 上没有任何约束,我们为这个表添加几个约束,具体的语句为:

```
SQL>ALTER TABLE books
    ADD CONSTRAINT pk_bid PRIMARY KEY(bookid);
SQL>ALTER TABLE orders
    ADD (
    CONSTRAINT pk_oid PRIMARY KEY(orderid),
```

```
            CONSTRAINT unq_onum UNIQUE(ordernum),
            CONSTRAINT ck_pts CHECK( payterms in('货到付款','手机银行','支付宝',
'微信'))
            );
    SQL>ALTER TABLE orders
            MODIFY ordernum CONSTRAINT nn_onum NOT NULL;
    SQL>ALTER TABLE orders
            ADD CONSTRAINT fk_bid FOREIGN KEY(bookid) REFERENCES books(bookid);
```

9.5.4 删除约束

如果希望去掉表上的某个约束,可以将其删除,也可以使其无效。

删除约束是通过执行 ALTER 命令的 DROP 子句来完成的。删除约束的 ALTER 命令的语法格式为:

    ALTER TABLE 表名 DROP CONSTRAINT 约束名;

例如,要删除表 orders 上的约束 ck_pts,可以执行下面的 ALTER 命令:

```
    SQL> ALTER TABLE orders DROP CONSTRAINT ck_pts;
```

如果要删除一个主键约束,首先要考虑这个主键列是否已经被另一个表的外键列关联,如果没有关联,那么这个主键约束可以被直接删除,否则不能直接删除。例如,在表 books 中,在列 bookid 上定义了主键,在表 orders 中的 bookid 上定义外键约束,两个表之间通过主键和外键建立了关联,那么主键约束是不能被直接删除的。要删除主键约束,必须使用 CASCADE 关键字,连同与之关联的外键约束一起删除。删除主键的 ALTER 命令语法格式为:

ALTER TABLE 表名 DROP CONSTRAINT 主键约束名 CASCADE;

例如,要删除表 books 上的主键约束 pk_bid,可以执行下面的 ALTER 语句:

```
    SQL> ALTER TABLE books DROP CONSTRAINT pk_bid CASCADE;
```

在表中建立主键约束或 UNIQUE 约束时,在相关的列上将自动建立唯一性索引。当从表中删除主键约束或 UNIQUE 约束时,与它们相关的索引也被一起删除。

如果一个表被删除了,那么依附于它的约束也就没有意义了,这个表上的约束也将被一起删除。

9.5.5 约束的状态

默认情况下,Oracle 数据库表中的约束处于激活状态,即有效状态,此时约束对表的插入或更新操作进行检查,不符合约束的操作被回退。如果希望一个约束暂时不起作用,可以使其无效。使约束无效的操作是通过 ALTER 命令的 DISABLE 子句实现的。使约束无效的 ALTER 命令格式为:

    ALTER TABLE 表名 DISABLE CONSTRAINT 约束名;

例如,要使表 orders 上的约束 nn_onum 无效,相应的语句为:

```
SQL> ALTER TABLE orders DISABLE CONSTRAINT nn_onum;
```

当一个约束无效后,它的状态就变为 DISABLED,但这个约束并没有从数据库中被删除,只是暂时不起作用。这时要向表中插入数据或修改已有数据时,就不必满足这个约束条件了。

通过查询数据字典,可以了解约束的当前状态。例如,下面的 SELECT 语句查询表 orders 上的约束及其状态:

```
SQL> SELECT constraint_name AS 约束名, constraint_type AS 约束类别, status AS 状态
FROM user_constraints WHERE table_name = 'ORDERS';
```

如果希望一个约束重新有效,可以执行带 ENABLE 子句的 ALTER 命令。这时 ALTER 命令的格式为:

ALTER TABLE 表名 ENABLE CONSTRAINT 约束名;

例如,要使刚才已经无效的约束 nn_onum 重新有效,可以执行下面的 ALTER 语句:

```
SQL> ALTER TABLE orders ENABLE CONSTRAINT nn_onum;
```

约束重新有效后,它在数据字典中的状态就变为 ENABLED。

本章小结

本章主要介绍了数据库对象中最重要的一个对象——表。本章分别从表的创建、修改、删除、查看等几个方面详细阐述了 Oracle 数据库系统中表的基本管理操作。

除此之外,本章还介绍了如何在管理表的同时管理完整性约束,并介绍了与表相关的数据库对象——序列和同义词。

习　题

一、选择题

1.创建表时,要指定表存储的表空间为 PUBLISH,应该使用(　　)子句。

　A.CLUSTER　　　　　　B.STORAGE　　　　　　C.TABLESPACE　　　　　D.INITRANS

2.如果表中需要存储的数据为 512.13,可以使用(　　)数据类型定义列。

　A.INTEGER　　　　　　B.NUMBER　　　　　　C.NUMBER(5)　　　　　D.NUMBER(5,2)

3.创建一个序列用于表的主键值,则在创建序列时不应该指定(　　)参数。

　A.CACHE 20　　　　　　B.CYCLE　　　　　　C.MINVALUE 2　　　　　D.MAXVALUE 1000

4.能使用序列的 currval 和 nextval 属性的是(　　)。

　A.查询语句的 SELECT 选择列表中　　　　　B.UPDATE 语句的 SET 子句中

　C.INSERT 语句的 VALUES 子句中　　　　　D.所有语句

5.公用同义词由(　　)用户组拥有。

A.PUBLIC   B.SYS   C.DBA   D.SYSTEM

6.以下关于为表添加虚拟列的说法中,正确的是(　　　)。

A.虚拟列通过引用表中的其他列来计算结果,而其中的数据没有保存在数据文件中

B.虚拟列可以被 DML 语句修改

C.不能对虚拟列创建索引

D.可以对虚拟列创建主键约束

7.在删除表中的列时,使用 UNUSED 进行标记的作用是(　　　)。

A.对系统来说,被标记为 UNUSED 的列就是被删除了

B.对系统来说,被标记为 UNUSED 的列依然存在,并占用存储空间

C.对用户来说,被标记为 UNUSED 的列就像是被删除了,无法进行查询

D.使用 UNUSED 标记的作用和直接使用 DROP 是一样的

8.以下(　　　)约束的定义不会自动创建索引。

A.PRIMARY KEY   B.UNIQUE   C.NOT NULL   D.FOREIGN KEY

二、简答题

1.试说明 VARCHAR2 和 CHAR 的区别,举例说明它们分别用在什么场合下。

2.试说明创建序列时,设置 CACHE 20 和 NOCACHE 的区别。

3.表的约束有几种？分别起什么作用？

三、实训题

1.写出如下操作 SQL 语句:按下列表结构的定义,利用 SQL 语句创建 majorinfo 表和 students 表,存储于 DEMOTS 表空间中。

专业信息表 majorinfo

列　名	数据类型	约　束	备　注
major_id	NUMBER(11)	主键	专业 ID
major_name	VARCHAR2(20)		专业名称

学生信息表 students

列　名	数据类型	约　束	备　注
sno	NUMBER(11)	主键	学号
sname	VARCHAR2(10)		学生姓名
gender	CHAR(2)		性别
birthday	VARCHAR2(10)		出生日期
phone	NUMBER(11)		电话号码
address	VARCHAR2(60)		地址
major_id	NUMBER(11)		专业 id

2.创建一个序列 sno_seq,将该序列作为表 students 的主键列,从 1 开始取值,最大为 1 000 000,其他参数均采用默认设置。

3.利用 SQL 语句修改第 1 题创建的 students 表,为其 sname 列添加唯一性约束和非空约束。

4.利用 SQL 语句修改第 1 题创建的 students 表,为 gender 列添加一个检查约束,保证该列取值为"男"或者"女"。

5.利用 SQL 语句修改第 1 题创建的 students 表,为其 major_id 添加一个外键约束,它参照 majorinfo 表的 major_id 列,要求定义为级联删除。

6.利用 SQL 语句修改第 1 题创建的 students 表,使第 5 题添加在 major_id 列上的外键约束暂时失效,并查询其状态。

设计一个索引 noo_seq，作为每个对象在 students 表中建立 b-树复合索引，索引
1 000 000 行的表，索引是在最右用户图索大小。

5 使用 SQL 语句改变表名 students by 建立 students 组合列建立一节深度 10 行数。

4 对用 SQL 语言创建一个 students 组全部进入 a_vb students，当在用那建立组合
组设置虚拟图索引。

5 使用 SQL 语句语言进行改变 students 全和 major_id 名别等组合
in major_id 的列别，基本列相关列于又交换表细则。

6 使用 SQL 语言语言改变 students 组合在基本在 major_id 在于组合组别
最增细别以上实现组别名。

第 **10** 章
索引和视图

索引是关系数据库中的一种基本对象,它建立在表的一个或多个列上,是表中数据与相应存储位置的列表,目的是提高该表上的查询速度。

视图建立在一个或多个表(或其他视图)上并从中读取数据,它是查看表中数据的一种方式,其中并没有物理存储数据,不占用实际的存储空间,所以说视图是一个虚拟的表。利用视图可以简化查询语句,以实现安全和保密的目的。

本章将介绍 Oracle Database 11g 中索引的基本概念、创建、维护,以及创建视图、修改视图、删除视图等视图管理操作。

10.1 索 引

数据库中的表上是否建立索引、建立什么类型索引以及建立多少索引,会直接影响到应用的性能。索引可以提高表的查询速度,但是如果需要频繁在表上执行 DML 操作,索引中的数据可能需要重新排序,从而降低数据库的性能。因此,如果在表上主要执行 DML 操作,而不是查询操作,那么应该考虑减少甚至不创建索引。如果需要向表中插入大量的数据,那么可以考虑在这个操作完成之后再创建索引。

Oracle Database 11g 中提供了多种类型的索引:B-树索引、位图索引、基于函数的索引、反向键值索引、域索引等。下面介绍各种类型索引的特点和创建方法。

10.1.1 创建索引

索引有两种创建方式,一种方式是在表上指定主键约束或唯一性约束时自动创建唯一索引,另一种方式是通过命令手工创建。前一种方式在第 9 章中已经介绍,这里主要介绍后一种方式。

索引是一种数据库对象,它虽然建立在某个表之上,但一般情况下它被单独存放在一个索引段中,因此用户在创建索引时可以为索引段指定物理属性和存储参数等信息。

使用 CREATE INDEX 语句创建索引,其基本语法格式为:

CREATE [UNIQUE | BITMAP] INDEX [模式名.]索引名

ON［模式名.］表名(列 1，列 2,...)

［TABLESPACE 表空间名 | DEFAULT］

［REVERSE］；

(1)B-树索引

B-树索引是 Oracle 数据库中最常用的一种索引结构,它按照平衡树算法来构造索引,这种索引中的叶子结点保存索引键值和一个指向索引行的 ROWID 信息。默认情况下,Oracle 数据库中创建的索引就是非唯一 B-树索引。

例如,下面代码在 books 表的 bookprice 列上创建一个非唯一 B-树索引。

```
SQL> CREATE INDEX bookprice_idx ON books(bookprice) TABLESPACE USERS;
```

通过在 CREATE INDEX 语句中添加 UNIQUE,用户可以自己创建唯一 B-树索引,简称唯一索引。

例如,下面代码在 books 表的 booknum 列上创建一个唯一索引。

```
SQL> CREATE UNIQUE INDEX booknum_idx ON books(booknum);
```

(2)位图索引

与 B-树索引不同,位图索引不存储 ROWID 值,也不存储键值,它用一个索引键条目存储指向多行的指针,即每个索引条目指向多行。位图索引占用空间小,适合索引值基数少,高度重复而且只读的应用环境使用,也就是查询的列只有的几个固定值的情况,如性别、付款方式等。

例如,下面代码在 orders 表的 payterms 列上创建一个位图索引。

```
SQL> CREATE BITMAP INDEX payterms_idx ON orders(payterms);
```

(3)基于函数的索引

基于函数的索引是在 B-树索引或位图索引的基础上,将一个函数计算得到的结果作为索引值而创建的索引。函数可以是预定义函数,也可以是用户自定义的函数。无论是哪种情况,函数必须已经存在。

例如,下面代码在 books 表的 bookname 列创建一个基于函数的索引,以便在该列上执行与大小写无关的查询。

```
SQL> CREATE INDEX bookname_idx ON books(UPPER(bookname));
```

当用户执行下面的查询操作时就可以加快速度。因 UPPER(bookname)的值已经提前计算并存储在索引中了。

```
SQL> SELECT * FROM books WHERE UPPER(bookname) LIKE 'ORACLE%';
```

(4)反向键值索引

索引列上的数据越随机,就越能体现 B-树索引的优越性。然而,如果表中一个列上的值已经有序,或者基本有序,那么在该列上建立索引时,应该选择反向键值索引。创建反向键值索引的方法与创建 B-树索引的方法类似,只不过是把索引列上的值按照相反的顺序存储在索引中,语法上只是需要使用 REVERSE 关键字进行区别。

例如,下面代码在表 books 的 bookid 列上创建反向索引,可以执行下面的语句:

```
SQL> CREATE INDEX bookid_idx ON books(bookid) REVERSE;
```

在 ALTER INDEX 命令中,通过加 REBUILD NOREVERSE 或 REBUILD REVERSE 子句把索引修改为普通索引或反向键值索引。

(5)域索引

域索引就是用户自己构建和存储的索引,优化器根据索引的选择和执行的开销决定是否使用该索引。Oracle 文本索引就是一种域索引,用于对大量的文本项提供关键字搜索。要完成基于文本的搜索,需要安装 Oracle Database 11g 中的 Oracle Text 组件,这里不再详细介绍。

10.1.2 修改索引

索引的修改主要包含修改索引的物理属性、手工分配和回收存储空间、重建索引、合并索引、重命名索引等。

(1)合并索引

数据库在使用过程中,表的数据不断被更新,就会在索引中产生越来越多的存储碎片,DBA 可以通过索引的合并操作来清理这些存储碎片。SQL 语句的语法为:

ALTER INDEX 索引名 COALESCE [DEALLOCATE UNUSED];

其中:

①COALESCE 表示合并索引。

②DEALLOCATE UNUSED 表示合并索引的同时,释放合并后多余的存储空间。合并的操作只是将 B-树索引的叶子节点中的存储碎片合并在一起,并没有改变索引的物理组织结构。

(2)重构索引

与合并操作类似,重构索引也可以清除存储碎片,并且重构操作可以改变索引的存储位置,其语法为:

ALTER INDEX 索引名 REBUILD [TABLESPACE 表空间名];

其中,TABLESPACE 子句为索引指定新的存储表空间。

例如,下面语句对 books 表中 bookname 列上的 bookname_idx 索引进行重构,并把重构后的索引存储到 demots 表空间上。

```
SQL> ALTER INDEX bookname_idx REBUILD TABLESPACE demots;
```

重构索引是根据原来的索引结构重新建立索引,实际是删除原来的索引后再重新建立。DBA 经常用重构索引来减少索引存储空间碎片,提高应用系统的性能。

(3)重命名索引

使用 ALTER INDEX ...RENAME TO ...语句可以对索引进行重命名。

例如,下面代码将索引 bookname_idx 重命名为 bn_idx。

```
SQL> ALTER INDEX bookname_idx RENAME TO bn_idx;
```

10.1.3 删除索引

对于不再使用或者使用率不高的索引,应该及时删除。使用 DROP INDEX 语句删除指定的索引。

例如,下面语句删除索引 bn_idx。

```
SQL> DROP INDEX bn_idx;
```

如果索引是在定义约束时由系统自动建立,则在禁用或删除约束时,该索引会被自动删除;此外,当表结构被删除时,与其相关的所有索引也随之被删除。

10.1.4　索引的监视和查询

索引可以在提高检索数据性能的同时降低更新的速度,因此,对于已经建立的索引,管理员应经常查看其工作情况。通过对索引进行监视和查询能够有效判断索引的使用效率。

(1)监视索引

要查看某个索引的使用情况,需要对该索引打开监视,然后通过查看动态性能视图 V$OBJECT_USAGE 获取索引的使用情况。下面的例子说明了索引监视的过程。

首先打开索引监视,以了解索引 booknum_idx 的使用情况:

```
SQL> ALTER INDEX booknum_idx MONITORING USAGE;
```

之后,查询 V$OBJECT_USAGE 获得索引使用情况信息:

```
SQL> SELECT index_name, used, start_monitoring FROM V$OBJECT_USAGE;
```

其中,index_name 列、start_monitoring 列和 used 列分别指出所监视的索引名称,监视的开始时间,以及索引是否被使用过。

用户执行下面查询,查询结果中 index_name 值为 booknum_idx 的索引,used 列值为 no,说明索引 booknum_idx 从建立开始还未被使用过。

```
SQL> SELECT * FROM books WHERE booknum = 'DB1002';
```

之后,再次查看索引的使用情况,查询结果中 used 列的值变为 yes,说明 booknum_idx 索引已经被使用过:

```
SQL> SELECT index_name, used, start_monitoring FROM V$OBJECT_USAGE;
```

当不需要对索引进行监视时,可以调用 ALTER INDEX …NOMONITORING USAGE 语句关闭监视。例如:

```
SQL> ALTER INDEX booknum_idx NOMONITORING USAGE;
```

(2)查询索引信息

索引定义信息存储在 Oracle 数据库的数据字典内,与索引相关的数据字典和动态性能视图见表 10.1。

表 10.1　与索引定义相关的数据字典和性能视图

数据字典	描　　述
DBA INDEXES ALL_INDEXES USER_INDEXES	数据库内的所有索引 当前用户可访问的表上的索引 当前用户拥有的索引
DBA_IND_COLUMNS ALL_IND_COLUMNS USER_IND_COLUMNS	数据库内所有表上的索引列 当前用户可访问的所有表上的索引列 当前用户拥有索引的列
DBA_IND_EXPRESSIONS ALL_IND_EXPRESSIONS USER_IND_EXPRESSIONS	数据库内所有基于函数的索引的表达式 当前用户可访问的基于函数的索引的表达式 当前用户拥有的基于函数的索引的表达式
DBA_INDEXTYPES ALL_IDEXTYPES USER_IDEXTYPES	数据库内所有索引类型 当前用户可访问的索引类型 当前用户拥有的索引类型
INDEX STATS	存储最后一次执行 ANALYZE INDEX …VALIDATE STRUCTURE 语句分析索引结构所产生的信息
V$OBJECT_USAGE	存储从数据库搜集到的有关当前用户所拥有索引的使用统计 信息

例如,下面语句查询当前用户在 books 表上拥有的索引信息。

```
SQL> SELECT index_name, index_type FROM USER_INDEXES WHERE table_name =
'BOOKS';
```

10.2　视　图

视图是一种非常重要的数据库对象,它的形式类似于普通表,用户可以从视图中查询数据。但是,在视图中并不存储真正的数据,而是仅仅保存一条 SELECT 语句,它只是建立在表上的一种虚表,对视图的访问将被转化为对表的访问。视图所基于的表称为基表,而视图可以认为是对基表的一种查询操作。

使用视图的主要目的是方便用户访问基表,以及保证用户对基表的安全访问。

10.2.1　创建视图

创建视图的命令是 CREATE VIEW,该命令的格式为:
CREATE VIEW [模式名.]视图名
AS SELECT 语句
[WITH {READ ONLY | CHECK OPTION}];

其中：

WITH READ ONLY 限定对视图只能进行查询操作，不能进行 DML 操作。

WITH CHECK OPTION 限定 DML 操作必须满足一定的条件。

例如，下面的语句创建视图 books_view，它所代表的操作是查询图书信息表中图书价格大于 32 的图书编号、图书名称、图书价格。

```
SQL>CREATE VIEW books_view AS SELECT booknum, bookname, bookprice
    FROM books WHERE bookprice > 32;
```

因此，当用户检索视图时，就可以看到所有价格大于 32 的图书。

```
SQL> SELECT  *  FROM books_view;
```

又如，下面代码创建订单信息视图 orders_view，使用了 CHECK OPTION 约束，这样可以限制通过视图对基表所做的修改。

```
SQL>CREATE VIEW orders_view AS SELECT orderid, qty, bookid FROM orders
    WHERE qty > 100 WITH CHECK OPTION;
```

再如，下面代码基于 books 和 orders 两个表创建视图，检索信息包括图书 ID、名称和订购数量信息。

```
SQL>CREATE VIEW bo_view AS
    SELECT b.bookid, bookname, qty
    FROM books b, orders o
    WHERE b.bookid = o.bookid;
```

该例中，通过多表连接子查询创建视图 bo_view，因此查询该视图可以看到来自两个基表的信息。例如：

```
SQL> SELECT  *  FROM bo_view;
```

10.2.2　修改视图

调用 ALTER VIEW 语句可以添加、删除视图上的约束，要求 Oracle Database 重新编译视图等，当视图基表发生改变后应重新编译视图。

例如，下面代码要求重新编译前面创建的视图 bo_view。

```
SQL>ALTER VIEW bo_view COMPILE;
```

ALTER VIEW 语句无法修改视图的结构，如果需要修改视图结构，只能调用 CREATE OR REPLACE VIEW 语句，删除原来的视图并重建该视图。

例如，下面代码修改视图 books_view，添加图书类别。

```
SQL>CREATE OR REPLACE VIEW books_view
    AS SELECT booknum, bookname, category, bookprice
    FROM books WHERE bookprice> 32;
```

10.2.3　视图的 DML 操作

对视图可以执行 DML 操作，这些操作实质上是作用在基表上。一般而言，对简单视图可以完全执行数据查询、插入、更新、删除等操作。但是，对于较复杂的视图，如果其查询中包含了分组函数、GROUP BY 子句、DISTINCT 关键字、表达式定义的列或 ROWNUM 伪列等，就不能执行 DML 操作。

查询数据字典视图 USER_UPDATABLE_COLUMNS，可以了解视图中哪些列支持 DML 操作。

例如，下面代码查看视图 books_view 中的列是否支持 DML 操作。

```
SQL>SELECT column_name, insertable, updatable, deletable
    FROM USER_UPDATABLE_COLUMNS
    WHERE table_name = 'BOOKS_VIEW';
```

从查询结果可知，books_view 视图中的所有列都支持 DML 操作，因此，可以对所有列执行 DML 操作，操作的结果直接反映到基表中。

例如，下面语句通过 books_view 视图向基表中插入数据。

```
SQL>INSERT INTO books_view VALUES ('DB4003', 'Oracle 数据库管理', '计算机',
29.8);
```

该例中，通过视图 books_view 向基表 books 插入了一条记录，其中图书价格为 29.8 元(小于 32 元)，所以从 books_view 视图查询不到插入的数据。之所以上面语句能够成功执行，这是因为在创建 books_view 视图时没有使用 WITH CHECK OPTION 子句。

如果在创建视图时使用 WITH CHECK OPTION 子句，则将限定对视图执行 DML 操作产生的结果必须满足视图子查询的条件；否则，将导致 DML 语句执行失败。

例如，前面创建视图 orders_view 时使用了 CHECK OPTION 约束，所以在该视图上执行 DML 操作时，要求 DML 产生的结果数据要满足视图子查询的条件(即 qty> 100)，而下面语句插入的 qty 值是 90，违反了视图定义的 CHECK OPTION 约束，所以导致该 SQL 语句执行失败。

```
SQL> INSERT INTO orders_view VALUES (229400, 90, 400300);
```

10.2.4　删除视图

对不再需要的视图可以使用 DROP VIEW 删除，删除后，视图的定义从数据字典中删除，但是不影响数据库中基表的数据。

例如，下面语句删除视图 books_view。

```
SQL>DROP VIEW books_view;
```

本章小结

索引是 Oracle 数据库模式对象的一种,其主要作用是提高数据的查询效率。本章第一节主要介绍了索引的分类以及索引的创建、修改、删除、查看等管理操作。视图可以实现简化查询语句、安全和保密的目的。本章第二节主要介绍了视图的创建、修改、DML 操作和删除。

习　题

一、选择题

1.在 Oracle 数据库系统中,最常用的索引是(　　　)。

　A.B-树索引　　　　　B.位图索引　　　　　C.反向键值索引　　　D.文本索引

2.创建位图索引时要使用(　　)关键字。

　A.UNIQUE　　　　　B.BITMAP　　　　　C.REVERSE　　　　D.SORT

3.清除索引中的存储碎片,可以对索引进行(　　)操作。

　A.重命名　　　　　B.合并　　　　　　C.重构　　　　　　　D.删除

4.针对表中的主键约束和唯一约束,Oracle 系统会自动创建(　　)索引。

　A.位图　　　　　　B.反向键　　　　　C.文本　　　　　　　D.唯一 B-树

5.创建视图时使用(　　)子句,可以限制对视图执行的 DML 操作必须满足视图子查询的条件。

　A.FORCE　　　　　　　　　　　B.WITH OBJECT OID

　C.WITH CHECK OPTION　　　　　D.WITH READ ONLY

6.通过(　　)数据字典,可以了解视图中哪些列是可以更新的。

　A.USER_VIEWS　　　　　　　　B.USER_UPDATABLE_COLUMNS

　C.DESC　　　　　　　　　　　　D.DBA_VIEWS

7.以下选项中,(　　)不能使用 CREATE VIEW 语句创建。

　A.关系视图　　　　B.对象视图　　　　C.内嵌视图　　　　D.物化视图

8.使用如下语句创建视图:

CREATE VIEW bo_view

　AS

SELECT b.bookid, b.bookname, ord.qty

FROM books b, orders ord

WHERE b.bookid = ord.bookid;

则视图 bo_view 中(　　)列是可以更新的。

　A.book_id　　　　　　　　　　B.book_name

　C.qty　　　　　　　　　　　　D.book_id, book_name, qty

9.SQL 语言中,删除一个视图的命令是(　　　)。

A.DELETE　　　　　B.DROP　　　　　C.CLEAR　　　　　D.REMOVE

二、简答题

1.简要分析 B-树索引和位图索引的异同。

2.简要分析合并索引和重构索引的区别。

3.简述视图的作用,它和表有什么区别和联系。

三、实训题

1.写出如下操作的 SQL 语句:在 majorinfo 表的 major_name 列上创建一个唯一性索引,存储于 Users 表空间。

2.写出如下操作的 SQL 语句:在 students 表的 phone 列上创建一个非唯一 B-树索引,存储于 Users 表空间。

3.写出如下操作的 SQL 语句:在 students 表的 gender 列上创建一个位图索引,存储于 Users 表空间。

4.写出如下操作的 SQL 语句:基于"专业表""学生表"创建一个视图,包含"出生日期"在 2000 年 1 月 1 日之后的学生的信息:"学号""学生姓名""电话号码""专业名称",并且限制对视图的 DML 操作必须满足子查询的条件。

5.写出如下操作的 SQL 语句:基于"专业表""学生表"创建一个视图,包含"出生日期"在 2000 年 1 月 1 日之后的学生的信息:"学号""学生姓名""电话号码""专业名称",并且限制对视图不能进行 DML 操作。

6.写出如下操作的 SQL 语句,修改第 4 题创建的视图,修改后的视图结构为:基于"专业表""学生表"创建一个视图,包含"出生日期"在 2000 年 1 月 1 日之后的学生的信息:"学号""学生姓名""性别""出生日期""电话号码""专业名称"。

第 **11** 章
PL/SQL 语言介绍

本章主要介绍 PL/SQL 语言的基本语法应用。PL/SQL 是一种高级数据库程序设计语言,是一种 Oracle 数据库特有的、支持应用开发的语言。它是 Oracle 对标准数据库语言的扩展,是过程语言(Procedural Language)与结构化查询语言(SQL)结合而成的编程语言。它支持多种数据类型,如大对象和集合类型,可使用条件和循环等控制结构,可用于创建存储过程、触发器和程序包,还可以处理业务规则、数据库事件或给 SQL 语句的执行添加程序逻辑。另外,PL/SQL 语言还支持许多增强的功能,包括集合类型、面向对象的程序设计和异常处理等。

11.1 PL/SQL 块的基本结构

PL/SQL 程序的基本单位是块,PL/SQL 程序都是由块组成的。完整的 PL/SQL 程序块包含 3 个部分:声明部分、执行部分和异常处理部分。PL/SQL 程序块的基本结构如下:

```
[DECLARE]
    --declaration statements,声明部分,在此声明 PL/SQL 用到的变量、类型及游标,
以及局部的存储过程和函数
BEGIN
    --executable statements,可执行部分、过程及 SQL 语句,即程序的主体部分,所有
的可执行语句都放在这一部分,其他的 PL/SQL 块也可以放在这一部分形成嵌套,是唯一
不可省略的部分
[EXCEPTION]
    --exception statements 异常处理部分,在这一部分中处理异常或错误。
END ;
```

PL/SQL 块中的每一条语句都必须以分号结束,SQL 语句可以使用多行,需用分号表示该语句的结束。一行中可以有多条 SQL 语句,它们之间以分号分隔。每一个 PL/SQL 块由 BEGIN 或 DECLARE 开始,以 END 结束。

与 SQL 语句相比,使用 PL/SQL 的优点是占用网络少、传输速度快、移植性好。每执行一次 SQL 都需要与服务器端进行一次交互,当需要执行多个 SQL 时,此时与服务器端的交互量会非常大;但如果把这些 SQL 语句封装成 PL/SQL 语句块,进行一次性的与服务器端进行交互,这样占用的数据传输量就会少很多,而且速度更快。执行 SQL 与 PL/SQL 的区别如图11.1所示。

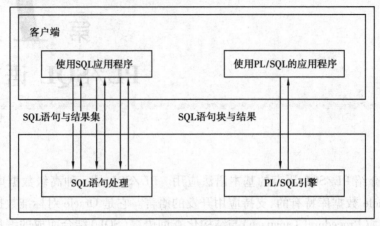

图 11.1　PL/SQL 与 SQL 的执行区别

PL/SQL 块可以分成 3 类:

①匿名块:动态构造,只能执行一次 。

②子程序:存储在数据库中的存储过程、函数及包等。当在数据库上建立好后可以在其他程序中调用它们。

③触发器:当数据库发生操作时,会触发一些事件,从而自动执行相应的程序。

当编译过程完成时,命名 PL/SQL 语句块所处的状态会设置为 VALID,否则为 INCALID。命名 PL/SQL 语句块的成功编译并不能保证以后能被成功执行,当执行语句块时,如果当前语句块所引用的任何存储对象不存在或者当前语句块无法访问,则无法执行,此时命名 PL/SQL语句块所处的状态会设置为 INVALID。

11.2　PL/SQL 数据类型

11.2.1　数字数据类型

数字数据类型存储的数据为数字,用此数据类型存储的数据可用于计算,此类型包括 BINARY_INTEGER、NUMBER 和 PLS_INTEGER。

(1)BINARY_INTEGER

用于存储带符号的整数,值的范围为 $-2^{31}-1 \sim 2^{31}-1$。PL/SQL 预定义了以下 BINARY_INTEGER 的子类型。

①NATURAL:可以限制变量存储非负整数值。

②NATURALN:可以限制变量存储自然数,且非空。

③POSITIVE:可以限制变量存储正整数。

④POSITIVEN:可以限制变量存储正整数,且非空。

⑤SIGNTYPE:可以限制变量只存储值−1、0、1 三个值。

（2）NUMBER

用于存储整数、定点数和浮点数,以十进制格式进行存储。它便于存储,但是在计算上,系统会自动将它转换为二进制格式进行运算。

定义方式为 NUMBER(P,S)。其中,P 是精度,最大为 38 位;S 是刻度范围,可在−84 ~ 127 取值。例如,NUMBER(5,2)可以用来存储−999.99 ~ 999.99 间的数值。P、S 可以在定义中省略,例如 NUMBER(5)、NUMBER。

NUMBER 数据类型包括以下子类型:

①DECIMAL:用于声明最高精度为 38 位的十进制数字的定点数。

②FLOAT:用于声明最高精度为 126 位的二进制数字的浮点数。

③INTEGER:用于声明最高精度为 38 位的十进制数字的整数。

④REAL:用于声明最高精度为 63 位的二进制数字的浮点数。

（3）PLS_INTEGER

用于存储带符号的整数。PLS_INTEGER 的大小范围为−2^{31} ~ 2^{31}。与 BINARY_INTEGER 基本相同,但采用机器运算时,PLS_INTEGER 可提供更好的性能。与 NUMBER 数据类型相比,PLS_INTEGER 需要的存储空间更小。通常建议只要是在 PLS_INTEGER 数值范围内的计算都使用此数据类型,以提高计算效率。

11.2.2　字符数据类型

字符数据类型用于存储字符串或字符数据。字符数据类型包括下述几种。

（1）CHAR

描述定长的字符串。如果实际值不够定义的长度,则系统将以空格填充。它的声明方式为 CHAR(L),L 为字符串长度,缺省值为 1,作为变量,其长度最大为 32 767 个字符。

（2）CHARACTER

存储定长字符串,如果长度没有确定,则缺省值为 1。

（3）LONG

存储可变长度字符串。在数据库存储中,LONG 可以用来保存高达 2 GB 的数据,作为变量,可以表示一个最大长度为 32 760 B 的可变字符串。

（4）RAW

类似于 CHAR,声明方式为 RAW(L),L 为长度,以字节为单位,作为数据库列,最大为 2 000 B,作为变量,最大为 32 767 B。RAW 用于存储二进制数据和字节字符串,当在两个数据库之间进行传递时,RAW 数据不在字符集之间进行转换。

（5）LONGRAW

类似于 LONG,作为数据库列最大可存储 2 GB 的数据,作为变量,最大为 32 760 B。同样地,它也不能在字符集之间进行转换。

（6）ROWID

与数据库 ROWID 类型相同,能够存储一个行标识符,可以将行标识符看作数据库中每一行的唯一键值,可以利用 ROWIDTOCHAR 函数来将行标识转换成为字符。

（7）VARCHAR2

描述变长字符串。它的声明方式为 VARCHAR2（L），其中，L 为字符串长度（其实是字节数），没有缺省值，作为变量最大为 32 767 B，作为数据存储在 Oracle 中最大为 4 000 B。在多字节语言环境中，实际存储的字符个数可能小于 L 值。例如，当语言环境为中文（SIMPLIFIED CHINESE_CHINA.ZHS16GBK）时，一个 VARCHAR2（200）的数据列可以保存 200 个英文字符或者 100 个汉字字符。

（8）NCHAR，NVARCHAR

国家字符集，与环境变量 NLS 指定的语言集密切相关，使用方法和 CHAR、VARCHAR2 相同。

11.2.3　BOOLEAN 数据类型

BOOLEAN 用来存储逻辑值 TRUE、FALSE 或 NULL，无参数。

11.2.4　DATE 数据类型

DATE 用来存储固定长的日期和时间值，日期值中包含时间。它支持的日期范围为公元前 4712 年 1 月 1 日到公元 9999 年 12 月 31 日。日期函数 sysdate 返回当前日期和时间。

11.2.5　LOB 大对象数据类型

LOB（Large Object，大对象）数据类型用于存储类似图像、声音等大型数据对象。LOB 数据对象可以是二进制数据，也可以是字符数据，其最大长度不超过 4 GB。

11.2.6　复合类型

复合类型是标量类型的组合，使用这些数据类型可以拓宽应用范围。对于复合类型，应先定义，再声明，最后才能使用。常用的复合类型有属性（%TYPE、%ROWTYPE）、记录、表和数组。

属性类型用于引用数据库列的数据类型，以及表示表中一行的记录类型。属性类型有以下两种。

（1）%TYPE

用于引用变量和数据库列的数据类型。例如，使用%TYPE 声明变量：

v_empID　　employees.employee_ID%TYPE。

（2）%ROWTYPE

用于提供表示表中一行的记录类型。例如，使用%ROWTYPE 声明变量：

emp_ex　　employees %ROWTYPE;

11.3　PL/SQL 基本语法规范

11.3.1　词汇与符号规范

（1）词汇单元

①标识符：必须以字母开头，最多包含 30 个字符。

②保留字:是 PL/SQL 专用词,不能声明为标识符。

③定界符:只对 PL/SQL 有特殊含义的字符,例如算数操作符与引号等。

④字面值:是不代表标识符的值。

⑤注释:可以是单行注释(--)或者多行注释(/ * … */)。

(2) 操作符

定界符中的一个大类,是表达式中标识符或字面值之间的分隔符,用于进行操作运算等。可以分为如下几种。

①算数操作符:如 * * 、* ∕、+、-等。

②比较操作符:如 = 、<>、! = 、<、>、< = 、> = 、LIKE、IN、BETWEEN、IS NULL、IS NOT NULL、NOT IN 等。

③逻辑操作符:AND、OR、NOT。

④赋值符::=。

11.3.2　输出显示

PL/SQL 语句块可以直接在 SQL * Plus 中进行输出显示,但需要事先将服务器输出环境变量设置为 ON,并使用 DBMS_OUTPUT 程序包的 PUT_LINE 或 PUT 过程来实现。基本用法见如下应用示例。

```
SQL> set serveroutput on;            —打开服务器输出
SQL> BEGIN
  2   dbms_output.put('我是');        —输出但不换行
  3   dbms_output.put_line('中国人');  —输出并换行
  4   END;
  5   /                               —以'/'结束并执行语句块
我是中国人
PL/SQL 过程已成功完成。
```

11.3.3　PL/SQL 变量和常量

在 PL/SQL 语言中,常量值包括 4 种类型:

①数字常数:25 、-89、0.01、2E-2 都是数字常数。

②字符和字符串常数:' a '、' 8 '、'? '、'-'、'%'、'#'都是字符常数,' hello world ! '是字符串常数。

③布尔常数:包括 TRUE(真)、FALSE(假)和 NULL(不确定或空)。

④日期常数:日期常数为 Oracle 能够识别的日期。日期常数也必须放在英文单引号内,例如,' 12-六月-1999 '、' 12-JUN-98 '都是日期常数。

(1) 变量和常量的声明

变量和常量由用户定义。使用变量和常量前需在 PL /SQL 程序块的声明部分(DECLARE)对其进行声明,目的是为它分配内存空间。语法如下:

```
<变量|常量名>[CONSTANT]<数据类型>[ NOT NULL][ : = |DEFAULT <初始值>];
```

说明：

①变量名和常量名必须以字母 A~Z 开头，不区分大小写，其后跟可选的一个或多个字母、数字（0~9）、特殊字符（＄、#或_），长度不超过 30 个字符，变量名和常量名中不能有空格。

②CONSTANT 是声明常量的关键字，只在声明常量时使用。

③每一个变量或常量都有一个特定的数据类型。

④每个变量或常量声明占一行，行尾使用分号";"结束。

⑤常量必须在声明时赋值。

⑥可以在声明变量的同时给变量强制性地加上 NOT NULL 约束条件，此时变量在初始化时必须赋值。

（2）变量的赋值

变量的赋值是在程序块的执行部分进行的，给变量赋值分两种方式，一种是用赋值符（：=）直接赋值，一种是用 SELECT…INTO…语句或 FETCH…INTO…语句赋值。

```
SQL> set serveroutput on
SQL> declare
  2      empID int;
  3      fName employees.first_name%type;
  4   begin
  5      empID:=150;
  6      select first_name into fName from employees where employee_ID=empID;
  7      dbms_output.put_line(fName);
  8   end;
  9   /
Peter

PL/SQL 过程已成功完成。
```

（3）替代变量

使用前缀 & 或者 && 可以指定替代变量，使用替代变量时，在执行程序前，需要用户提供替代变量的值。替代变量仅用于输入目的，不能用于输出某用户的值。

```
SQL> set serveroutput on
SQL> declare
  2      sal employees.salary%type;
  3   begin
  4      dbms_output.put_line('根据员工号,查询员工的工资');
  5      select salary into sal from employees where employee_ID=& 员工号;
  6      dbms_output.put_line('工资为:'||sal);
  7   end;
  8   /
```

输入 员工号 的值： 150
原值　　 5：　　　　 select salary into sal from employees where employee_ID=& 员工号；

新值　　 5：　　　　 select salary into sal from employees where employee_ID=150；
根据员工号,查询员工的工资
工资为:10 000

PL/SQL 过程已成功完成。

（4）PL/SQL 中的变量作用范围及可见性

①变量的作用范围是在所引用的程序单元(块、子程序、包)内,即从声明变量开始到该块的结束。

②一个变量(标识)只能在所引用的块内是可见的。

③当一个变量超出了作用范围,PL/SQL 引擎就释放用来存放该变量的空间,因为它可能不用了。

④在子块中重新定义该变量后,它的作用仅在该子块内。

11.4　PL/SQL 的控制结构

控制结构控制 PL/SQL 程序流程的代码行,PL/SQL 支持条件控制、循环控制结构、跳转和返回语句。

11.4.1　条件结构

PL/SQL 语言中的条件控制语句有 IF 语句、CASE 语句,用它们可以实现条件选择。

（1）IF 语句

PL/SQL 语言中的 IF 语句不但可以实现多条件分支,还可以进行条件嵌套。基本语法格式如下:

```
IF CONDITION1 THEN
        STATEMENT 1;
ELSIF CONDITION2 THEN
    —嵌套 IF
        IF CONDITION3 THEN
            STATEMENT 3;
        ELSE
            STATEMTNE 4;
        END IF;
    —
ELSIF (CONDITION4) [OR/AND] (CONDITION5) THEN
```

```
        STATEMENT 5;
ELSE
        STATEMENT 6;
END IF;
```

应用示例,根据输入的员工号,查询员工的工资,并根据工资多少,输出其对应的收入等级。代码如下:

```
SQL> set serveroutput on
SQL> declare
  2        sal employees.salary%type;
  3        v_str varchar2(10);
  4  begin
  5        dbms_output.put_line('根据员工号,查询员工工资等级');
  6        select salary into sal from employees where employee_ID=& 员工号;
  7        IF sal >= 12000 THEN
  8          v_str := '高收入';
  9        ELSIF sal >= 8000 THEN
 10          v_str := '中产收入';
 11        ELSIF sal >= 3000 THEN
 12          v_str := '一般收入';
 13        ELSE
 14          v_str :='低收入';
 15        END IF;
 16        dbms_output.put_line('工资等级为:'||v_str);
 17  end;
 18  /
输入 员工号 的值:  150
原值      6:    select salary into sal from employees where employee_ID=& 员工号;
新值      6:    select salary into sal from employees where employee_ID=150;
根据员工号,查询员工的工资等级
工资等级为:中产收入

PL/SQL 过程已成功完成。
```

(2)CASE 语句

CASE 又分为简单 CASE 语句、搜索式 CASE 语句,两者的用法有一定的区别。简单 CASE 语句只进行等值比较,用表达式确定返回值;搜索式 CASE 语句可以进行多种条件的比较,用条件确定返回值。

事实上,PL/SQL 中的 CASE 语句可以实现 IF 语句的所有功能,并且其代码结构具有更好的阅读性,因此,在进行多条件分支判断时,建议尽量使用 CASE 语句代替 IF 语句。

1) 简单 CASE 语句的语法格式

```
CASE SELECTOR
                        —SELECTOR 选择器只会计算一次
    WHEN EXPRESSION 1 THEN STATEMENT 1;
                        —EXPRESSION 1 表达式是否与选择器匹配
    WHEN EXPRESSION 2 THEN STATEMENT 2;
    …
    WHEN EXPRESSION N THEN STATEMENT N;
    [ ELSE STATEMENT N+1; ]
                        —ELSE 语句是可选的
END CASE;
```

2) 搜索式 CASE 语句的语法格式

```
CASE
    WHEN SEARCH CONDITION1 THEN STATEMENT 1;
    WHEN SEARCH CONDITION2 THEN STATEMENT 2;
    …
    WHEN SEARCH CONDITION3 THEN STATEMENT N;
    [ ELSE STATEMENT N+1 ]
END CASE;
```

在搜索式 CASE 语句中,CASE 关键字后没有表达式。此时,CASE 语句对每一个 WHEN 子句中的条件进行判断,当条件为真时,执行其后的语句;如果所有条件都不为真,则执行 ELSE 子句后的语句。

上述计算收入等级的 PL/SQL 块,可以使用搜索式 CASE 语句实现。

```
SQL> set serveroutput on
SQL> declare
  2      sal employees.salary%type;
  3      v_str varchar2(10);
  4  begin
  5      dbms_output.put_line('根据员工号,查询员工的工资等级');
  6      select salary into sal from employees where employee_ID=& 员工号;
  7      CASE
  8      WHEN sal >= 12000 THEN
  9          v_str := '高收入';
 10      WHEN sal >= 8000 THEN
 11          v_str := '中产收入';
 12      WHEN sal >= 3000 THEN
 13          v_str := '一般收入';
```

```
14        ELSE
15            v_str :='低收入';
16      END CASE;
17      dbms_output.put_line('工资等级为:'||v_str);
18  end;
19  /
输入 员工号 的值:  100
原值      6:    select salary into sal from employees where employee_ID=＆员工号;
新值      6:    select salary into sal from employees where employee_ID=100;
根据员工号,查询员工的工资等级
工资等级为:高收入

PL/SQL 过程已成功完成。
```

如果要了解收入等级的分界线,则可用简单的 CASE 语句来实现。

```
SQL> set serveroutput on
SQL> declare
2        v_str varchar(30);
3        v_input varchar(30);
4  begin
5        dbms_output.put_line('根据收入等级名称,输出该等级的分界线');
6        v_input :='＆收入等级名称';
7        CASE v_input
8        WHEN '高收入' THEN
9            v_str :='工资高于12000';
10       WHEN '中产收入' THEN
11           v_str :='工资高于8000,低于12000';
12       WHEN '一般收入' THEN
13           v_str :='工资高于3000,低于8000';
14       WHEN '低收入' THEN
15           v_str :='工资低于3000';
16       ELSE
17           v_str :='输入有误';
18       END CASE;
19       dbms_output.put_line(v_str);
20  end;
21 /
输入 收入等级名称 的值:  高收入
原值      6:    v_input :='＆收入等级名称';
```

新值　　6：　　v_input ：= '高收入'；
根据收入等级名称,输出该等级的分界线
工资高于 12000

PL/SQL 过程已成功完成。

11.4.2　循环结构

PL/SQL 的循环结构包括 LOOP 简单循环、WHILE 循环和 FOR 循环 3 种。

（1）LOOP 简单循环

LOOP 简单循环的语法结构如下。

```
LOOP
    STATEMENT 1;
    [
        IF CONDITION THEN
            EXIT;
        END IF;
    ]|[
        EXIT WHEN CONDITION;
    ]
    STATEMENT 2
END LOOP;
```

LOOP 简单循环自身没有循环条件判断,所以循环体中一定要包含 EXIT 语句,否则程序将进入死循环。如果 EXIT 语句使用了 WHEN 子句,则实现有条件的退出;否则就是无条件地退出。如下示例用于计算 10 以内的正整数平方和,代码如下：

```
SQL> set serveroutput on
SQL> DECLARE
2      v_i INTEGER ：= 1;
3      v_sum INTEGER ：= 0;
4   BEGIN
5     LOOP
6       v_sum ：= v_sum + v_i * v_i;
7       v_i ：= v_i + 1;
8       EXIT WHEN v_i > 10;
9     END LOOP;
10      DBMS_OUTPUT.PUT_LINE（'10 以内的正整数平方和等于' || v_sum）;
```

```
11   END；
12   /
10 以内的正整数平方和等于 385

PL/SQL 过程已成功完成。
```

(2) WHILE 循环

WHILE 循环在 LOOP 简单循环的基础上添加了循环条件,即先判断循环条件是否满足,只有满足 WHILE 循环条件才进入循环体进行操作。WHILE 循环的语法结构如下。

```
WHILE CONDITION LOOP
    STATEMENT1;
    [EXIT WHEN CONDITION]
    STATEMENT;
END LOOP;
```

用于 WHILE 循环计算 10 以内的正整数平方和,代码如下:

```
SQL> set serveroutput on
SQL> DECLARE
  2     v_i INTEGER := 1;
  3     v_sum INTEGER := 0;
  4   BEGIN
  5     WHILE v_i <= 10 LOOP
  6       v_sum := v_sum + v_i * v_i;
  7       v_i := v_i + 1;
  8     END LOOP;
  9     DBMS_OUTPUT.PUT_LINE('10 以内的正整数平方和等于' || v_sum);
 10   END;
 11   /
10 以内的正整数平方和等于 385

PL/SQL 过程已成功完成。
```

(3) FOR 循环

FOR 循环是一种基于整数型变量的循环,系统自动定义一个循环变量,每次循环时该变量自动减 1 或加 1,以此控制循环的次数。FOR 循环的语法结构如下。

```
FOR loop_counter IN [REVERSE] lower_limmt ..upper_limmt LOOP
    STATEMENT1;
    [EXIT WHEN CONDITION]
    STATEMENT;
END LOOP;
```

其中,REVERSE 表示该 FOR 循环是逆向 FOR 循环(循环变量自动减 1),省略该选项的 FOR 循环也称为正向 FOR 循环。

FOR 循环中,循环变量为 PL/SQL 隐含声明的局部变量,它只在循环语句内有效,循环结束后即被释放。所以,用户不必在 PL/SQL 块的声明区内声明循环变量。如果用户所声明的变量与循环变量同名,则在 FOR 循环内,循环变量为局部变量,用户变量为全局变量,这时局部变量将隐藏全局变量。循环体内语句需要参照用户变量时,必须使用变量的作用域名称进行限定。

FOR 循环隐含声明的循环变量为整数型,所以,循环语句中的下界表达式和上界表达式必须为整数型表达式。

FOR 循环的执行流程为:进入 FOR 循环时,首先计算下界表达式和上界表达式之值,并且在整个循环期间,这两个表达式的值只计算这一次。

对于正向 FOR 循环,把计算出来的下界表达式的值赋值给循环变量,然后开始第一次循环条件测试,如果循环变量值小于等于上界表达式之值,即循环条件为 TRUE 时,执行循环语句。执行一次循环后,循环变量的值自动加 1,进入下一次循环测试。在进入下一次循环测试时,不再计算下界表达式和上界表达式的值。之后如此循环下去,直至循环条件为 FALSE 时才结束循环。

对于逆向 FOR 循环,计算下界表达式和上界表达式之值后,把上界表达式的值赋值给循环变量,然后开始第一次循环条件测试,如果循环变量值大于等于下界表达式之值,即循环条件为 TRUE 时,执行循环语句,之后,循环变量的值自动减 1,进入下一次循环条件测试,如此循环下去,直至循环条件为 FALSE 时才结束循环。

用于 FOR 循环计算 10 以内的正整数平方和,代码如下:

```
SQL> set serveroutput on
SQL> DECLARE
  2       v_sum INTEGER : = 0;
  3   BEGIN
  4     for v_i IN 1 ..10 LOOP
  5       v_sum : = v_sum + v_i * v_i;
  6     END LOOP;
  7     DBMS_OUTPUT.PUT_LINE('10 以内的正整数平方和等于' || v_sum);
  8   END;
  9   /
10 以内的正整数平方和等于385

PL/SQL 过程已成功完成。
```

11.4.3　顺序控制语句

顺序控制用于按顺序执行语句。用户可以使用标签使程序获得更好的可读性。程序块或循环都可以被标记,标签的形式是<< >>。

(1)标记程序块

标记程序块基本语法如下。

```
[DECLARE]
    declaration statements
BEGIN
    executable statements1
    <<LABEL_NAME>>
    executable statements2
[EXCEPTION]
    exception statements
END;
```

(2) GOTO 语句

GOTO 语句的基本语法如下。

```
GOTO LABEL_NAME;
```

执行 GOTO 语句时,控制会立即转到由标签标记的语句。PL/SQL 中对 GOTO 语句有一些限制。对于块、循环、IF 语句而言,从外层跳转到内层是非法的。

```
SQL> set serveroutput on
SQL> declare
  2        sal employees.salary%type;
  3  begin
  4        select salary into sal from employees where employee_ID=130;
  5        if sal < 8000 then
  6          goto updat;
  7        else
  8          goto quit;
  9        end if;
 10        <<updat>>
 11        update employees set salary=sal + 100 where employee_ID=130;
 12        <<quit>>
 13        NULL;
 14  end;
 15  /

PL/SQL 过程已成功完成。
```

其中,NULL 语句(空语句)只是一个占位符,它不实现任何具体操作。

11.5　游　标

11.5.1　游标简介

游标(Cursor)是处理数据的一种方法,可以查看或者处理结果集中的数据。游标是指向查询结果集缓冲区的句柄或指针,通过游标可以一次提取一行数据进行处理。也可以说,游标是一块内存区域及其内部可以移动的指针的结合体,先用内存来存放查询的结果,然后用指针从中一行行地取出进行处理。

在 PL/SQL 块中执行查询语句和数据操纵语句时,Oracle 会为其分配上下文区。游标是指向该上下文区的指针。游标的种类与用法很多,分为隐式游标、显示游标等。

11.5.2　隐式游标

PL/SQL 为所有数据操纵语句和单行查询语句隐式声明游标,对于此类游标,用户不能直接命名和控制。当运行数据操纵语句时, PL/SQL 打开一个内建游标并处理结果。Oracle 预先定义一个名为 SQL 的隐式游标,通过检查隐式游标的属性可以获得与最近执行的 SQL 语句相关的信息。

数据操纵语句的结果保存在 4 个游标属性中,这些属性用于控制程序流程或者了解程序的状态。现介绍一般游标的这 4 个属性的作用。

(1)%ISOPEN

布尔型,用于判断游标是否已经打开,如果打开,则返回 TRUE;否则,返回 FALSE。

(2)%FOUND

布尔型,用于判断最近一次的数据提取(FETCH)语句是否提取到了记录,如果提取到,则返回 TRUE;否则,返回 FALSE,而在游标打开之后,第一次提取之前,该属性的值为 NULL。

(3)%NOTFOUND

布尔型,用于判断最近一次的数据提取语句是否提取到了记录,如果未提取到则返回 TRUE;否则,返回 FALSE,而在游标打开之后,第一次提取之前,该属性的值为 NULL。

(4)%ROWCOUNT

数值型,用于返回当前已经从游标中提取的行数,在游标打开之后,第一次提取之前,该属性的值为 0。

隐式游标不同于其他游标,因用户不能直接命名和控制,所以其属性状态会有所不同。

在执行任何数据操纵语句前,%FOUND 和%NOTFOUND 的值都是 NULL。%FOUND 的属性值为 TRUE 的情况包括:INSERT 后;DELETE 和 UPDATE 后,且至少有一行被 DELETE 或 UPDATE;SELECT INTO 至少返回一行。当%FOUND 为 TRUE 时,%NOTFOUND 则为 FALSE,反之亦然。

在执行任何数据操纵语句之前,%ROWCOUNT 的值都是 NULL。对于 SELECT INTO 语句,如果执行成功,则%ROWCOUNT 的值为 1;如果没有成功,则%ROWCOUNT 的值为 0,同时产生一个异常 NO_DATA_FOUND。

对于隐式游标而言,%ISOPEN 总是 FALSE,这是因为隐式游标在 DML 语句执行时打开,在结束时就立即关闭。

```
SQL> set serveroutput on
SQL> begin
2          update employees set salary = salary+100 where employee_ID = 130;
3          if sql%rowcount = 1 then
4              dbms_output.put_line('ok!');
5          else
6              dbms_output.put_line('fail!');
7          end if;
8   End;
9   /
ok!

PL/SQL 过程已成功完成。
```

11.5.3 显式游标

显式游标处理需要经过 4 个步骤:声明、打开、提取和关闭。显式游标在 PL/SQL 块的声明部分声明,在执行部分或异常处理部分打开、提取数据和关闭。如果提到的游标无特别说明则通常是指显式游标。

(1)声明游标

游标的声明在 PL/SQL 块的声明部分进行,就是定义一个游标名以及一条查询语句,其语法如下。

```
CURSOR cursor_name[(parameter_name [IN] data_type [{:= | DEFAULT} value]
[, ... ])]
IS select_statement [FOR UPDATE [OF column [, ... ]] [NOWAIT]];
```

参数说明:

①cursor_name:声明的游标名。

②parameter_name [IN]:游标输入参数,IN 说明参数的模式,可以省略。

③data_type:输入参数的类型,只需指定类型,不能指定精度或长度。

④value:为游标参数提供默认值。

⑤select_statement:为游标提供数据的查询语句。

⑥FOR UPDATE:用于使用游标中的数据时,锁定游标结果集与表中对应数据行的所有或部分列,当利用游标更新或删除表中数据时,必须使用该子句;OF 表示只锁定指定的列,如果不使用 OF,则表示锁定游标结果集与表中对应数据行的所有列。

⑦NOWAIT:默认情况下,如果数据对象已被某个用户锁定了,那么其他用户的 FOR UPDATE 操作就要等待,直到该用户释放这些数据行的锁定为止;如果使用了 NOWAIT 子句,则不等待,此时其他用户打开游标时会立即返回 Oracle 错误。

（2）打开游标

声明游标后，要通过游标检索数据库中的数据，还必须在 PL/SQL 块的执行部分打开游标，填充游标的结果集合。

用 OPEN 语句打开游标，其语法格式如下。

```
OPEN cursor_name [(value [, …])];
```

参数说明：

①cursor_name：需要打开的游标名。

②value：为输入参数提供的值列表，这一列表中值的数量、数据类型和顺序必须与游标声明时指定的参数列表中参数的数量、类型和顺序一致。

（3）提取数据

打开游标后，可以通过提取数据来获取查询结果集中的单行记录，以便在 PL/SQL 程序块中进行处理。

使用 FETCH…INTO 语句实现，其语法格式如下。

```
FETCH cursor_name INTO variable[, …];
```

其中，variable 是用于存储结果集中单行记录数据的变量。INTO 子句中的变量个数、顺序、数据类型必须与游标声明中 SELECT 语句查询列表内字段的数量、顺序和数据类型一致。

（4）关闭游标

在处理完游标结果集合中的数据后，要及时关闭游标，以便释放其所占用的系统资源。CLOSE 语句关闭游标，其语法格式如下。

```
CLOSE cursor_name;
```

下面的代码演示了一个不带参数的游标的完整操作步骤。

```
SQL> set serveroutput on
SQL> DECLARE
2      CURSOR cur_sal IS SELECT * from employees;
3      v_sal employees%ROWTYPE;
4  BEGIN
5      OPEN cur_sal;
6      LOOP
7        FETCH cur_sal INTO v_sal;
8        EXIT WHEN cur_sal%NOTFOUND;
9        DBMS_OUTPUT.PUT_LINE(cur_sal%ROWCOUNT || ':' ||
10           v_sal.first_name || ' · ' || v_sal.last_name || '的月薪是' ||
11           ' $ ' || v_sal.salary);
12     END LOOP;
13     IF cur_sal %ISOPEN THEN
14         CLOSE cur_sal;
```

```
15        END IF;
16   END;
17   /
```

需要注意的是,游标一旦打开,就不能再次打开,除非先关闭后再打开;只有在打开游标时,声明游标中的 SELECT 语句才会被执行;第一次使用 FETCH 语句时,游标指针指向第一条记录,操作完后,游标指针自动指向下一条记录;游标指针只能向前移动,不能回退。

下面的代码演示了一个带参数的游标的完整操作步骤。

```
SQL> set serveroutput on;
SQL> DECLARE
  2      CURSOR cur_depts is select * from departments;
  3          CURSOR cur_sal(dept_ID int) IS SELECT salary from employees where
department_id = dept_ID;
  4      v_dept departments%ROWTYPE;
  5      v_sal employees.salary%TYPE;
  6      v_sum number;
  7   BEGIN
  8      DBMS_OUTPUT.PUT_LINE('查询各部门的工资总和:');
  9      OPEN cur_depts;
 10      LOOP
 11   v_sum: = 0;
 12          FETCH cur_depts INTO v_dept;
 13          EXIT WHEN cur_depts%notfound;
 14   OPEN cur_sal(v_dept.department_ID);
 15          LOOP
 16            FETCH cur_sal INTO v_sal;
 17            v_sum: = v_sum+v_sal;
 18      EXIT WHEN cur_sal%NOTFOUND;
 19          END LOOP;
 20   DBMS_OUTPUT.PUT_LINE('部门'||v_dept.department_ID || '的工资总和为:' ||v_sum);
 21   IF cur_sal %ISOPEN THEN
 22            CLOSE cur_sal;
 23          END IF;
 24   .   END LOOP;
 25      IF cur_depts %ISOPEN THEN
 26          CLOSE cur_depts;
 27      END IF;
 28   END;
 29   /
```

11.5.4　游标 FOR 循环

游标 FOR 循环用于处理显式游标中的行。游标 FOR 循环可以自动声明循环变量,进入循环时自动打开游标,控制数据提取过程中的循环操作,并在退出循环时关闭游标。这很好地简化了游标的开发,用户不再需要 OPEN、FETCH 和 CLOSE 语句,不再需要用%FOUND 属性检测是否到最后一条记录,这一切 Oracle 隐式都帮用户完成了。下面以一个案例,来了解游标 FOR 循环的应用。

使用游标 FOR 循环实现显示 EMPLOYEES 表中工资高于给定限额的员工信息。

```
SQL> DECLARE
2         CURSOR cur_emp( sal NUMBER ) IS
3         SELECT first_name, last_name, salary, hire_date FROM employees
4         WHERE salary> sal   ORDER BY salary desc;
5  BEGIN
6      DBMS_OUTPUT.PUT_LINE('列出给定工资以上的员工信息');
7      FOR v_emp IN cur_emp(& 高于多少) LOOP
8      DBMS_OUTPUT.PUT_LINE(cur_emp%ROWCOUNT || ':' ||
9          v_emp.first_name || '·' || v_emp.last_name || ' ' ||
10         v_emp.hire_date || ' ' || v_emp.salary );
11     END LOOP;
12  END;
13  /
输入高于多少的值:
```

另一种形式的游标 FOR 循环不需要事先声明游标,直接把定义游标的 SELECT 语句写在游标 FOR 语句内,这就是带子查询的游标 FOR 循环。上述案例还可以简略为以下这种形式。

```
SQL> BEGIN
2      DBMS_OUTPUT.PUT_LINE('列出给定工资以上的员工信息');
3      FOR v_emp IN
4          (SELECT first_name, last_name, salary, hire_date FROM employees
5             WHERE salary> & 高于多少   ORDER BY salary desc)
6      LOOP
7          DBMS_OUTPUT.PUT_LINE(v_emp.first_name || '·' || v_emp.last_name || ' ' ||
8          v_emp.hire_date || ' ' || v_emp.salary );
9      END LOOP;
10  END;
11  /
输入高于多少的值:   8000
```

11.5.5　使用游标更新数据

使用游标除了能够处理 SELECT 语句返回的多条记录,还可以更新表中的数据。要实现游标更新操作,必须在声明游标时使用 FOR UPDATE 子句,这样在打开游标时,获取的每条记录均被锁定,在 UPDATE 和 DELETE 语句中使用 WHERE CURRENT OF 子句定位修改或删除操作所处理数据在数据库表中的位置。

在下面使用游标更新数据的实例中,实现如下功能:查出员工的工龄及工资,如果员工工资不足 3 000 的,工资补足为 3 000,超过 3 000 的,补足为工龄的 200 倍。

```
SQL> DECLARE
  2       CURSOR cur_emp IS
  3         SELECT salary, round(months_between(sysdate,hire_date)/12) year_hire
  4         FROM employees FOR UPDATE OF salary NOWAIT;
  5  BEGIN
  6     FOR v_emp IN cur_emp LOOP
  7        IF v_emp.salary<3000 THEN
  8           IF v_emp.salary<v_emp.year_hire * 200 THEN
  9              UPDATE employees SET salary = v_emp.year_hire * 200
 10                  WHERE CURRENT OF cur_emp;
 11           ELSE
 12              UPDATE employees SET salary = 3000
                    WHERE CURRENT OF cur_emp;
 13           END IF;
 14        END IF;
 15     END LOOP;
 16  END;
 17  /

PL/SQL 过程已成功完成。
```

11.6　Oracle 异常

程序可能存在两种错误:编译错误、运行时错误。Oracle 中对那些运行时错误的处理采用了异常处理机制,一个错误对应一个异常,当错误产生时就抛出相应的异常,然后由异常处理程序来处理,一方面避免运行时错误传导到程序之外,另一方面可以给予开发测试人员比较容易理解的错误提示。PL/SQL 程序块的 EXCEPTION 部分是专门用于处理运行时错误的,此部分人们称之为异常处理部分。

在 PL/SQL 中,人们将异常分为有名称的预定义异常、无名称的预定义异常、自定义异常,处理手段略有差异。

11.6.1　有名称的预定义异常

有名称的预定义异常用于处理常见的 Oracle 错误,有 20 余个,Oracle 为它们定义了异常名称和相应的错误代码。对这种异常情况的处理,无须在程序中定义,由 Oracle 自动将其引发,直接在异常处理部分编写代码进行处理即可。不同异常的处理可以按任意次序排列,但 OTHERS(未明确处理的其他一切异常)必须放在最后。Oracle 常用有名称的预定义异常见表 11.1。

表 11.1　Oracle 常用有名称的预定义异常

异常名	错误代码	错误号	说　　明
ACCESS_INTO _NULL	ORA-06530	-6530	试图给空对象属性赋值
CASE_NOT_FOUND	ORA-06592	-6592	CASE 语句中没有匹配的 WHEN 子句
COLLECTION_IS_NULL	ORA-06531	-6531	试图使用未初始化的嵌套表或变长数组
CURRSOR_ALREADY_OPEN	ORA-06511	-6511	试图打开已经打开的游标
DUP_VAL_ON_INDEX	ORA-00001	-1	试图向唯一性约束列插入重复数据
INVALID_CURSOR	ORA-01001	-1001	试图进行不合法的游标操作
INVALID_NUMBER	ORA-01722	-1722	字符向数字转换失败
LONG_DENIED	ORA-01017	-1017	无效用户名或密码
NO_DATA_FOUND	ORA-01403	+100	数据不存在
NOT_LOGGED_ON	ORA-01012	-1012	没有与数据库建立连接
PROGRAM_ERROR	ORA-06501	-6501	PL/SQL 内部错误
ROWTYPE_MISMATCH	ORA-06504	-6504	PL/SQL 返回的游标变量和主游标不匹配
SELF_IS_NULL	ORA-30625	-30625	试图调用空对象实例的方法
STORAGE_ERROR	ORA-06500	-6500	内存出错
SUBSCRIPT_BEYOND_COUNT	ORA-06533	-6533	试图通过大于集合元素个数的索引值引用嵌套表或变长数组的元素
SUBSCRIPT_OUTSIDE_LIMIT	ORA-06532	-6532	试图通过合法范围之外的索引值引用嵌套表或变长数组的元素
SYS_INVALID_ROWID	ORA-01410	-1410	将字符串转换成行标识 ROWID 失败
TIMEOUT_ON_RESOURCE	ORA-00051	-51	等待资源超时
TOO_MANY_ROWS	ORA-01422	-1422	SELECT INTO 语句返回多个数据行
VALUE_ERROR	ORA-06502	-6502	赋值时变量长度小于值长度
ZERO_DIVIDE	ORA-01476	-1476	除数为 0

如下所示,是一个简单的异常处理程序,直接在异常处理部分判断异常名是否出现即可。

```
SQL> begin
2      case   10
3          when   1    then   dbms_output.put_line('1');
4          when   2    then   dbms_output.put_line('2');
5          when   3    then   dbms_output.put_line('3');
6      end case;
7    exception
8      when   case_not_found   then
9          dbms_output.put_line('没有匹配的 case！');
10   end;
11   /
没有匹配的 case！

PL/SQL 过程已成功完成。
```

11.6.2 无名称的预定义异常

尽管 Oracle 没有为所有可能出现的运行时错误定义异常名称,但却定义了很多错误代码与错误号,以便用户能进行异常处理。PL/SQL 语句块在处理这类异常时,需要在语句块的声明部分自己声明一个异常名,然后使用伪编译指令 EXCEPTION_INIT 将这个异常名与指定的异常错误号关联起来,这样就可以像有名称预定义异常一样进行异常处理了。

声明异常名与声明其他变量一样,也是在 DECLARE 部分进行的,声明异常名的语法格式如下。

```
DECLARE
   exception_name EXCEPTION;
   PRAGMA EXCEPTION_INIT (exception_name, oracle_error_number);
```

如下示例,试图删除一个有员工的部门,将引发违反外键约束的运行时错误,程序中对这种错误进行了必要处理,在异常处理时为用户进行恰当的提示。

```
SQL> DECLARE
2      n_deptID CONSTANT departments.department_id%TYPE := &deptno;
3      e_deptID   EXCEPTION;
4      PRAGMA EXCEPTION_INIT(e_deptID, -02292);
5    BEGIN
6      DELETE FROM departments WHERE department_id = n_deptID;
7    EXCEPTION
8      WHEN e_deptID THEN
9          DBMS_OUTPUT.put_line('违反完整性约束！');
10     WHEN OTHERS THEN
```

```
11       DBMS_OUTPUT.put_line('SQLCODE ERROR');
12   END;
13   /
输入 deptno 的值： 10
原值     2： n_deptID CONSTANT departments.department_id%TYPE := &deptno;
新值     2： n_deptID CONSTANT departments.department_id%TYPE := 10;
违反完整性约束！

PL/SQL 过程已成功完成。
```

11.6.3　自定义异常

在程序执行过程中，会出现编程人员认为的非正常情况。对这种异常情况的处理，需要用户在程序中定义，然后显式地在程序中将其引发，也称捕获异常。捕获异常也需要先声明产生一个异常名称，然后执行部分根据需要捕获这个异常，再在异常处理部分作相应处理。

捕获异常的语法格式如下。

```
RAISE user_define_exception;
```

如下示例，输入一个雇员编号，给该雇员工资增加 1 000 元，如果雇员不存在，捕获一个异常，并在异常处理部分作出相应提示。

```
SQL> DECLARE
2    v_eID CONSTANT    employees.employee_id%TYPE := '& 请输入员工号';
3    e_no_exit EXCEPTION;
4   BEGIN
5    UPDATE employees   SET salary = salary + 1000 WHERE employee_id = v_eID;
6    IF SQL%NOTFOUND THEN
7      RAISE   e_no_exit;
8    END IF;
9   EXCEPTION
10    WHEN e_no_exit THEN
11      DBMS_OUTPUT.put_line('该员工不存在，数据更新失败！');
12   END;
13   /
请输入员工号的值：
```

本章小结

本章简要介绍了 PL/SQL 语言的基本用法，包括 PL/SQL 块的基本结构、基本数据类型、基本语法规范,PL/SQL 的程序控制结构,以及游标的用法与异常的处理。重点介绍了PL/SQL的程序控制结构及其语法规则和游标的种类与用法,为服务器端编程打下语法基础,以便后期的存储过程与存储函数、触发器与程序包的进一步学习。

习　题

一、选择题

1.下面合法的变量名是(　　)。

A.v_bookid　　　　　B._bookid　　　　　C.v_bookid-01　　　　D.v_bookid01

2.下列 PL/SQL 变量或常量声明语句中,正确的是(　　)。

A.v_id　NUMBER(6);

B.v_name1,v_name2 VARCHAR2(20);

C.v_name CONSTANT VARCHAR2(20);

D.v_name CONSTANT VARCHAR2(20):='MIKE';

3.在简单循环控制结构中,退出循环的语句是(　　)。

A.CONTINUE　　　　B.BREAK　　　　C.EIXT　　　　　　D.GOTO

4.Oracle 系统为(　　)异常未提供错误代码,也没有定义异常名。

A.有名称的预定义异常　　　　　　B.无名称的预定义异常

C.用户自定义异常　　　　　　　　D.以上都不是

5.使用游标时往往要先声明,再打开、提取、关闭游标。声明游标时的语法格式为:CURSOR <游标名> IS　SQL 语句,其中的 SQL 语句应为(　　)。

A.INSERT 语句　　　B.UPDATE 语句　　　C.SELECT 语句　　　D.FETCH 语句

6.显示游标的处理包括(　　)。

A.DECLARE CURSOR　　　　　　　B.OPEN

C.FECTH　　　　　　　　　　　　D.CLOSE

7.下列(　　)属性能返回 SELECT 语句当前检索到的行数。

A.SQL%ISOPEN　　　　　　　　　B.SQL%ROWCOUNT

C.SQL%FOUND　　　　　　　　　　D.SQL%NOTFOUND

二、简答题

1.简述 PL/SQL 程序的结构及各部分的作用。

2.Oracle Database 11g 中异常分为哪几类？它们分别有什么特点？

3.简述游标 FOR 循环具有什么特点。

4.简述 CASE 语句与 IF 语句的优缺点。

5.PL/SQL 程序中异常处理的作用是什么？

第12章

存储过程、函数和触发器

在 11 章介绍的 PL/SQL 程序块都是匿名块,这种程序块只能执行一次,不能由其他程序调用。如果需要再次使用这些程序块,就只能重新编写程序块的内容。Oracle 提供了另一种类型的程序块——命名块,这种程序块经过一次编译可多次执行,命名块包括存储过程、函数和触发器。本章主要介绍存储过程、函数和触发器的基本语应用。

12.1 存储过程和函数

12.1.1 认识存储过程和函数

存储过程和函数也是一种 PL/SQL 块,是存入数据库的 PL/SQL 块。但存储过程和函数不同于已经介绍过的 PL/SQL 程序,人们通常把 PL/SQL 程序称为匿名块,而存储过程和函数是以命名的方式存储于数据库中的。和 PL/SQL 程序相比,存储过程有很多优点,具体归纳如下。

①存储过程和函数以命名的数据库对象形式存储于数据库中。存储在数据库中的优点是很明显的,因为代码不保存在本地,用户可以在任何客户机上登录到数据库,并调用或修改代码。

②存储过程和函数可由数据库提供安全保证,要想使用存储过程和函数,需要有存储过程和函数的所有者的授权,只有被授权的用户或创建者本身才能执行存储过程或调用函数。

③存储过程和函数的信息是写入数据字典的,所以存储过程可以看作一个公用模块,用户编写的 PL/SQL 匿名块或其他存储过程都可以调用它(但存储过程和函数不能调用 PL/SQL匿名块)。一个重复使用的功能,可以设计成存储过程。比如,显示一张工资统计表,可以设计成存储过程;一个经常调用的计算,可以设计成存储函数;根据雇员编号返回雇员的姓名,可以设计成存储函数。

④像其他高级语言的过程和函数一样,可以传递参数给存储过程或函数,参数的传递也有多种方式。存储过程可以有返回值,也可以没有返回值,存储过程的返回值必须通过参数带回;函数有一定的数据类型,像其他的标准函数一样,用户可以通过对函数名的调用返回函

数值。存储过程和函数需要进行编译,以排除语法错误,只有编译通过才能调用。

12.1.2 创建和调用函数

(1)创建函数

作为一种 PL/SQL 程序块,与匿名块类似,函数的创建语句中也包含了声明、执行与异常处理部分,具体创建语法如下。

```
CREATE［OR REPLACE］FUNCTION function_name［(
  parameter1［mode］datatype［DEFAULT | := value］［,
  parameter2［mode］datatype［DEFAULT | := value］, …]）]
RETURN return_type
AS | IS
  ［declare_section］
BEGIN
  statements;
［EXCEPTION
  Exception_handler;］
END［function_name］;
```

其中:

①parameter1、parameter2 是函数的形式参数,需要同时声明其数据类型,也可以赋予一个初始默认值。注意声明其数据类型时不能指定长度与精度。

②IN、OUT、IN OUT 是形式参数的模式。若省略,则为 IN 模式。IN 模式的形式参数只能将实际参数传递给形式参数,进入函数内部,但只能读不能写,函数返回时实际参数的值不变。OUT 模式的形式参数会忽略调用时的实际参数值(或说该形式参数的初始值总是NULL),但在函数内部可以被读或写,函数返回时形式参数的值会赋予实际参数。IN OUT 具有前两种模式的特性,即调用时,实际参数的值总是传递给形式参数,结束时,形式参数的值传递给实际参数。调用时,对于 IN 模式的实际参数可以是常量或变量,但对于 OUT 和 IN OUT 模式的实际参数必须是变量。

③OR REPALCE 关键字用于替换已有同名函数,一般只有在确认 function_name 函数是新函数或者确实需要修改已有函数的定义时,才使用 OR REPALCE 关键字,否则容易误删除有用的函数。

④declare_section、statements、Exception_handler 与匿名块一样,同样对应程序的声明、执行与异常处理部分。

⑤RETURN 用于指明函数的数据类型,也就是执行函数所返回的数据的数据类型(不能指定长度与精度)。需要注意的是,函数必须向调用者返回一个值,因此执行部分的语句在执行时,必须保证执行到一条返回值的 RETURN 语句,特别是在有很多条件分支的情况下,尤其需要小心。

应用示例,创建一个函数,用于获取所提供部门编号的部门工资总和。代码如下:

```
SQL> CREATE OR REPLACE FUNCTION get_salary(Dept_no NUMBER, Emp_count OUT
NUMBER)
  2   RETURN NUMBER
  3   IS
  4      v_sum NUMBER;
  5   BEGIN
  6      SELECT SUM(salary), count( * ) INTO v_sum, emp_count
  7         FROM employees WHERE department_id=dept_no;
  8      RETURN v_sum;
  9   EXCEPTION
 10      WHEN NO_DATA_FOUND THEN
 11      DBMS_OUTPUT.PUT_LINE('你需要的数据不存在！');
 12      WHEN OTHERS THEN
 13      DBMS_OUTPUT.PUT_LINE(SQLCODE||'---'||SQLERRM);
 14   END get_salary;
 15   /
```

函数已创建。

（2）调用函数

函数可以在 SQL 语句中调用函数，也可以在 PL/SQL 程序中调用函数，其调用语句只能作为表达式的组成部分。

函数声明时所定义的参数称为形式参数，应用程序调用时为函数传递的参数称为实际参数。应用程序在调用函数时，可以使用以下 3 种方法向函数传递参数。

1）位置表示法

位置表示法即在调用时按形式参数的排列顺序，依次写出实际参数的名称，而将形式参数与实际参数关联起来进行传递。用这种方法进行调用，形式参数与实际参数的名称是相互独立、没有关系的，强调次序才是重要的。

语法格式为：

```
parameter_value1[,parameter_value2 ...]
```

用位置表示法传递参数，计算某部门的工资总和，代码如下。

```
SQL> DECLARE
  2      v_num NUMBER;
  3      v_sum NUMBER;
  4   BEGIN
  5      v_sum := get_salary(10, v_num);
  6      DBMS_OUTPUT.PUT_LINE('部门号为:10 的工资总和:'||v_sum||',人数为:'||v_num);
  7   END;
```

```
  8   /
部门号为:10 的工资总和:4400,人数为:1

PL/SQL 过程已成功完成。
```

2)名称表示法

在调用时按形式参数与实际参数的名称,写出实际参数对应的形式参数,而将形式参数与实际参数关联起来进行传递。这种方法,形式参数与实际参数的名称是相互独立、没有关系的,名称的对应关系才是最重要的,次序并不重要。语法格式为:

```
parameter1 => parameter_value1［,parameter2 => parameter_value2,...］
```

其中:

①parameter1,parameter2 为形式参数,它必须与函数定义时所声明的形式参数名称相同。

②parameter_value1,parameter_value2 为实际参数。

在这种格式中,形式参数与实际参数成对出现,相互间关系唯一确定,所以参数的顺序可以任意排列。

用名称表示法传递参数,计算某部门的工资总和,代码如下。

```
SQL> set serveroutput on;
SQL> DECLARE
 2   v_num NUMBER;
 3   v_sum NUMBER;
 4   BEGIN
 5   v_sum := get_salary(emp_count => v_num, dept_no => 10);
 6   DBMS_OUTPUT.PUT_LINE('部门号为:10 的工资总和:'||v_sum||',人数为:'||v_num);
 7   END;
 8   /
部门号为:10 的工资总和:4400,人数为:1

PL/SQL 过程已成功完成。
```

3)组合传递法

组合传递法即是指在调用一个函数时,同时使用位置表示法和名称表示法为函数传递参数。采用这种参数传递方法时,使用位置表示法所传递的参数必须放在名称表示法所传递的参数前面。也就是说,无论函数具有多少个参数,只要其中有一个参数使用名称表示法,其后所有的参数都必须使用名称表示法。

创建一个函数,用于计算指定了最小值、最大值与步长的等差数列的累加和,并用组合传递法传递参数,输出结果,代码如下。

```
SQL>    create or replace function f_sum(p_start int,p_end int,p_step int)
  2   return int
  3   is
  4       v_sum int;
  5       v_start int;
  6   begin
  7       v_sum:=0;
  8       v_start:=p_start;
  9       while v_start<p_end loop
 10               v_sum:=v_sum+v_start;
 11               v_start:=v_start+p_step;
 12       end loop;
 13       return v_sum;
 14   end;
 15   /
```

函数已创建。

```
SQL> select f_sum(1,100,2) from dual;

F_SUM(1,100,2)
--------------
          2500


SQL> DECLARE
  2       Var int;
  3   BEGIN
  4       Var := f_sum(2, p_step=>3, p_end => 100);
  5       DBMS_OUTPUT.PUT_LINE('总和为:'||var);
  6   END;
  7   /
总和为:1650
```

PL/SQL 过程已成功完成。

　　无论采用哪一种参数传递方法,实际参数和形式参数之间的数据传递只有两种方法:传址法和传值法。所谓传址法是指在调用函数时,将实际参数的地址指针传递给形式参数,使形式参数和实际参数指向内存中的同一区域,从而实现参数数据的传递,这种方法又称为参照法,即形式参数参照实际参数数据。输入参数均采用传址法传递数据。

传值法是指将实际参数的数据复制到形式参数,而不是传递实际参数的地址。默认时,输出参数和输入/输出参数均采用传值法。在函数调用时,Oracle 将实际参数数据复制到输入/输出参数,而当函数正常运行退出时,又将输出形式参数和输入/输出形式参数数据复制到实际参数变量中。

(3)参数默认值

在 CREATE OR REPLACE FUNCTION 语句中声明函数参数时可以使用 DEFAULT 关键字或赋值符(:=)为输入参数指定默认值。前面求和的函数可作如下改变。

```sql
SQL> create or replace function f_sum(p_start int:=1, p_end int, p_step int default 1)
  2   return int
  3   is
  4       v_sum int;
  5       v_start int;
  6   begin
  7       v_sum:=0;
  8       v_start:=p_start;
  9       while v_start<p_end loop
 10               v_sum:=v_sum+v_start;
 11               v_start:=v_start+p_step;
 12     end loop;
 13     return v_sum;
 14   end;
 15   /

函数已创建。

SQL> select f_sum(p_end=>50) from dual;


F_SUM(P_END=>50)
----------------
            1225
```

在创建具有默认值的函数后,进行函数调用时,如果没有为具有默认值的参数提供实际参数值,函数将使用该参数的默认值。但当调用者为默认参数提供实际参数时,函数将使用实际参数值。在创建函数时,只能为输入参数设置默认值,而不能为输入/输出参数设置默认值。

12.1.3 创建和调用存储过程

(1)创建存储过程

创建存储过程的语句与创建函数的语句非常类似,创建的存储过程可以被多个应用程序调用,与函数一样不仅可以向存储过程传递参数,也可以通过存储过程传回参数。不同的是,存储过程没有数据类型,也就不必要求存储过程返回值,如果需要,可以通过输出参数向外传递参数值。创建语法格式如下。

```
CREATE [OR REPLACE] PROCEDURE procedure_name[
  (parameter1 [mode] datatype [DEFAULT | := value]
  [,parameter2 [mode] datatype [DEFAULT | := value], ...])]
AS | IS
  [declare_section]
BEGIN
  statements;
[EXCEPTION
  Exception_handler;]
END [procedure_name];
```

其中的语法解释及参数说明与创建函数语句一样。

下面示例是创建一个存储过程,用于删除指定的员工记录。

```
SQL> CREATE OR REPLACE PROCEDURE DelEmp
            (v_empno IN employees.employee_id%TYPE)
 2    AS
 3        no_result EXCEPTION;
 4    BEGIN
 5        DELETE FROM employees WHERE employee_id = v_empno;
 6        IF SQL%NOTFOUND THEN
 7            RAISE no_result;
 8        END IF;
 9        DBMS_OUTPUT.PUT_LINE('编码为'||v_empno||'的员工已被删除!');
10    EXCEPTION
11        WHEN no_result THEN
12        DBMS_OUTPUT.PUT_LINE('温馨提示:你需要的数据不存在!');
13        WHEN OTHERS THEN
14        DBMS_OUTPUT.PUT_LINE(SQLCODE||'---'||SQLERRM);
15    END DelEmp;
16    /

过程已创建。
```

下面示例是创建一个存储过程,用于插入员工记录。

```
SQL> CREATE OR REPLACE PROCEDURE InsertEmp(
 2        v_empno in employees.employee_id%TYPE,
 3        v_firstname in employees.first_name%TYPE,
 4        v_lastname in employees.last_name%TYPE,
 5        v_deptno in employees.department_id%TYPE
 6   )
 7   AS
 8        empno_remaining EXCEPTION;
 9        PRAGMA EXCEPTION_INIT(empno_remaining, -1);
10   BEGIN
11        INSERT INTO EMPLOYEES(EMPLOYEE_ID, FIRST_NAME, LAST_NAME, HIRE
_DATE, DEPARTMENT_ID)
12             VALUES(v_empno, v_firstname, v_lastname, sysdate, v_deptno);
13        DBMS_OUTPUT.PUT_LINE('温馨提示:插入数据记录成功！');
14   EXCEPTION
15        WHEN empno_remaining THEN
16             DBMS_OUTPUT.PUT_LINE('温馨提示:违反数据完整性约束！');
17        WHEN OTHERS THEN
18             DBMS_OUTPUT.PUT_LINE(SQLCODE||'---'||SQLERRM);
19   END InsertEmp;
20   /
```

过程已创建。

（2）调用存储过程

存储过程建立完成后,只要通过授权,用户就可以在 SQLPLUS 、ORACLE 开发工具或第三方开发工具中来调用运行。对于参数的传递也有 3 种:按位置传递、按名称传递和组合传递,传递方法与函数的一样。Oracle 使用 EXECUTE 或者 CALL 语句来实现对存储过程的调用。需要注意的是,如果在其他 PL/SQL 匿名块或命名块中调用存储过程,不用指定关键字 EXECUTE 和 CALL。使用 EXECUTE 或者 CALL 调用存储过程的语法格式如下。

```
{CALL | EXEC[UTE]} procedure_name [(parameter [, ...])];
```

下面通过 EXECUTE 和 CALL 调用删除员工存储过程 Delemp。

```
SQL> execute delemp(101);
-2292---ORA-02292: 违反完整约束条件 (HR.JHIST_EMP_FK)—已找到子记录

PL/SQL 过程已成功完成。

SQL> call delemp(101);
```

-2292---ORA-02292：违反完整约束条件（HR.JHIST_EMP_FK）—已找到子记录

调用完成。

```
SQL> begin
  2     execute delemp(101);
  3   end;
  4   /
       execute delemp(101);
                 *
```

第 2 行出现错误：

ORA-06550：第 2 行，第 10 列：

PLS-00103：出现符号" DELEMP "在需要下列之一时：

:= . (@ % ; immediate

符号 ":=" 被替换为 " DELEMP " 后继续。

```
SQL> begin
  2     delemp(101);
  3   end;
  4   /
```

-2292---ORA-02292：违反完整约束条件（HR.JHIST_EMP_FK）—已找到子记录

PL/SQL 过程已成功完成。

12.1.4　修改、查看和删除存储过程与函数

（1）查看存储过程或函数的定义

与其他数据库对象一样，用户可以通过静态数据字典查找有关存储过程与函数的定义，表 12.1 为存储过程与函数的相关数据字典。

表 12.1　存储过程与函数的相关数据字典

数据字典	描　述
DBA_PROCEDURES ALL_PROCEDURES USER_PROCEDURES	列出过程和函数，以及它们的属性
DBA_SOURCE ALL_SOURCE USER_SOURCE	列出存储对象的定义文本

通过数据字典 USER_SOURCE 查询到存储过程 Delemp 的定义文本信息。

```
SELECT line,text FROM user_source WHERE name='DELEMP';
```

（2）修改存储过程与函数的定义

修改存储过程与函数的定义,一般还是采用 CREATE OR REPLACE PROCEDURE（或 FUNCTION）语句,其实就是重新创建存储过程与函数的定义,但会保留该存储过程上原有的权限分配。

（3）删除存储过程与函数

可以使用 DROP PROCEDURE 命令对不需要的过程进行删除,语法如下:

```
DROP PROCEDURE [user.]Procedure_name;
```

可以使用 DROP FUNCTION 命令对不需要的函数进行删除,语法如下:

```
DROP FUNCTION [user.]Function_name;
```

删除上面实例创建的存储过程与函数。

```
DROP FUNCTION get_salary;
DROP PROCEDURE delemp;
```

12.2　触发器

触发器是一种特殊的存储过程,它以编译的形式存储在服务器中,与存储过程不同,触发器是当某个事件发生时自动地隐式运行。触发器一般用于维护那些完整性约束无法定义的复杂约束和业务规则,并可对数据库、表中特定事件进行监控和响应,提供审计和事件日志。

12.2.1　触发事件与触发时序

（1）触发事件

1）触发事件的概念

触发器必须由事件才能触发。触发器的触发事件分可为 3 类,分别是 DML 事件、DDL 事件和数据库事件。数据库事件需要是具体的,在创建触发器时要指明触发的事件。每类事件包含若干个事件,见表 12.2。

表 12.2　触发器的种类及其含义

种　类	关键字	含　义
DML 事件	INSERT	在表或视图中插入数据时触发
	UPDATE	修改表或视图中的数据时触发
	DELETE	在删除表或视图中的数据时触发

续表

种　类	关键字	含　义
DDL 事件	CREATE	在创建新对象时触发
	ALTER	修改数据库或数据库对象时触发
	DROP	删除对象时触发
数据库事件	STARTUP	数据打开时触发
	SHUTDOWN	使用 NORMAL 或 IMMEDIATE 选项关闭数据库时触发
	LOGON	当用户连接到数据库并建立会话时触发
	LOGOFF	当一个会话从数据库中断开时触发
	SERVERERROR	发生服务器错误时触发

2）触发器分类

根据触发事件及作用对象不同,触发器的类型可划分为 4 种:数据操纵语言触发器、替代触发器、数据定义语言触发器和数据库事件触发器,其中数据定义语言触发器和数据库事件触发器也可以统称为系统触发器。各类触发器的作用见表 12.3。

表 12.3　各类触发器的作用

种　类	简　称	作　用
数据操纵语言触发器	DML 触发器	创建在表上,由 DML 事件引发的触发器
替代触发器	INSTEAD OF 触发器	创建在视图上,用来替换对视图进行的插入、删除和修改操作
数据定义语言触发器	DDL 触发器	定义在模式上,触发事件是数据库对象的创建和修改
数据库事件触发器	—	定义在整个数据库或模式上,触发事件是数据库事件

根据触发器的激活方式,Oracle 数据库内的触发器可分为行级触发器和语句触发器。

①行级触发器。一条触发语句可能影响表中多行,行级触发器在触发语句中每影响 1 行就激活 1 次。如果触发语句未影响表中的任何数据行,行级触发器就不会被激活。如果触发器内的代码需要使用触发语句提供的数据,或者需要使用触发语句所影响行的数据时,就需要使用行级触发器。例如,INSERT 语句、UPDATE 语句或 DELETE 语句在插入、修改、删除数据时,它们可能影响 0 行、1 行或多行。如果触发器内的代码需要使用插入后的数据,修改前、后的数据,或者删除前的数据,就需要建立行级触发器。

②语句触发器。语句触发器在触发语句执行期间只激活 1 次,无论触发语句影响多少行数据。即使触发语句没影响到任何行,语句触发器也激活 1 次。例如,执行 DELETE 语句删除表内数据时,无论它实际删除多少行,即使没有数据被删除,语句触发器也激活 1 次。

（2）触发时序

触发器的触发时序就是指在时间上，触发器代码的执行和触发操作、事件执行之间的先后关系。在 Oracle 数据库内，有些触发器可以选择其时序，如一般的语句触发器、行级触发器等，可指定它们是在触发操作之前还是之后执行，而数据库事件触发器（如实例的关闭、用户的注销等）则不能任意选择其时序，只能在之前或之后触发。

Oracle 数据库表上的单个触发器又被称为简单触发器，在简单触发器内可以准确指定以下时间点：

①触发语句之前。

②触发语句之后。

③触发语句影响的每行之前。

④触发语句影响的每行之后。

Oracle 数据库内还支持组合触发器，组合触发器可以在多个时间点激活，所以可以为其指定多种触发时序。

12.2.2　DML 触发器

DML 触发器是建立在基本表上的触发器，由 DML 语句触发，根据触发时序可分为 BEFORE 触发器与 AFTER 触发器。依据触发方式不同，又可分为语句级触发器和行级触发器。

创建 DML 触发器的语法如下：

```
CREATE［OR REPLACE］TRIGGER trigger_name
BEFORE | AFTER dml_event［OF column_name］
ON table name
［FOR EACH ROW］
［WHEN trigger_conditlon］
DECLARE
    declare_section;
BEGIN
    statements;
EXCEPTION
    exception_handler;
END［trigger_name］;
```

其中：

①Tigger_name：创建的触发器名称。

②BEFORE、AFTER：指定触发器的触发时序，前者为前触发，即在执行触发操作之前执行；后者为后触发，即在执行触发操作之后执行触发器操作。

③dml_event：指出触发事件，触发事件可为 INSERT、UPDATE 和成 DELETE 操作；触发事件设置为 UPDATE 时，还可以用 OF column_name 子句进一步限制在更新哪些列时才激活触发；对于定义了多个触发事件的触发器而言，如果要确定当前究竟是激活哪种操作激活的触

发器,则可以使用条件谓词 INSERTING 、UPDATING 和 DELETING 进行判断。

④table name:指出触发事件所操作的表名。

⑤FOR EACH ROW:指定触发器是行级触发器,省略该选项所创建的则是语句触发器。

⑥WHEN trigger_condition:进一步限制激活触发器的条件,trigger_condition 是一个 Boolean 类型的表达式,当其值为 TRUE 时触发事件才能激活触发器。

CREATE TRIGGER 语句其余部分代码就是个 PL/SQL 块结构,这里不再重复介绍。

在行级触发器中,由于每操作 1 行数据触发器就激活 1 次,因此,为了使行级触发器内代码能够获取 DML 操作前后的行数据,Oracle 引入了两个伪记录—— :OLD 和:NEW。行级触发器激活时,PL/SOL 运行时系统自动创建并填充这两个伪记录。这两个伪记录中的字段名称和数据类型与触发事件所操作数据行中的列名和列数据相同。针对不同的触发事件,:OLD 和:NEW 中填充的内容见表 12.4。

表 12.4　:OLD 和:NEW 的含义

触发事件	:OLD	:NEW
INSERT	未定义,所有字段为 NULL	包含插入的新值
UPDATE	包含更新前的旧值	包含更新后的新值
DELETE	包含删除前的旧值	未定义,所有字段为 NULL

行级触发器中要引用这两个伪记录时,可以像引用普通记录那样采用"记录名.字段名"形式。语句级触发器中,触发事件发生后,触发器只针对该 DML 语句执行 1 次,因此不能使用:OLW 和:NEW 标识符获取某列的新旧数据。

下面通过一个应用实例来演示这两种 DML 触发器的效果。实例要求先新建一张表,用于存储所有用户针对 employees 表执行的插入、修改、删除操作的日志记录,该表取名为 employees_log,然后在 employees 表上创建语句触发器,实现这个日志记录功能。

```
SQL> CREATE TABLE employees_log (
2    user_name VARCHAR2(30) DEFAULT USER,
3    log_date DATE DEFAULT SYSDATE,
4    action VARCHAR2(50)
5  );
表已创建。

SQL> CREATE OR REPLACE TRIGGER trg_employees_stmt
2     AFTER INSERT OR UPDATE OR DELETE ON employees
3     DECLARE
4       log_action employees_log.action%TYPE;
5     BEGIN
6       IF INSERTING THEN
7         log_action := ' INSERT ';
```

```
8        ELSIF UPDATING THEN
9          log_action := 'UPDATE';
10       ELSIF DELETING THEN
11         log_action := 'DELETE';
12       ELSE
13         log_action := 'INVALID';
14       END IF;
15       INSERT INTO employees_log(action) VALUES(log_action);
16     END trg_employees_stmt;
17   /
```

触发器已创建。

在触发器创建后,只要有用户对 employees 表进行了插入、更新与删除数据操作,都会被
触发执行,并向 employees_log 表中插入日志信息,而不管对 employees 表的数据影响到 0 行还
是多行,都只插入一条日志信息。这时可以自行进行数据的增、删、改操作来进行验证。

再通过一个应用示例,来验证一下行级触发器的触发效果。在 employees 表上,再创建一
个行级触发器,只要对 employees 表进行了插入、更新与删除数据操作,都会被触发执行,触发
时除了向 employees_log 插入用户名、日志时间和操作类别之外,还把被所影响的数据行的员
工 ID、修改之前与之后的工资记录到日志表中,这就需要先为 employees_log 增加 employee_
id、old_salary、new_salary 字段。

```
SQL> alter table employees_log
  2    add (employee_id number(6),
  3    old_salary number(8,2),
  4    new_salary number(8,2)
  5    );
```

表已更改。

```
SQL> CREATE OR REPLACE TRIGGER trg_employees_row
  2     AFTER INSERT OR UPDATE OR DELETE ON employees
  3     FOR EACH ROW
  4     DECLARE
  5       log_action employees_log.action%TYPE;
  6       log_id        employees_log.employee_id%TYPE;
  7       log_newsalary employees_log.new_salary%TYPE;
  8       log_oldsalary employees_log.old_salary%TYPE;
  9     BEGIN
 10       IF INSERTING THEN
```

```
11          log_action : = ' INSERT ';
12          log_id : = :NEW.employee_id;
13          log_newsalary : = :NEW.salary;
14        ELSIF UPDATING THEN
15          log_action : = ' UPDATE ';
16          log_id : = :NEW.employee_id;
17          log_newsalary : = :NEW.salary;
18          log_oldsalary : = :OLD.salary;
19      ELSIF DELETING THEN
20        log_action : = ' DELETE ';
21        log_id : = :OLD.employee_id;
22        log_oldsalary : = :OLD.salary;
23      ELSE
24        log_action : = ' INVALID ';
25      END IF;
26      INSERT INTO employees_log( action, employee_id, new_salary, old_salary)
27        VALUES( log_action, log_id, log_newsalary, log_oldsalary);
28    END trg_employees_row;
29    /
```

触发器已创建。

　　触发器创建后, 在进行数据的○○○作时, 触发器触发执行, 不但要像前一个示例一样向 employees_log 表中插入比较○○○志信息(不管对 employees 表的数据影响到 0 行还是多行, 都只插入一条日志信息)○会插入比较细致的日志信息, 比前一个触发器插入的记录多包含了 employee_id、old_salary 和 new_salary 信息(只有有数据被影响到才会插入, 并且每影响 1 行, 都会插入一条新的这样的日志记录)。读者可以自行用示例来进行验证。

12.2.3　INSTEAD OF 触发器

　　INSTEAD OF 触发器是针对视图上的 DML 操作创建的触发器, 用于替代触发事件本身的操作, 也就是说当向视图进行 DML 操作时, 触发触发器的操作, 而触发事件本身不会被执行, 仅执行级触发器要求执行的语句。因为大量的视图, 本身并不能进行 DML 操作, 比如视图定义语句中包含 GROUP BY 子句、DISTINCT 关键字、计算表达式形成的虚拟列等, 这样的视图本身就不能进行一些 DML 操作。而替代触发器, 就可以巧妙地避开这些限制, 实现部分基表数据的 DML 操作。

　　创建 INSTEAD OF 触发器的语法格式如下:

```
CREATE［OR REPLACE］TRIGGER trigger_name
INSTEAD OF dml_event
ON view_name
FOR EACH ROW
［WHEN trigger_condition］
DECLARE
  declare_section；
BEGIN
  statements；
EXCEPTION
  exception_handler；
END［trigger_name］；
```

其中：

①INSTEAD OF：指出创建的触发器是替代触发器。

②view_name：指出触发事件所操作的视图名称。

创建 INSTEAD OF 触发器需要注意以下几点：

①只能被创建在视图上，并且该视图没有指定 WITH CHECK OPTION 选项。

②不能指定 BEFORE 或 AFTER 选项。

③FOR EACH ROW 子句是可选的，即 INSTEAD OF 触发器只能在行级上触发或只能是行级触发器，没有必要指定。

④没有必要在针对一个表的视图上创建 INSTEAD OF 触发器，只要创建 DML 触发器即可。

下面的示例用于演示替代触发器的工作方式。先以雇员表 employees 和部门表 departments 连接查询创建一个视图 v_emp_dept，视图包含两个表的部分列数据。然后创建一个替代触发器，向这个视图插入数据行。如果插入的数据行中的部门 ID 是一个新的，则除了向雇员表插入数据外，还需要同时向部门表插入新的部门；如果是一个原有的部门 ID，则只需要插入雇员信息就可以了。实际上在触发执行时，插入数据到视图的操作并没有执行，执行的是触发器里的分别向雇员表和部门表插入数据的操作。

```
SQL> create view v_emp_dept
  2   as
  3   select e.employee_id,e.last_name,e.email,e.hire_date,e.job_id,d.department_id,
           d.department_name
  4   from employees e,departments d
  5   where e.department_id=d.department_id；


视图已创建。


SQL> create or replace trigger tr_insert_view
```

```
 2        instead of insert
 3        on v_emp_dept
 4        for each row
 5    declare
 6        dept_num number;
 7    begin
 8        select count( * ) into dept_num from departments where
                department_id = :new.department_id;
 9        if dept_num = 0 then
10          insert into departments(department_id,department_name)
11              values( :new.department_id, :new.department_name);
12        end if;
13        insert into employees(employee_id,last_name,email,hire_date,job_id,department_id)
14              values( :new.employee_id, :new.last_name, :new.email, :new.hire_date,
15                  :new.job_id, :new.department_id);
16    end tr_insert_view;
17  /
```

触发器已创建。

```
SQL> insert into v_emp_dept
  2    values(222,'张','12345@qq.com',sysdate,'AD_ASST',111,'设计部');

SQL> select department_id,department_name from departments;

SQL> select  employee_id,last_name from employees;
```

12.2.4 系统触发器

系统触发器是在数据库系统事件或 DDL 事件发生时激活运行的触发器。系统触发器有数据库级和模式级两种。前者定义在整个数据库上,触发事件是数据库事件,如数据库的启动、关闭,对数据库的登录或退出。后者定义在模式上,触发事件包括模式用户的登录或退出,或对模式对象的创建、修改与删除操作(DDL 事件)。系统触发器触发事件的种类见表 12.5。

表 12.5　系统触发器的触发事件种类

序号	种　类	事件关键字	说　明	触发时序
1	模式级	CREATE	在创建新对象时触发	BEFORE 或 AFTER
2		ALTER	修改数据库或数据库对象时触发	BEFORE 或 AFTER
3		DROP	删除对象时触发	BEFORE 或 AFTER

续表

序号	种 类	事件关键字	说 明	触发时序
4		STARTUP	数据库打开时触发	AFTER
5	数据库级	SHUTDOWN	在使用 NORMAL 或 IMMEDIATE 选项关闭数据库时触发	BEFOR
6		SERVERERROR	发生服务器错误时触发	AFTER
7	数据库级	LOGON	当用户连接到数据库,建立会话时触发	AFTER
8	与模式级	LOGOFF	当会话从数据库中断开时触发	BEFOR

创建系统触发器需要具有 DBA 权限,所使用 SQL 语句的语法格式如下:

```
CREATE [OR REPLACE] TRIGGER trigger_name
{BEFORE | AFTER} ddl_event | database_event
ON {DATABASE | [schema.]SCHEMA}
[WHEN trigger_condition]
DECLARE
   declare_section;
BEGIN
   statements;
EXCEPTION
   exception_handler;
END [trigger_name];
```

下面的示例,先在 HR 模式下创建一个事件日志表 event_log,以 DBA 身份连接后,再创建两个触发器来将捕获到的事件记录到这个事件日志表中。然后重新启动数据库,并以 HR 用户登录连接,查看 event_log 表的数据。可以发现,在数据启动时,以及以 HR 身份连接数据库时,event_log 都有数据被记录。

```
SQL> CREATE TABLE event_log(
 2      eventname VARCHAR2(100),
 3      eventtime DATE DEFAULT SYSDATE,
 4      username   VARCHAR2(60)
 5   );

表已创建。

SQL> conn / as sysdba
已连接。

SQL> CREATE OR REPLACE TRIGGER trg_startup
```

```
2   AFTER STARTUP ON DATABASE
3   BEGIN
4     INSERT INTO hr.event_log(eventname,username)
5         VALUES('STARTUP',USER);
6   END trg_logon;
7   /
```

触发器已创建。

```
SQL> CREATE OR REPLACE TRIGGER tri_log
2     AFTER LOGON
3     ON HR.SCHEMA
4     BEGIN
5         INSERT INTO hr.event_log(eventname,username) VALUES('LOGON',USER);
6   END;
7   /
```

触发器已创建。

```
SQL> shutdown immediate
数据库已经关闭。
已经卸载数据库。
ORACLE 例程已经关闭。
SQL> startup
ORACLE 例程已经启动。


Total System Global Area 1686925312 bytes
Fixed Size                  2176368 bytes
Variable Size            1073744528 bytes
Database Buffers          603979776 bytes
Redo Buffers                7024640 bytes
数据库装载完毕。
数据库已经打开。
SQL> conn hr/hr
已连接。
SQL> select * from event_log;
```

　　上述示例中,LOGON 事件触发器明确了只有登录为 HR 用户,才需要记录登录的事件日志信息,如果需要任何用户登录数据库时都记录信息到事件日志表,则需要将"ON HR.

SCHEMA"改为"ON　DATABASE"。

下面再创建一个 DDL 触发器,该触发器在试图删除 HR 的模式对象时,把执行该操作的用户信息记录到事件日志表 event_log 中。

```
SQL> conn / as sysdba
已连接。

SQL> CREATE OR REPLACE TRIGGER trg_DDLdrop
  2       BEFORE DROP ON DATABASE
  3       DECLARE
  4          PRAGMA AUTONOMOUS_TRANSACTION;
  5       BEGIN
  6         IF ora_dict_obj_owner = 'HR' THEN
  7           INSERT INTO hr.event_log(eventname, username)
  8             VALUES('DROP ' || ora_dict_obj_type || '' ||
  9               ora_dict_obj_name, ora_login_user);
 10           COMMIT;
 11           RAISE_APPLICATION_ERROR(-20000,'禁止删除 HR 模式对象!');
 12         END IF;
 13      END trg_DDLdrop;
 14   /

触发器已创建。

SQL> conn hr/hr

SQL> drop table locatons;
drop table locatons
 *
第 1 行出现错误:
ORA-00604: 递归 SQL 级别 1 出现错误
ORA-20000: 禁止删除 HR 模式对象!
ORA-06512: 在 line 9

SQL> select * from event_log;
```

在本示例中:

①RAISE_APPLICATION_ERROR(-20000,'禁止删除 HR 模式对象!')语句:捕获了一个自定义异常,这将导致用户调用的(删除)语句执行失败,删除对象的操作将不被执行。

②PRAGMA AUTONOMOUS_TRANSACTION 语句:声明了一个自治事务,以便主事务操作

（删除）失败时，触发器中的 insert 操作作为自治事务能单独提交，以继续完成。

③ora_dict_obj_owner、ora_dict_obj_type、ora_dict_obj_name、ora_login_user 则是几个事件属性函数，分别表示被执行操作（删除）的对象的所有者、被执行操作（删除）的对象的类型、被执行操作（删除）的对象的名称，以及调用操作（删除）语句的用户名。

本章小结

本章是前面章节介绍的 PL/SQL 语言的具体应用，主要介绍了 Oracle 数据库的存储过程、存储函数、触发器、程序包基本概念，以及它们的创建、调用的基本语法结构及应用示例。利用 PL/SQL 编程基本语法与编程思想，使用不同的数据库对象形式进行 Oracle 服务器编程，以实现不同的应用及数据库管理维护要求。通过本章的学习，能够使读者对 PL/SQL 编程有进一步的了解。

习　题

一、选择题

1.一个存储过程可以将（　　）个值返回调用者。

　　A.至少一个　　　　　　　　　　　　B.0 个

　　C.与参数一样多　　　　　　　　　　D.与 OUT 模式参数一样多

2.函数的定义中，RETURN 子句的作用是（　　）。

　　A.声明返回值的大小和数据类型　　　B.将执行转到函数体

　　C.声明返回值的数据类型　　　　　　D.没有特别的作用，可以去掉

3.以下关于：OLD 和：NEW 的描述，正确的是（　　）。

　　A.:OLD 和:NEW 可分别用来在触发器内获取旧的数据和新的数据

　　B.INSERT 触发器中只能使用:OLD

　　C.DELETE 触发器中只能使用:OLD

　　D.UPDATE 触发器中只能使用:NEW

4.INSTEAD OF 触发器是基于（　　）数据库对象上的触发器。

　　A.表　　　　　　　　B.视图　　　　　　　C.索引　　　　　　　D.序列

5.系统触发器是由（　　）触发的。

　　A.DDL 语句　　　　　B.DML 语句　　　　　C.数据库事件　　　　D.COMMIT

6.禁用触发器应该使用（　　）语句。

　　A.CREATE OR REPLACE TRIGGER　　　B.CREATE TRIGGER

　　C.DROP TRIGGER　　　　　　　　　　D.ALTER TRIGGER

7.下列有关触发器和存储过程的描述，正确的是（　　）。

　　A.两者都可以传递参数

　　B.两者都可以被其他程序调用

C.两种模块中都可以包含数据库事务语句

D.两者创建的系统权限不同

8.下列事件,属于 DDL 事件的是(　　　)。

A.INSERT　　　　　　B.LOGON　　　　　　C.DROP　　　　　　C.SERVERERROR

9.假定在一个表上同时定义了行级触发器和语句触发器,在一次触发当中,下列说法正确的是(　　　)。

A.语句触发器只执行一次

B.语句触发器先于行级触发器执行

C.行级触发器先于语句触发器执行

D.行级触发器对表的每一行都会执行一次

10.有关行级触发器的伪记录,下列说法正确的是(　　　)

A.INSERT 事件触发器中,可以使用:OLD 伪记录。

B.DELETE 事件触发器中,可以使用:NEW 伪记录。

C.UPDATA 事件触发器中,只能使用:NEW 伪记录。

D.UPDATA 事件触发器中,可以使用:OLD 伪记录。

11.下列有关替代触发器的描述,正确的是(　　　)。

A.替代触发器创建在表上

B.替代触发器创建在数据库上

C.通过替代触发器可以向基表插入数据

D.通过替代触发器可以向视图插入数据

二、简答题

1.简述 PL/SQL 匿名块和命名块的区别。

2.存储过程与函数有何异同?

3.存储过程中提供了哪几种模式参数,它们分别具有什么特点?

第**13**章

事务和锁

事务和锁是两个联系非常紧密的概念,它们保证了数据库的一致性。由于数据库是一个可以由多个用户共享的资源,因此当多个用户并发地存取数据时,就要保证数据的准确性。事务和锁即可完成这项功能。本章将介绍如下知识点:

- 事务的概念和使用。
- 锁的概念和使用。

13.1　事　务

事务在数据库中主要用于保证数据的一致性,防止出现错误数据。在事务内的语句都会被看成一个单元,一旦有一个失败,那么所有的都会失败。在编程过程中也会经常用到事务,本节将从基础开始,带领读者了解事务的概念和种类。

13.1.1　事务的概念

事务就是一组包含一条或多条语句的逻辑单元,每个事务都是一个原子单位,在事务中的语句被作为一个整体,要么一起被提交,作用在数据库上,使数据库数据永久的修改;要么一起被撤销,对数据库不做任何修改。

对于这个问题比较经典的例子就是银行账户之间的汇款转账操作。该操作在数据库中由以下 3 步完成:

①源账户减少存储金额,例如减少 1 000。

②目标账户增加存储金额,即增加 1 000。

③在事务日志中记录该事务。

整个交易过程被我们看作一个事务,如果操作失败,那么该事务就会回滚,所有该事务中的操作将撤销,目标账户和源账户上的资金都不会发生变化;如果操作成功,那么将是对数据库永久的修改,即使以后服务器断电,也不会对该修改结果有影响。

事务在没有提交之前可以回滚,而且在提交前当前用户可以查看已经修改的数据,但其他用户查看不到该数据,一旦事务提交就不能再撤销修改了。Oracle 的事务基本控制语句有如下几个：

①SET TRANSACTION：设置事务的属性。

②COMMIT：提交事务。

③SAVEPOINT：设置保存点。

④ROLLBACK：回滚事务。

⑤ROLLBACK TO SAVEPOINT：回滚至保存点。

注意：事务和程序不同，一条语句或者多条语句甚至一段程序都可能在一个事务中，而一段程序又可包含多个事务。事务可以根据自己的需要把一段程序分成多个组，然后把每个组都当成一个单元，而这个单元就可以理解为一个事务。

13.1.2　事务的种类

事务分为如下两种。

(1) 显式方式

所谓"显式方式"，即是利用命令完成。语法如下：

```
01 新事务开始
02 SQL STATEMENT
03 …
04 COMMIT ｜ ROLLBACK;
```

【语法说明】

①第 2~3 行表示事务内的 SQL 语句，可以是单条，也可以是多条。

②第 4 行表示事务的提交或回滚。

Oracle 中的事务不需要设置开始标志。通常有下列情况之一时，事务会开启：

①登录数据库后，第一次执行 DML 语句。

②当事务结束后，第一次执行 DML 语句。

(2) 隐式方式

该类型的事务没有明确的开始和结束标志。它由数据库自动开启，当一个程序正常结束或使用 DDL 语言时会自动提交，而操作失败时也会自动回滚。如果设置 AUTOCOMMIT 为打开状态(默认关闭)，则每次执行 DML 操作都会自动提交。命令语法如下：

```
SET AUTOCOMMIT ON/OFF
```

事务在什么条件下结束需要引起注意，否则会有丢失数据的可能。当有下列情况之一时，事务会结束：

①使用 COMMIT 事务提交，ROLLBACK 事务回滚。

②执行 DDL 语句，事务自动提交。例如，使用 CREATE、DROP、GRANT、REVOKE 等命令。

③正常退出 SQL * Plus 时自动提交事务，非正常退出则 ROLLBACK 事务回滚。

事务可以保证数据的一致性。前面已经介绍过，事务没有提交时，当前会话所作的操作其他会话不会看到，下面用例 13.1 来演示。

【**例 13.1**】　使用事务保证数据的一致性。

演示事务如何保证数据的一致性,这里分为下述 4 个步骤。

①登录 SQL * Plus,用户称该窗口为 SQL * Plus1,在 hr 模式下,执行如下两条语句:

```
SQL> update departments set manager_id=200 where department_id=30;
已更新 1 行。
```

当以上操作提示成功后,查询 DEPARTMENTS 表的内容,验证数据是否修改成功,结果如图 13.1 所示。

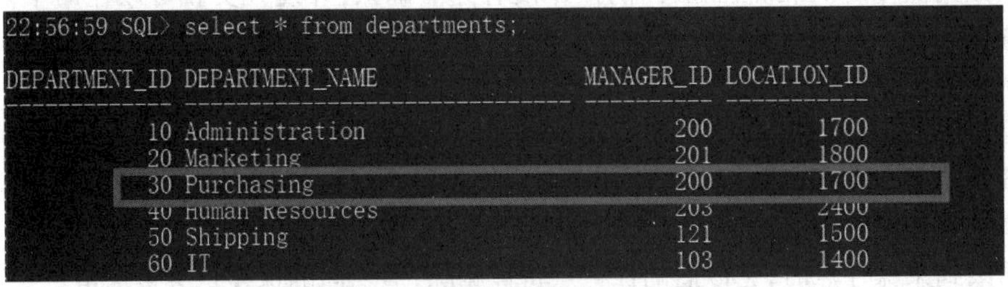

```
22:56:59 SQL> select * from departments;

DEPARTMENT_ID DEPARTMENT_NAME                MANAGER_ID LOCATION_ID
------------- ------------------------------ ---------- -----------
           10 Administration                        200        1700
           20 Marketing                             201        1800
           30 Purchasing                            200        1700
           40 Human Resources                       203        2400
           50 Shipping                              121        1500
           60 IT                                    103        1400
```

图 13.1　查询 DML 操作结果

从图 13.1 中可以看出 DML 操作数据成功。注意,此时还没有提交事务的操作。

②以同样的用户名登录新的 SQL * Plus,用户称该窗口为 SQL * Plus2。同样查询表 DEPARTMENTS 的数据,查看数据修改情况,结果如图 13.2 所示。

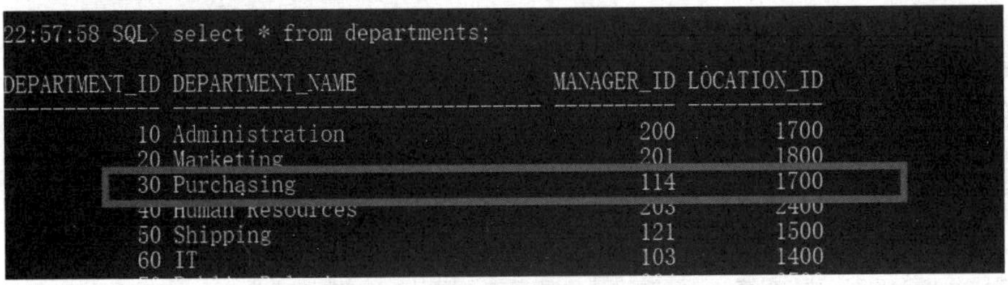

```
22:57:58 SQL> select * from departments;

DEPARTMENT_ID DEPARTMENT_NAME                MANAGER_ID LOCATION_ID
------------- ------------------------------ ---------- -----------
           10 Administration                        200        1700
           20 Marketing                             201        1800
           30 Purchasing                            114        1700
           40 Human Resources                       203        2400
           50 Shipping                              121        1500
           60 IT                                    103        1400
```

图 13.2　新会话查询表 DEPARTMENTS 数据

此时可以发现,当会话 1 的事务没有提交时,会话 2 不能查看到会话 1 修改的数据。

③在 SQL * Plus1 窗口提交事务。具体脚本如下:

```
SQL> COMMIT;
提交完成。
```

当事务提交完成后,SQL * Plus2 窗口再次查询 DEPARTMENTS 表数据,结果如图 13.3 所示。

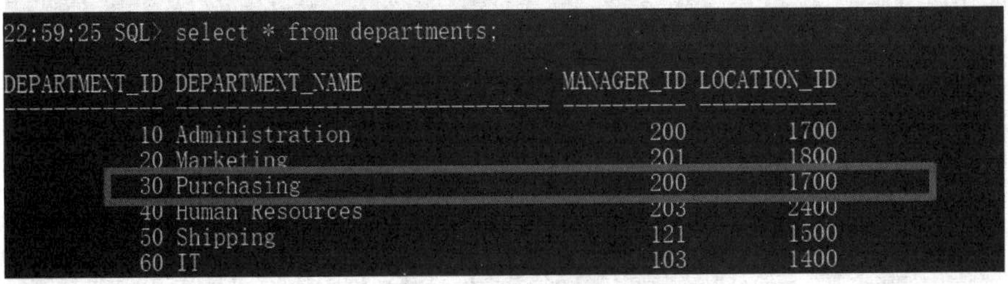

```
22:59:25 SQL> select * from departments;

DEPARTMENT_ID DEPARTMENT_NAME                MANAGER_ID LOCATION_ID
------------- ------------------------------ ---------- -----------
           10 Administration                        200        1700
           20 Marketing                             201        1800
           30 Purchasing                            200        1700
           40 Human Resources                       203        2400
           50 Shipping                              121        1500
           60 IT                                    103        1400
```

图 13.3　提交事务后查询结果

此时可以发现事务一旦提交,SQL * Plus 就能查询到修改的数据。由此可以看出,事务可以保证数据的一致性。

13.1.3 事务的保存点

在事务中可以根据自己的需要设置保存点。保存点可以设置在事务中的任何地方,也可以设置多个点。这样就可以把比较长的事务根据需要分成较小的段。这样做的好处是当对数据的操作出现问题时可以不用全部回滚,只需要回滚到保存点处即可。例如,在一个事务内前十段数据操作确认准确,而后面的操作没有办法确认,开发人员就可以在第十段操作结束后设置保存点。这样即便后面的操作有误,开发人员也可以利用保存点回滚到第十段处,而不用从头处理。

一旦把事务回滚到某个保存点后,Oracle 将把保存点之后持有的锁释放掉,这时前面等待被锁资源的事务就可以继续了。而使事务回滚到保存点,有下列几点需要了解:

①事务只回滚保存点之后的操作。

②回滚到某保存点时,它以后的保存点将被删除,但之前的保存点会被保留。

③保存点之后的锁将被释放,但之前的会被保留。

保存点使用起来非常方便,只需一行脚本就能完成。下面利用例 13.2 演示事务中如何使用保存点。

【例 13.2】 在事务中使用保存点。

在事务中使用保存点,该示例分为如下 5 个步骤:

①向 DEPARTMENTS 表增加一条数据,脚本如下,此时隐式事务已经打开。

```
23:00:35 SQL> insert into departments values(281,'hr',200,1700);
已创建 1 行。
```

②执行如下脚本,用于创建保存点,名为 FST。

```
23:14:52 SQL> SAVEPOINT FST;
保存点已创建。
```

③当保存点创建完成后,继续向 DEPARTMENTS 表增加一条数据。脚本如下:

```
23:15:01 SQL> insert into departments values(282,'hr',200,1700);
已创建 1 行。
```

④以上 3 步按顺序创建完成后,查看 DEPARTMENTS 表数据,如图 13.4 所示。

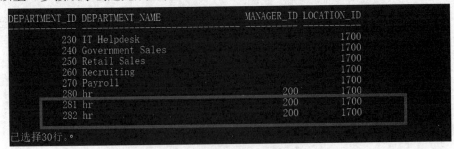

图 13.4 未提交事务查询结果

图 13.4 中两处标示即为增加的数据。

⑤回滚到保存点,执行如下脚本,并验证数据。执行过程如图 13.5 所示。

```
23:18:09 SQL> rollback to FST;
回退已完成。
```

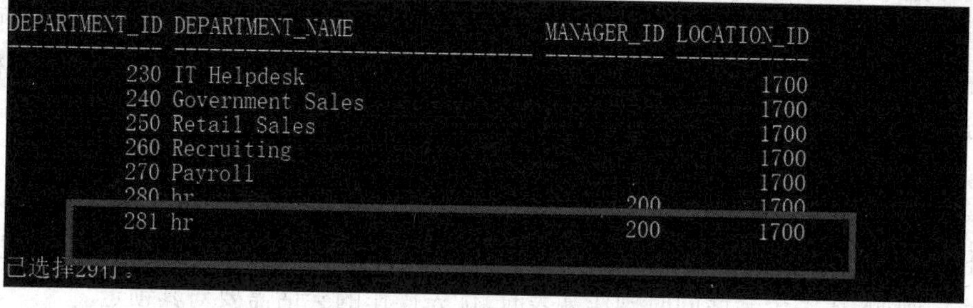

```
DEPARTMENT_ID DEPARTMENT_NAME                    MANAGER_ID LOCATION_ID
------------- ------------------------------     ---------- -----------
          230 IT Helpdesk                                          1700
          240 Government Sales                                     1700
          250 Retail Sales                                         1700
          260 Recruiting                                           1700
          270 Payroll                                              1700
          280 hr                                       200         1700
          281 hr                                       200         1700

已选择29行。
```

图 13.5　回滚到保存点处数据

从图 13.5 中可以看出,事务已经成功回滚到保存点处。相信读者看了该示例后对保存点的使用已然了解,但笔者建议不要过分依赖保存点,而应尽量把长的事务操作改成较短的事务操作。

13.1.4　事务的 ACID 特性

事务有 4 个特性,它们分别是原子性、一致性、分离性、持久性。

(1)原子性

事务的原子性(Atomicity)是指事务中程序是数据库的逻辑工作单位,它对数据的修改要么全部执行,要么完全不执行。原子也意味着不可分割,不管有多少程序,只要在同一个事务中,那么它们就是一个整体,如果都执行成功才意味着该事务成功,而有一个操作失败,那么同一个事务中的其他操作即使执行成功也没有用,事务会使其全部撤销。

(2)一致性

事务的一致性(Consistency)是指事务执行的前后数据库都必须处于一致性状态,它是相对脏读而言的。只有在事务完成后才能被所有使用者看见,从而保证了数据的完整性。例如在银行转账时,从 A 账户取款但没有放到 B 账户中时数据是不一致的,同时也是不完整的,其他使用者此时不能看到 A 中修改后的数据,只有存到 B 账户中,交易完成并提交事务,这时才是数据一致,所有用户也会看到修改后的数据。

(3)分离性

分离性(Isolation)是指并发事务之间不能相互干扰。也就是说,一个事务操作的数据不会被其他事务看到和操作。

(4)持久性

持久性(Durability)是指一旦事务提交完成,那么这将是对数据永久的修改,即使被修改后的数据遭到破坏,也不会出现回到修改之前的情况。

注意:事务的提交很重要,但不建议频繁地提交事务,因为每次提交事务都需要时间,如果 10 000 行记录,每行记录都提交事务,那么事务本身将是性能的主要消耗者。所以,适当减少事务提交次数是比较重要的。例如,可以每 1 000 行提交一次。读者可以根据自己的实际情况自行决定。

13.2　锁

数据库是一个庞大的多用户数据管理系统,由于在多用户的系统中,同一时刻多个用户同时操作某相同资源的情况时有发生,而在逻辑上这些用户想同时操作该资源是不可能的,而数据库中利用锁消除了多用户操作同一资源时可能产生的隐患。本节将介绍锁的概念、作用以及分类等与锁相关的知识。

13.2.1　认识锁

锁出现在数据共享的环境中,它是一种机制,在访问相同资源时,可以防止事务之间的破坏性交互。例如,在多个会话同时操作某表时,优先操作的会话需要对其锁定。

事务的分离性要求当前事务不能影响其他事务,所以当多个会话访问相同的资源时,数据库系统会利用锁确保它们像队列一样依次进行。Oracle 处理数据时用到的锁是自动获取的,用户不必对此有过多的关注,但 Oracle 允许用户手动锁定数据。

Oracle 利用很低的约束提供了最大限度的并发性,例如某会话正在修改一条记录,那么仅有该记录会被锁定。而其他会话可以随时作读取操作,但读取的依然是修改前的数据。

Oracle 的锁保证了数据的完整性。例如,当一个会话对表 A 的某行记录进行修改时,另一个会话也来修改该行记录,在没有任何处理的情况下保留的数据会有随机性,而这种数据是没有任何意义的,为脏数据。如果此时使用了行级锁,第一个会话修改记录时封锁该行,那么第二个会话此时只能等待,这样就避免了脏数据的产生。

13.2.2　锁的分类

Oracle 中有两种模式的锁,一种是排他锁(X 锁),另一种是共享锁(S 锁)。

(1)排他锁

排他锁也可以称为写锁。这种模式的锁防止资源的共享,用作数据的修改。假如有事务 T 给数据 A 加上该锁,那么其他的事务将不能对 A 加任何的锁,所以此时只允许 T 对该数据进行读取和修改,直到事务完成该类型的锁释放为止。

(2)共享锁

共享锁也可称为读锁。该模式锁下的数据只能被读取,不能被修改。如果有事务 T 给数据 A 加上共享锁后,那么其他事务不能对其加排他锁,只能加共享锁。加了该锁的数据可以被并发地读取。

锁是实现并发的主要手段,在数据库中应用频繁,但很多都由数据库自动管理,事务提交后会自动释放锁。

13.2.3　锁的类型

Oracle 为了使数据库实现高度的并发访问,它使用了不同类型的锁来管理并发会话对数据对象的操作。Oracle 的锁按作用对象不同分为如下几种类型。

①DML 锁:该类型的锁被称为数据锁,用于保护数据。

②DDL 锁：可以保护模式中对象的结构。

③内部闩锁：保护数据库的内部结构，完全自动调用。

其中，DML 锁主要保证了并发访问时数据的完整性。如果再细分，它又可以分为如下两种类型的锁：

• 行级锁（TX），也可以称为事务锁。当修改表中某行记录时，需要对将要修改的记录加行级锁，防止两个事务同时修改相同记录，事务结束，该锁也会释放，是粒度最细的锁。该锁只能属于排他锁（X 锁）。

• 表级锁（TM），主要作用是防止在修改表的数据时，表的结构发生变化。例如，会话 S 在修改表 A 的数据时它会得到表 A 的 TM 锁，而此时将不允许其他会话对该表进行变更或删除操作。该情况的验证过程如下：

首先，打开 SQL ∗ Plus，修改表 DEPARTMENTS 的记录。脚本如下：

```
23：38：47 SQL> UPDATE DEPARTMENTS SET DEPARTMENT_NAME = ' DESIGN '
WHERE DEPARTMENT_ID = 281；
已更新 1 行。
```

此时已经锁定该表，表级锁将不允许在事务结束前其他会话对表 DEPARTMENTS 进行 DDL 操作。

其次，打开另一个 SQL ∗ Plus 窗口，对该表执行 DDL 操作。脚本如下：

```
DROP TABLE DEPARTMENTS；
```

执行后会提示 ORA-00054 错误，效果如图 13.6 所示。

```
23:41:44 SQL> DROP TABLE DEPARTMENTS;
DROP TABLE DEPARTMENTS
       *
第 1 行出现错误：
ORA-00054: 资源正忙，但指定以 NOWAIT 方式获取资源，或者超时失效
```

图 13.6 删除被锁定的表时的提示

在执行 DML 操作时，数据库会先申请数据对象上的共享锁，防止其他的会话对该对象执行 DDL 操作。一旦申请成功，则会对将要修改的记录申请排他锁，如果此时其他会话正在修改该记录，那么待其事务结束后再为修改的记录加上排他锁。

表级锁包含如下几种模式：

①ROW SHARE，行级共享锁（RS）。该模式下不允许其他的并行会话对同一张表使用排他锁，但允许其利用 DML 语句或 Lock 命令锁定同一张表中的其他记录。SELECT...FROM FOR UPDATE 语句就是给记录加上 RS 锁。

②ROW EXCLUSIVE，行级排他锁（RX）。该模式下允许并行会话对同一张表的其他数据进行修改，但不允许并行会话对同一张表使用排他锁。

③SHARE，共享锁（S）。该模式下，不允许会话更新表，但允许对表添加 RS 锁。

④SHARE ROW EXCLUSIVE，共享行级排他锁（SRX）。该模式下，不能对同一张表进行 DML 操作，也不能添加 S 锁。

⑤EXCLUSIVE，排他锁（X）。该模式下，其他的并行会话不能对表进行 DML 和 DDL 操作，该表只能读。

表 13.1 列出了以上 5 种模式相互之间的兼容关系。其中,"√"表示相互兼容,"×"表示相互不兼容。

表 13.1　TM 5 种模式的相互兼容性

表级锁	RS	S	RX	SRX	X
RS	√	√	√	√	×
S	√	√	×	×	×
RX	√	×	√	√	×
SRX	√	×	×	×	×
X	×	×	×	×	×

表 13.2 所示为 Oracle 中的各种 SQL 语句所产生的表级锁模式以及允许的锁定模式情况的汇总。

表 13.2　SQL 语句所产生的表级锁情况

SQL 语句	表锁模式	RS	S	RX	SRX	X
SELECT...FROM TABLE...	NONE	Y	Y	Y	Y	Y
INSERT INTO...	RX	Y	N	Y	N	N
UPDATE table...	RX	Y	N	Y	N	N
DELETE FROM table...	RX	Y	N	Y	N	N
SELECT * FROM table FOR UPDATE	RX	Y	N	Y	N	N
LOCK TABLE table IN ROW SHARE MODE	RS	Y	Y	Y	Y	N
LOCK TABLE table IN ROW EXCLUSIVE MODE	RS	Y	N	Y	N	N
LOCK TABLE table IN SHARE MODE	S	Y	N	N	N	N
LOCK TABLE table IN SHARE ROW EXCLUSIVE MODE	SRX	Y	N	N	N	N
LOCK TABLE table IN EXCLUSIVE MODE	X	N	N	N	N	N

在 Oracle 中除了执行 DML 时自动为表添加 TM 锁外,也可以主动地为表添加 TM 锁。语法如下:

```
LOCK TABLE［schema.］table IN
    ［EXCLUSIVE］
    ［SHARE］
    ［ROW EXCLUSIVE］
    ［SHARE ROW EXCLUSIVE］
    ［ROW SHARE * ｜ SHARE UPDATE *］
    MODE［NOWAIT］
```

如果要释放它们,只需要使用 ROLLBACK 命令。

DDL 锁也可以称为数据字典锁,主要作用是保护模式中对象的结构。当执行 DDL 操作时,首先 Oracle 会自动地隐式提交一次事务,然后自动地给处理对象加上锁,当 DDL 结束时,Oracle 会隐式地提交事务并释放 DDL 锁。与 DML 不同的是,用户不能是显式地要求使用 DDL 锁。

DDL 锁分为如下 3 类:

①Exclusive DDL Lock,排他 DDL 锁定。如果对象加上了该类型的锁,那么对象不能被其他会话修改,而且该对象也不能再增加其他类型的 DDL 锁。如果是表,此时可以读取数据。

②Share DDL Lock,共享 DDL 锁定。保护对象的结构,其他会话不能修改该对象的结构,但是允许修改数据。

③Breakable Parsed Lock,能打破的解析锁定。该类型的锁可以被打断,不能禁止 DDL 操作。

13.2.4　锁等待与死锁

在某些情况下由于占用的资源不能及时释放,而造成锁等待,也可称为锁冲突。锁等待会严重影响数据库性能和日常工作。例如,当一个会话修改表 A 的记录时,它会对该记录加锁,而此时如果另一个会话也来修改此记录,那么第二个会话将因得不到排他锁而一直等待,此时会出现执行 SQL 时数据库长时间没有响应的情况。直到第一个会话将事务提交,释放锁,第二个会话才能对数据进行操作。

【例 13.3】　锁等待。

该示例将演示锁等待的现象,具体分为如下两个步骤。

①打开 SQL * Plus 窗口,修改 DEPARTMENTS 表中 DEPARTMENT_ID 字段为 280 的记录。脚本如下:

```
18:32:37 SQL> update departments set department_name = '修改' where department_id=280;
已更新 1 行。
```

此时虽然提示已更新,但事务并没有提交。接下来进行第二步操作。

②打开另一个 SQL * Plus 窗口,同样修改 DEPARTMENTS 表中 DEPARTMENT_ID 字段为 280 的记录。脚本如下:

```
18:35:48 SQL> update departments set department_name = '修改 2 ' where department_id =
280;
```

此时的执行效果不会提示已更新,而是一直等待,效果如图 13.7 所示。

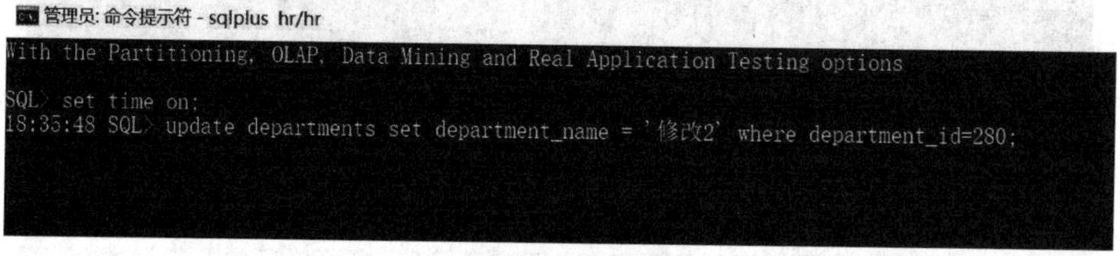

图 13.7　等待更新数据

此时的情况是因为第一个会话封锁了该记录,但事务没有结束,锁不会释放,而这时第二个会话也要修改同一条记录,但它却没有办法获得锁,所以只能等待。如果第一个会话修改数据的事务结束,那么第二个会话就会结束等待。及时地结束事务是解决等待情况发生的有效方法。

死锁的发生和锁等待不同,它是锁等待的一个特例,通常发生在两个或多个会话之间。假设一个会话想要修改两个资源对象,可以是表也可以是字段,修改这两个资源的操作在一个事务当中。当它修改第一个对象时需要对其锁定,然后等待第二个对象,这时如果另一个会话也需要修改这两个资源对象,并且已经获得并锁定了第二个对象,那么就会出现死锁,因为当前会话锁定了第一个对象等待第二个对象,而另一个会话锁定了第二个对象等待第一个对象。这样,两个会话都不能得到想要得到的对象,于是出现死锁。

【例 13.4】 死锁的发生。

下面是演示死锁发生的示例。具体分为下述 4 个步骤。

①打开第一个 SQL * Plus 窗口,创建第一个会话,执行如下脚本,修改 DEPARTMENTS 表中 DEPARTMENT_ID 字段为 280 的记录。脚本如下:

```
18:45:10 SQL> update departments set department_name=' update1 ' where department_id
=280;
    已更新 1 行。
```

②打开第二个 SQL * Plus 窗口,创建第二个会话,执行如下脚本,修改 DEPARTMENTS 表中 DEPARTMENT_ID 字段为 290 的记录。脚本如下:

```
18:46:58 SQL> update departments set department_name=' update2 ' where department_id
=290;
    已更新 1 行。
```

到目前为止,第一个会话锁定了 DEPARTMENT_ID 字段为 280 的记录,第二个会话锁定了 DEPARTMENT_ID 字段为 290 的记录。

③第一个会话修改第二个会话已经修改的记录。执行脚本如下:

```
update departments set department_name=' update2 ' where department_id=290;
```

此时第一个会话将出现锁等待,因为它修改的对象已经被第二个会话锁定,效果如图 13.8所示。

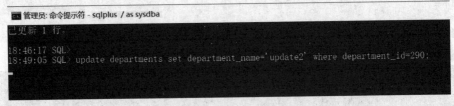

图 13.8 第一个会话出现锁等待

④第二个会话修改第一个会话已经修改的记录。执行脚本如下:

```
update departments set department_name=' update1 ' where department_id=280;
```

此时会出现死锁的情况。Oracle 会自动检测死锁的情况,并释放一个冲突锁,并把消息传递给对方事务。此时在第一个会话窗口中会提示检测到死锁,如图 13.9 所示。

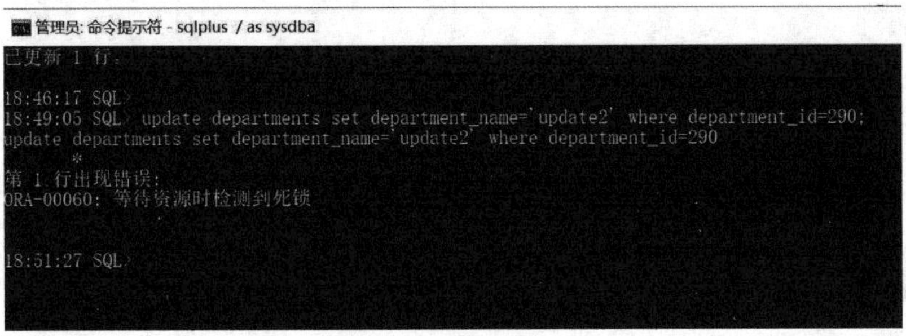

图 13.9   死锁提示

此时 Oracle 会自动做出处理,并重新回到锁等待的情况。在出现锁等待的情况时应尽快找出错误原因并对其进行处理,以免影响数据库性能。在实际应用中出现此类情况大致有以下几种原因:

①用户没有良好的编程习惯,偶尔会忘记提交事务,导致长时间占用资源。

②操作的记录过多,而且操作过程中没有很好地对其分组。前面介绍过,对于数据量很大的操作,可以将其分成几组提交事务,这样可以避免长时间地占用资源。

③逻辑错误,两个会话都想得到已占有的资源。

本章小结

本章介绍了什么是事务和锁,主要包括事务的类型,如何使用事务以及事务的特性。事务很重要,它保证了数据的一致性。而锁和事务两者联系紧密,对于锁,本章介绍了其分类和类型,以及什么是死锁和锁等待现象。通过学习本章,学生可以了解数据库底层操作数据的理论。

习　题

一、填空题

1.Oracle 中使用_____命令提交事务。

2.Oracle 中使用_____命令回滚事务。

3.Oracle 中使用_____命令设置保存点。

4.锁被分成_____、_____两种基本类型。

二、选择题

1.在 TM 锁中,(　　)模式和其他模式都不兼容。

  A.RS　　　　　　　　B.S　　　　　　　　C.RX　　　　　　　　D.X

2.下面不属于事务操作语句的是(　　)。

  A.ROLLBACK　　　B.COMMIT　　　　C.SAVEPOINT　　　D.BEGIN

三、简答题

1.简述事务的特性。

2.简述保存点的作用。

参考文献

［1］尚展垒,宋文军.Oracle 数据库管理与开发[M].北京:人民邮电出版社,2016.

［2］袁鹏飞,杨艳华.Oracle 11g 数据库管理与开发基础教程[M].北京:人民邮电出版社,2013.

［3］何明.Oracle 数据库管理与开发(适用于 OCP 认证)[M].北京:清华大学出版社,2013.

［4］秦靖,刘存勇.Oracle 从入门到精通[M].北京:机械工业出版社,2011.

［5］孙风栋,王澜.Oracle 11g 数据库管理与开发指南[M].北京:机械工业出版社,2013.